SAME

The Same Planet

同一颗星球

PLANET

在 山 海 之 间

在 星 球 之 上

"同一颗星球"丛书

刘东·主编

WOLVES
中世纪的狼与荒野
AND THE WILDERNESS IN THE
MIDDLE AGES

ALEKSANDER PLUSKOWSKI

[英] 亚历山大·普勒斯科夫斯基 —— 著

王纯磊 李娜 —— 译

江苏人民出版社

图书在版编目(CIP)数据

中世纪的狼与荒野/(英)亚历山大·普勒斯科夫
斯基著;王纯磊,李娜译.—南京:江苏人民出版社,
2024.4
　　("同一颗星球"丛书)
　　书名原文:Wolves And The Wilderness In The Middle Ages
　　ISBN 978-7-214-27271-3

　　Ⅰ.①中…　Ⅱ.①亚…②王…　Ⅲ.①狼—文化研究
—欧洲—中世纪—英文　Ⅳ.①Q959.838

　　中国版本图书馆 CIP 数据核字(2022)第 122471 号

Wolves and the Wilderness in the Middle Ages by Aleksander Pluskowski
First published in 2006 by Boydell Press, an imprint of Boydell & Brewer Limited
Copyright © Aleksander Pluskowski 2006
Simplified Chinese edition copyrights © 2024 by Jiangsu People's Publishing House
江苏省版权局著作权合同登记 图字:10-2018-171 号

书　　　　名　中世纪的狼与荒野
著　　　　者　[英]亚历山大·普勒斯科夫斯基
译　　　　者　王纯磊　李　娜
责 任 编 辑　马晓晓
装 帧 设 计　安克晨
责 任 监 制　王　娟
出 版 发 行　江苏人民出版社
地　　　　址　南京市湖南路 1 号 A 楼,邮编:210009
照　　　　排　江苏凤凰制版有限公司
印　　　　刷　南京新世纪联盟印务有限公司
开　　　　本　652 毫米×960 毫米　1/16
印　　　　张　21　插页 4
字　　　　数　263 千字
版　　　　次　2024 年 4 月第 1 版
印　　　　次　2024 年 4 月第 1 次印刷
标 准 书 号　ISBN 978-7-214-27271-3
定　　　　价　78.00 元

(江苏人民出版社图书凡印装错误可向承印厂调换)

总　序

　　这套书的选题，我已经默默准备很多年了，就连眼下的这篇总序，也是早在六年前就已起草了。

　　无论从什么角度讲，当代中国遭遇的环境危机，都绝对是最让自己长期忧心的问题，甚至可以说，这种人与自然的尖锐矛盾，由于更涉及长时段的阴影，就比任何单纯人世的腐恶，更让自己愁肠百结、夜不成寐，因为它注定会带来更为深重的，甚至根本无法再挽回的影响。换句话说，如果政治哲学所能关心的，还只是在一代人中间的公平问题，那么生态哲学所要关切的，则属于更加长远的代际公平问题。从这个角度看，如果偏是在我们这一代手中，只因为日益膨胀的消费物欲，就把原应递相授受、永续共享的家园，糟蹋成了永远无法修复的、连物种也已大都灭绝的环境，那么，我们还有何脸面去见列祖列宗？我们又让子孙后代去哪里安身？

　　正因为这样，早在尚且不管不顾的 20 世纪末，我就大声疾呼这方面的"观念转变"了："……作为一个鲜明而典型的案例，剥夺了起码生趣的大气污染，挥之不去地刺痛着我们：其实现代性的种种负面效应，并不是离我们还远，而是构成了身边的基本事实——不管我们是否承认，它都早已被大多数国民所体认，被陡然上升的死亡率所证实。准此，它就不可能再被轻轻放过，而必须被投以全力的警觉，就像当年全力捍卫'改革'时一样。"①

的确,面对这铺天盖地的有毒雾霾,乃至危如累卵的整个生态,作为长期惯于书斋生活的学者,除了去束手或搓手之外,要是觉得还能做点什么的话,也无非是去推动新一轮的阅读,以增强全体国民,首先是知识群体的环境意识,唤醒他们对于自身行为的责任伦理,激活他们对于文明规则的从头反思。无论如何,正是中外心智的下述反差,增强了这种阅读的紧迫性:几乎全世界的环境主义者,都属于人文类型的学者,而唯独中国本身的环保专家,却基本都属于科学主义者。正由于这样,这些人总是误以为,只要能用上更先进的科技手段,就准能改变当前的被动局面,殊不知这种局面本身就是由科技"进步"造成的。而问题的真正解决,却要从生活方式的改变入手,可那方面又谈不上什么"进步",只有思想观念的幡然改变。

幸而,在熙熙攘攘、利来利往的红尘中,还总有几位谈得来的出版家,能跟自己结成良好的工作关系,而且我们借助于这样的合作,也已经打造过不少的丛书品牌,包括那套同样由江苏人民出版社出版的、卷帙浩繁的"海外中国研究丛书";事实上,也正是在那套丛书中,我们已经推出了聚焦中国环境的子系列,包括那本触目惊心的《一江黑水》,也包括那本广受好评的《大象的退却》……不过,我和出版社的同事都觉得,光是这样还远远不够,必须另做一套更加专门的丛书,来译介国际上研究环境历史与生态危机的主流著作。也就是说,正是迫在眉睫的环境与生态问题,促使我们更要去超越民族国家的疆域,以便从"全球史"的宏大视野,来看待当代中国由发展所带来的问题。

这种高瞻远瞩的"全球史"立场,足以提升我们自己的眼光,去把地表上的每个典型的环境案例都看成整个地球家园的有机脉

———————

① 刘东:《别以为那离我们还远》,载《理论与心智》,杭州:浙江大学出版社,2015年,第89页。

动。那不单意味着,我们可以从其他国家的环境案例中找到一些珍贵的教训与手段,更意味着,我们与生活在那些国家的人们,根本就是在共享着"同一个"家园,从而也就必须共担起沉重的责任。从这个角度讲,当代中国的尖锐环境危机,就远不止是严重的中国问题,还属于更加深远的世界性难题。一方面,正如我曾经指出过的:"那些非西方社会其实只是在受到西方冲击并且纷纷效法西方以后,其生存环境才变得如此恶劣。因此,在迄今为止的文明进程中,最不公正的历史事实之一是,原本产自某一文明内部的恶果,竟要由所有其他文明来痛苦地承受……"①而另一方面,也同样无可讳言的是,当代中国所造成的严重生态失衡,转而又加剧了世界性的环境危机。甚至,从任何有限国度来认定的高速发展,只要再换从全球史的视野来观察,就有可能意味着整个世界的生态灾难。

正因为这样,只去强调"全球意识"都还嫌不够,因为那样的地球表象跟我们太过贴近,使人们往往会鼠目寸光地看到,那个球体不过就是更加新颖的商机,或者更加开阔的商战市场。所以,必须更上一层地去提倡"星球意识",让全人类都能从更高的视点上看到,我们都是居住在"同一颗星球"上的。由此一来,我们就热切地期盼着,被选择到这套译丛里的著作,不光能增进有关自然史的丰富知识,更能唤起对于大自然的责任感,以及拯救这个唯一家园的危机感。的确,思想意识的改变是再重要不过了,否则即使耳边充满了危急的报道,人们也仍然有可能对之充耳不闻。甚至,还有人专门喜欢到电影院里,去欣赏刻意编造这些祸殃的灾难片,而且其中的毁灭场面越是惨不忍睹,他们就越是愿意乐呵呵地为之掏钱。这到底是麻木还是疯狂呢?抑或是两者兼而有之?

不管怎么说,从更加开阔的"星球意识"出发,我们还是要借这套书去尖锐地提醒,整个人类正搭乘着这颗星球,或曰正驾驶着这

① 刘东:《别以为那离我们还远》,载《理论与心智》,第85页。

颗星球，来到了那个至关重要的，或已是最后的"十字路口"！我们当然也有可能由于心念一转而做出生活方式的转变，那或许就将是最后的转机与生机了。不过，我们同样也有可能——依我看恐怕是更有可能——不管不顾地懵懵懂懂下去，沿着心理的惯性而"一条道走到黑"，一直走到人类自身的万劫不复。而无论选择了什么，我们都必须在事先就意识到，在我们将要做出的历史性选择中，总是凝聚着对于后世的重大责任，也就是说，只要我们继续像"击鼓传花"一般地，把手中的危机像烫手山芋一样传递下去，那么，我们的子孙后代就有可能再无容身之地了。而在这样的意义上，在我们将要做出的历史性选择中，也同样凝聚着对于整个人类的重大责任，也就是说，只要我们继续执迷与沉湎其中，现代智人（homo sapiens）这个曾因智能而骄傲的物种，到了归零之后的、重新开始的地质年代中，就完全有可能因为自身的缺乏远见，而沦为一种遥远和虚缈的传说，就像如今流传的恐龙灭绝的故事一样……

2004年，正是怀着这种挥之不去的忧患，我在受命为《世界文化报告》之"中国部分"所写的提纲中，强烈发出了"重估发展蓝图"的呼吁——"现在，面对由于短视的和缺乏社会蓝图的发展所带来的、同样是积重难返的问题，中国肯定已经走到了这样一个关口：必须以当年讨论'真理标准'的热情和规模，在全体公民中间展开一场有关'发展模式'的民主讨论。这场讨论理应关照到存在于人口与资源、眼前与未来、保护与发展等一系列尖锐矛盾。从而，这场讨论也理应为今后的国策制订和资源配置，提供更多的合理性与合法性支持"[①]。2014年，还是沿着这样的问题意识，我又在清华园里特别开设的课堂上，继续提出了"寻找发展模式"的呼吁："如果我们不能寻找到适合自己独特国情的'发展模式'，而只是在

---

① 刘东：《中国文化与全球化》，载《中国学术》，第19—20期合辑。

盲目追随当今这种传自西方的、对于大自然的掠夺式开发,那么,人们也许会在很近的将来就发现,这种有史以来最大规模的超高速发展,终将演变成一次波及全世界的灾难性盲动。"①

所以我们无论如何,都要在对于这颗"星球"的自觉意识中,首先把胸次和襟抱高高地提升起来。正像面对一幅需要凝神观赏的画作那样,我们在当下这个很可能会迷失的瞬间,也必须从忙忙碌碌、浑浑噩噩的日常营生中,大大地后退一步,并默默地驻足一刻,以便用更富距离感和更加陌生化的眼光来重新回顾人类与自然的共生历史,也从头来检讨已把我们带到了"此时此地"的文明规则。而这样的一种眼光,也就迥然不同于以往匍匐于地面的观看,它很有可能会把我们的眼界带往太空,像那些有幸腾空而起的宇航员一样,惊喜地回望这颗被蔚蓝大海所覆盖的美丽星球,从而对我们的家园产生新颖的宇宙意识,并且从这种宽阔的宇宙意识中,油然地升腾起对于环境的珍惜与挚爱。是啊,正因为这种由后退一步所看到的壮阔景观,对于全体人类来说,甚至对于世上的所有物种来说,都必须更加学会分享与共享、珍惜与挚爱、高远与开阔,而且,不管未来文明的规则将是怎样的,它都首先必须是这样的。

我们就只有这样一个家园,让我们救救这颗"唯一的星球"吧!

刘东

2018 年 3 月 15 日改定

---

① 刘东:《再造传统:带着警觉加入全球》,上海:上海人民出版社,2014 年,第 237 页。

中世纪的狼是一种更为复杂的文化现象,比一般的刻板印象所暗示的要复杂得多。

目录

致 谢

我要感谢以下各方在本书写作过程中给予的持续支持——篇幅所限,这将是一个相对简短的清单。首先,我非常感谢凯瑟琳·希尔斯,她不仅让我有机会着手实施这样一个范围广泛、雄心勃勃的项目,而且她批判性的眼光、详细的建议和鼓舞人心的乐观精神,使我保持了自己的动力和热情。我也很感谢普雷斯顿·米勒克尔为我的手稿提供了一个考虑均衡的、同样具有批判性的第二意见。我要感谢剑桥大学考古学系的所有工作人员,特别是马丁·琼斯的乐观、兴趣和富有洞察力的评论,并感谢简·伍兹、玛丽·路易斯·索伦森、科林·谢尔、戴维·雷德豪斯和杰西卡·里本格尔,感谢他们以各种方式帮助我。在本系之外,我要感谢来自冈维尔和凯乌斯学院的克里斯托弗和罗莎琳德·布鲁克对这项工作和其他工作的建议和鼓励,动物博物馆的雷·西蒙兹,菲茨威廉博物馆的马克·布莱克本,以及卡罗拉·希克斯、保罗·宾斯基、安娜·甘农、利齐·怀特和克里斯蒂·西塔赫,感谢他们的见解和支持。

在此,我也要感谢全英国的同事们,他们的专家意见使这个项目得以保持广阔的视角。首先,保罗·比比尔热情好客,对这一问题和许多其他议题进行了详细、持续的讨论。第二,我非常感谢科尼利厄斯·霍尔托夫对这个问题进行了无休止的讨论,并不断挑战我的假设,开阔我的视野。我还要感谢约翰·鲍尔、罗纳德·布莱克、理查德·布拉德肖、杰拉德·布林、马丁·卡弗、芭芭拉·克劳福德、佩特拉·达克、布赖恩·亨特利、安迪·琼斯、萨姆·默里、萨姆·牛顿、杰弗里·帕内尔、安德鲁·雷诺兹、大卫·史密斯、丽莎·斯特拉顿、卡伦·万德利兹·迈克尔·威廉姆斯和凯西·威利斯。我要感谢远在美国的史蒂夫·格洛塞基和卡罗尔·诺伊曼·德维格瓦尔。

我也要感谢来自本研究所涵盖的另一个主要领域,即南斯堪的纳维亚半岛的不同学科和背景的同事们。我要感谢阿瑞斯·索伦森,安德斯·安德烈、安德斯·比加尔瓦尔、奥斯汀·埃克罗尔、西涅·富格尔森、埃尔贾·霍勒、伊丽莎白·艾瑞格伦、佩尔·彼得森、埃尔斯·罗斯达尔,加入斯塔克和佩尔·维克斯特。我要感谢比约恩·迈尔的全面支持和关心。我也非常感谢斯特凡·布林克和维克斯特兰德的指导,使我能够访问乌普萨拉大学斯普里克-奥赫福克明尼斯研究所的地名数据库。我要向赫尔穆特·克罗尔和迈克尔·穆勒·威尔表示最真诚的感谢,感谢他们的盛情款待、建议和帮助。我还要感谢德克·海因里希的盛情款待,并感谢他允许我查阅石勒苏益格考古动物学研究所的动物群落和文献档案。最后,我要感谢安妮·斯塔尔斯贝格在特隆赫姆的热情款待和指导,以及克劳斯·安德烈森、里斯托·海基拉、因贡·霍尔姆、汉斯·亨里克·兰德·斯特凡·尼尔森、比吉特·索耶、马丁·桑恩奎斯特和玛丽亚·弗雷特马克给予的所有帮助。

在狼生物学、生态学和相关人类学领域,我想向许多人表示感谢。首先,我要感谢波兰的德托齐米尔兹·杰夫斯基和博古米娅·耶列夫斯卡的热情款待,他们为我提供了在比亚托维亚国家公园接触野狼的机会。我要感谢瑞典的格里姆索野生动物研究站的全体研究人员,特别是奥洛夫·利勃格、詹斯·卡尔森和米娅·莱文的热情款待和宝贵的信息。我还要感谢约翰·林内尔、亨利克·奥卡玛、哈坎·桑德、基亚斯·赫杰姆,马库斯·埃德纳森和迈克尔·亨代德,他们为我提供了非常有用的建议和联系方式。我要感谢美国的斯蒂芬·凯勒特、丹尼尔·斯特伯勒和大卫·米。最后,我要感谢赫恩湾,怀尔伍德的德里克·高和英国狼保护信托基金的丹尼斯·泰勒、罗杰·帕默。

　　我非常感谢 Boydell&Brewer 出版社的持续耐心、支持和建议,尤其是卡罗琳·帕尔默和普鲁·哈里森在整个过程中给予我的帮助。我要感谢冈维尔和凯斯学院、三一学院和艺术与人文研究委员会为这项研究提供资金。最重要的是,我要感谢克莱尔学院让我能够承担起博士论文的修订工作,这篇论文已经成为本书的一部分。我要感谢我所有的朋友,特别是菲利帕·帕特里克,感谢她超出常人的耐心和持续的鼓励。最后,我要感谢我的所有的家庭成员,特别是我的父母,感谢他们一直以来的支持,谨以此书献给他们。

引　言

那些垂涎的下颚；耷拉的舌头；涂满口水斑的嘴周——在包括黑夜和森林、幽灵、妖怪、用烤架烤婴儿的食人魔、传说中在笼子里养肥俘虏的女巫等这些所有危险中，狼是品级最低的，因为狼蛮不讲理。[①]

狼群噩梦

对于许多人来说，在回顾"只有火才能点燃"的中世纪世界时，[②]北欧黑暗而险恶的森林为老套的杀手狼故事提供了一个合适的家：狼是一种不断寻找猎物的可怕的掠食者，它可以安静地诱惑，也可以疯狂地猎杀。一方面，人类对狼这个恶魔的唯一反应是无比仇恨，这可以导致狼的彻底灭绝。另一方面，许多支持保护狼的人认为，狼是相对被动的，而人类的反应反而是不合理的、过度的。就我个人经历而言，我在实地考察的过程中，第一次听到野狼在深夜里的嚎叫，就在波兰东北部边境的比亚托维亚镇外。尽管这片广袤的森林——在波兰占地 60 000 公顷，向东延伸至白俄罗斯占地 87 500 公顷——现在被公路、城市的蔓延和无数常走的旅游小道一分为二，但自中世纪以来，狼在这一地区的经

---

① Carter(1995)，《狼队》，110 – 111.
② Manchester(1993)关于中世纪后期欧洲社会转型的书的书名。

历可能没有发生重大变化。当时看来就是这样的。当然,狩猎中枪支的普及、长时间有组织的灭杀活动以及随后对其观测保护的关注——比亚洛维耶扎有个波兰科学院哺乳动物研究所即是证明——使得我们很难与暗淡遥远的过去进行任何比较。[①] 相对较新的文化记忆取代了,或者说篡夺了,我们对中世纪狼的理解。事实上,事后看来,中世纪的世界似乎像一场初醒的噩梦。对中世纪有选择性的重现,尤其是通过哥特式浪漫主义的镜头,普遍存在于西方的想象中,这强化了上述印象。在这样一个世界里,躯体和灵魂一直被死神和恶魔所烦扰,所以,人们抓紧玫瑰经疯狂地祷告。在野外,狼在等着攻击粗心的旅行者。人们离开舒适的家园之前,会祈求上帝保护他们,不受森林里魔鬼的伤害。

中世纪人们对人、狼和荒野之间关系的这种普遍理解,建立在基督教所驱动和引导的强烈的消极、恐惧和不安全感的印象上。[②]但是,人们越来越意识到,中世纪基督教是一种复杂多样的范式,随之,人类对自然世界的反应也应复杂而多样。[③] 对其中一些反应的详细研究已经证明了它们的适应性和多元化——对自然世界的反应会因时而变,因地而异——同时,为数不多的大胆尝试,试图将中世纪人类对动物的占有连贯地叙述出来,却暴露出既完整又相互矛盾的一面。根据一些流行出版物的说法,对狼的极度恐惧席卷了整个欧洲,这可以与本书中综合的三份原始资料中的例子相佐证:文献、考古学和艺术。为了上下文的可比性,三份原始资料都选自 12 世纪。

第一个例子是玛丽亚·德·弗朗斯(Marie de France)关于"狼和甲虫"(The Wolf and The Beetle)的寓言故事,流传于 12 世纪后

---

① 研究所成员广泛发表了狼生态学和动物行为学方面的文章,包括波兰和东欧人与狼关系的历史方面。有关详细信息,请参阅 http://bison.zbs.bialowieza.pl; Schama 1995:37-74.
② Boitani 1995:7; Budiansky 1995:34; Lopez 1995:140; Singer 1991:189-192; Stevenson 2001:15.
③ 对中世纪人与动物关系的全面综合研究相对有限:见 Salisbury 1994 和 Pluskowski 2002a.

半叶的安格文宫廷,这个故事讲的是:

> 某天有一头狼,独自卧在树林里。
> 他的尾巴下,有一只甲虫,
> 向上爬呀爬,爬到狼腹部。
> 孤狼被扰醒,来回蹦又跳,
> 极其痛苦,大声嚎叫。
> 孤狼蹦啊跳,疯狂又暴躁,
> 甲虫爬出来,缓慢静悄悄。[1]

在许多寓言中,狼是被嘲笑的对象——这种反应与前一种反应截然不同且更普遍,前一种反应认为狼是可怕的捕食者。[2]

第二个证据来自1025年至1225年的奥斯陆考古背景中复原的大量动物群的主体部分(图1)。野生哺乳动物只占这一集合的2%,但已经确认了一系列物种,包括水獭、臭鼬、松鼠和狐狸,发现了主要是幼小动物的50多块骨头,还确认有一头幼熊。此外,还恢复了成年狼的胸骨碎片和一些长骨——可能是在中世纪奥斯陆的经济腹地捕获的——这表明,狼的兽体很有价值,值得带回城镇。[3] 追踪、狩猎、诱捕狼、屠宰狼的尸体、准备狼皮、狼毛、甚至狼肉(在某种程度上)揭开了人们对狼的某些反应的神秘面纱。[4]

---

[1] Spiegel 1994:175.
[2] 见第七章。
[3] Schia 1991:186。
[4] 见第六章。

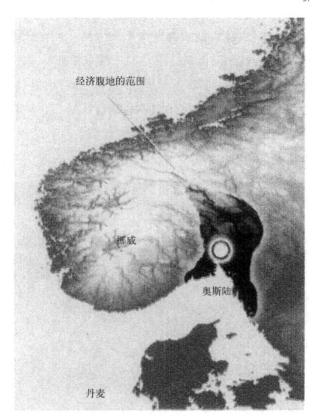

经济腹地的范围

挪威

奥斯陆

丹麦

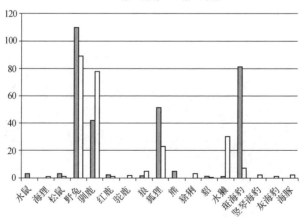

图 1　从奥斯陆第一时期（1025—1125/50 年）和第二时期（1125/50—
1225 年）考古背景中发现的野生哺乳动物骨骼碎片复原代表，大
概获取于地图所示之远离城镇的经济腹地范围（aft. Schia 1994；
3；Lie 1988；161）

　　第三种见解来自 12 世纪装饰弗里顿诺福克圣埃德蒙教堂后堂的壁画中对狼的描绘(图 2)。在中世纪的肖像画中,狼是比较难辨认的——它们的形状与其他四足动物非常相似,比如狗和狮子。尽管如此,某些语境可能会加强对狼的积极认同。这只出现在弗里顿的动物是东盎格鲁国王圣埃德蒙殉难场景的一部分。[1] 在最早的关于圣埃德蒙的圣徒传记中,狼扮演着圣人头部守护者的积极角色,而不是当代描述中的贪婪的捕食者,尤其是在动物寓言中。

图 2　圣埃德蒙与狼殉道,圣埃德蒙教堂壁画,弗里顿,诺福克

———————

① 见第九章。

　　这些简短的例子（在后面的章节中进行了更深入的探讨）表明，中世纪的狼是一种更为复杂的文化现象，比一般的刻板印象所暗示的要复杂得多。人类对中世纪欧洲"另一个"顶级猎手的反应，几乎与社会的每一个因素都交织在一起，从不断变化的社会结构、宗教信仰和美学到土地利用、技术和畜牧业。但除了能够为中世纪的生命（和死亡）提供一个不同的视角，当今欧洲的狼似乎与历史不太可能有联系。当谈到现代人对狼的看法时，人们仍然提到"中世纪的态度"；对许多人来说，《小红帽》里的大坏狼植根于对中世纪欧洲的险恶体验。[①] 狼及其栖息地已经成为生物学家、自然资源保护主义者、猎人、农民和政府之间为生存、控制和包容而战的政治、经济和神话战场。此外，许多欧洲居民从未在野外见过野狼或听过野狼嚎叫，他们在谈论往苏格兰重新引入狼或在挪威捕杀野狼时，都有一些激昂的意见。狼的历史，以及我们感知和回应狼历史的方式，经常被当作这些争论的参考点。挪威猎狼事件（2001 年）在斯堪的纳维亚半岛（以及较小程度的英国和北美）的媒体中引起了巨大的争议，这其中混合着中世纪正面或负面的形象。挪威的主流报《奥斯陆邮报》（*Aftenposten*）抱怨瑞典小报将挪威贴上"半疯狂的海盗国家"的标签，是一个没有社会智慧的孤岛，[②] 而奥斯陆的一家主流小报《达格布拉德报》（*Dagbladet*）则简短地暗示，具有"海盗国家"形象的挪威"自然资源以及鲸鱼和狼都很丰富"，事实上，这可能有利于旅游业的发展。[③] 归根结底，在斯堪的纳维亚半岛以外，外国对挪威人的屠杀似乎没有什么持久不变的反应。虽然狼的符号被广泛认可和使用，但真正的狼，像英国狐狸一样，仍然是地方性问题。

　　对狼的科学解读是复杂而适应性强的捕食者，这一解读通过

[①] Kruuk 2002：69；Thiel and Wydeven 2002a，2002b.

[②] Hanseid 2001：13.

[③] Soderstrom 2001：10.

原始猎人的准神秘概念,与流行文化架起了桥梁。巴里·洛佩兹把狼和猎物之间的对峙描述为"死亡对话",使上述想法达到了顶峰——在这一瞬间,双方都会闭上眼睛,同时有意识地或无意地决定,这场邂逅将以猎物的生或死而告终,表达了猎人和猎物之间一种原始(洛佩兹所描述的"神圣")关系。[①] 1995 年,西拉的互动电脑游戏《内心的野兽》进一步推广了这一想法,该游戏售出了72 631份。[②] 尽管这种概念化可能会点燃猎人的想象力,但在其他情况下,将狼作为优秀的捕食者的认可延伸到将人类视为猎物。有时,作为故事或民间传说中的个体角色,人类能够智胜掠夺者,有时他们的死亡是不可避免的,从一个角度来看,这可能代表着一种自然秩序重新被人类社会"腐化"。自然与人工之间的紧张关系,或者用结构主义的术语表达为自然与文化的二分法,并不仅仅是过去两个世纪某些环境和宗教思想的产物,因为在过去的一系列社会群体中,包括中世纪的北欧,它都可以在不同程度上得到认同。[③] 拟人化童话中的狼——今天是猎人、诱惑者、精神病患者和小丑——继续困扰和激发儿童与成人的想象力,其变化没有明显的限制。在狼人身上,人与动物之间的界限被明确地打破了,无数以这种生物为题材的电影、书籍和游戏都证明了它在西方精神中的持续重要性。它对我们对狼的看法可能会产生重大影响。但是,正如挪威猎狼事件所表明的那样,在那些野生动物仍然存在的国家,人们对野生动物的看法可能与那些没有野生动物的国家有所不同。在北美洲,狼的悲惨历史被纳入成功的饲养和保护计划,以及美洲土著文化、民间传说、毛皮贸易和流行狩猎的政治和社会舞台的再生。[④] 在欧洲,狼正在卷土重来,尽管大多数人通过电视纪

---

① Lopez 1995:94 – 96.
② Sierra 提供的数据。
③ Budiansky 1995:36 – 38;Wolch and Emel 1998:xiii-xv.
④ 历史见克洛农 1983 年,麦金太尔 1995 年,科尔曼 2004 年;育种见凯勒特埃塔 1996 年;美洲土著文化见格莱莱斯 1998 年:229;民俗见吉利 1995 年;狩猎见麦肯锡兄弟 2000—2002 年。

录片、时尚杂志和零星的圈地来了解狼群,比如伯克希尔郡比恩汉姆的英国狼保护信托基金会(Ukwolf Conservation Trust)维持的圈地。更为人们熟知的狼是满月的嚎叫者,它似乎远离中世纪,但事实上,它是一个伴随着倒塌的城堡、毁坏的教堂和新中世纪哥特式恐怖的黑暗森林,可以被立即辨认出来的同伴。

在布拉姆·斯托克的《德古拉》中,狼被描绘为掠食性吸血鬼的同伴,甚至亲属,它们的行为让人想起18世纪和19世纪关于饥饿狼群的刻板描写,从被困在雪地里的骑兵分队,到被绞死在绞刑架上的罪犯,都是它们的猎物。正如乔纳森·哈克在穿越布科维纳森林的旅途中所证明的:

> 但就在这时,月亮穿过乌云,出现在一块布满松树的岩石背面。借着它的光芒,我看到我们周围有一圈狼,它们有着惨白的牙齿,红色的舌头,四肢长而有力,毛发蓬松。在阴森的寂静中,它们比嚎叫时可怕一百倍。对我自己来说,我感到一种恐惧的麻痹。唯有独自直面这种恐怖,人们才能理解它们的真正意义。[1]

哥特派恐怖的狼对流行文化的影响很难量化,《德古拉》除了激发了无数电影的灵感外,还被广泛转载,并被翻译成数十种语言,与《格林童话》一起,拥有自己的狼群文化体系。[2] 因此,今天,狼可能被看作是一个危险的捕食者,或者是一个深受喜爱的伙伴,或者是一个被杀死做成毛皮帽子的猎物,等等。[3] 所有这些都影响了我们对人类和狼以及我们过去共享的环境的理解和文化分配。

---

① Stoker 1897(1993):13. 狼集体攻击的彩色复制品可以在 Carbone 1991 中找到,也可以在法国洛泽的 Gavaudan 狼公园博物馆展览中看到。

② Pluskowski 2001.

③ Clutton-Brock 1989b:281 and Kruuk 2002:117–136.

中世纪北方的狼

早应该对中世纪的狼进行详细研究,尽管现有对狼及其环境的泛欧式了解比较让人满意,但着手关注地区性特征的比较和对比,为未来研究建立调查框架,更为重要。本书探讨了公元 8 世纪到 14 世纪中叶,在英国(英格兰、苏格兰和威尔士)和斯堪的纳维亚半岛南部(挪威、瑞典、丹麦),人类、狼及其共同环境之间不断变化的关系。如果说有一个焦点,那就是不列颠群岛。我们可以肯定,英格兰和威尔士到中世纪末,苏格兰到 18 世纪,狼已经灭绝。[①] 16 世纪有些关于狼的文献存疑,例如,胡克(约 1580 年)提到德文郡的"狼"和"熊"[②],尽管在接下来的十年里,各种观察家将伦敦塔中的"瘦弱、丑陋"和后来的"过老"狼称为英格兰最后一只或最后一批中的一只。[③] 尽管从中世纪到 17 世纪,爱尔兰一直存在狼,但由于时空限制,本研究不包括对爱尔兰的狼的研究,但我们会在适当的地方加入爱尔兰的相关材料。斯堪的纳维亚半岛狼的数量可能直到 18 世纪和 19 世纪才经历类似的退化。[④] 法国和德国一直被限制在这项研究的边缘,然而,这两个国家都有着异常丰富的中世纪遗产,而且都不能被从对中世纪北欧文化的任何研究中完全剔除。英国和苏格兰的"**森林**"源于法兰克模式,[⑤]而圣公会对斯堪的纳维亚半岛的控制最初源于德国,在基督教出现之前,宗教、贸易和思想的普遍流动不受国界限制。巴黎和罗马的神学家们所讨

---

① Yalden 1999:168.

② Harl. MS. 5827.

③ Rye 1865:65;Williams 1807:21。Harting(1994:90)推测,直到亨利七世统治之前,狼在英格兰没有灭绝,而 Dent(1974:128)则认为英格兰和威尔士的最后一只狼是在亨利八世统治时期被杀死的。尽管在理论上有这种可能,但没有可靠的证据来支持它们。

④ Aaris-Sørensen 1977:133 - 134;Haglund 1975:fig. 16;Zimen 1978:282 - 286.

⑤ 为了清楚起见,在本书中,"森林"forestis 一词是中世纪森林的法律概念,而"森林"foresta 一词则被称为"森林"……"森林"forest 一词就用在浪漫文学的语境中,以及译者用于指代林地的引语中。这个术语代表一个流动的概念,它的语义在第三章中有更详细的探讨。

论的大部分内容在北欧流传,大量的世俗文学作品也是如此。此外,关于狼的历史、狼出没的森林和狼人的流行观点都是基于法国和德国的民间传说。然而,由于时空限制,我们研究的重点仍然是英国和斯堪的纳维亚半岛南部。

所选的时间线始于英国盎格鲁-撒克逊时代的起点和斯堪的纳维亚半岛的"维京时代"的起点,并在黑死病和欧洲社会发生相关的社会变化的前几年达到顶点。值得注意的是,在这一时间段,北欧社会发生了与本研究相关的两个重要转变:稳定而短暂的斯堪的纳维亚群落从异教转变为基督教,以及英国建立诺曼公爵领地"**森林**"。此外,大量有关斯堪的纳维亚狼的文献都是在 12 世纪和 13 世纪写成的。此外,与狼不断变化的表征相关的单独年表与这些事件同时发生。这些都是阐释中世纪北欧人类与狼关系的关键因素。这些都发生在中世纪丰富而复杂的背景中,包括农业实践、地形开发、畜牧业、狩猎、定居点增长、贸易和其他一系列变量。这项研究不能囊括所有细节,但与以往对狼历史的研究不同的是,本研究绝对承认背景的持续变化。虽然可以确定横跨北海的文化元素存在共同点,但也存在重要差异,这两点对于解开上述中世纪狼的通用形象至关重要。鉴于以上对空间和时间参数的阐述,本书的主要目的有两个:一是评估北欧基督教在人类对狼和野生动物的态度方面之影响,以此来解构上述之大众对狼的顽固的负面印象;二是通过跨学科的方法研究中世纪对狼的"现实"反应和"概念"反应之间的相互作用。

尽管在中世纪的研究中,将各种各样的证据结合在一起进行连贯性解释的想法现在还远称不上新颖,但这种方法是雄心勃勃的。① 目前,我们对中世纪狼的理解几乎完全基于书面证据,因此,本研究还利用了一系列通常被泛化或忽视的"物质文化"。本研究

---

① Gerrard 2003:230。Reitz and Wing(1999:240,329—30)指出了跨学科方法的好处,而 Dincauze(2000:21)警告说,需要理解相关学科的基本概念和理论框架。

所采用的视角包括考古学（特别是古植物学和动物考古学）、艺术史、人类学、保护研究、生态学、环境心理学、民俗学、历史地理学、历史学（特别是法律和文学）和动物学。单独使用的话，每种视角都有局限性，只有通过综合方法才能获得整体理解。[1] 材料必须是有选择性的，有时选取代表性材料，通常选取比较性材料。因此，这项研究不仅仅是简单的狼的自然历史，或者是对任何"中世纪心理"的详细精神分析，而是对一系列观点的考虑，表现了狼和其他动物一样，是一个积极的动因，也是一块被动的石板，人类在其上刻写和抹去意义。[2]

许多中世纪社会的概观中，会出现对环境的简短讨论，这里都会顺便提到狼。[3] 许多自然历史的广泛研究已经调查了狼的详细分布，[4]许多动物话题的讨论都涉及狼，例如对动物寓言集的研究和对人与动物关系的一般性讨论。[5] 狼也是一些特定作品的主题。最近一期的《中世纪历史》的主题是"中世纪时代"，其中包括了许多关于中世纪狼的生态学和民间传说的文章和讨论。[6] 其他的研究集中在与狼的存在相关的考古、地名和文献证据上。[7] "中世纪精神"以及中世纪的民间传说[8]中，狼的地位与狩猎和狩猎空间有关[9]。

早期中世纪狼的象征意义与奥丁神、[10]古英语、古斯堪的纳维亚语和中古英语文学中的文学手法[11]以及早期日耳曼艺术中狼的

---

① Pluskowski 2005b.
② 见 Baker 2000；Philo and Wilbert 2000.
③ 例如，Le Goff 1990：133.
④ Yalden 1999.
⑤ Berlioz and Beaulieu 1999.
⑥ *Histoiire Médievale 10*（October 2000），pages 20－35.
⑦ Harting 1994；Dent 1974.
⑧ Lindahl, McNamara and Lindow 2000.
⑨ Cummins 2001；Gilbert 1979；Helbling 1993；Rösener 1997.
⑩ Grundy 1995；Price 2002.
⑪ Wilson 1977：181－212.

形象有关,尤其是在神话语境中。[1] 一些研究涵盖了狼更具体的象征意义,如变形、[2]亡命之徒、[3]以及中世纪文学鼎盛时期的文学作品中的"野兽寓言"及其经典衍生品,尤其是狼和尚的角色。[4] 撇开一般的人兽学不谈,对狼人更广泛的历史研究很少只关注中世纪。[5] 这并不奇怪,因为主要在审判记录中出现狼人,主要出现在早期的现代/后中世纪时期的法国和德国,彼时,巫术也在盛行。这两个国家和整个中欧都在继续研究这一现象,但英语世界对这一现象的理解却很糟糕——这可能是由于语言障碍,因为英语的综合性著作很少。大众媒体中流传最久的一个错误观念是,狼人的审判数量之多令人难以置信,相当于几个世纪以来的集体歇斯底里。[6] 这项研究提供了一个了解中世纪英国和斯堪的纳维亚地区狼人的早期变形的窗口,并将形态变化置于更广泛的社会和生态环境中。

但是,尽管没有关于中世纪狼的跨学科研究,但在一些欧洲狩猎博物馆中至少有各种野生动物自然历史方面的"跨学科"展示,例如巴黎的自然狩猎博物馆、慕尼黑的德国狩猎和捕鱼博物馆、挪威埃尔韦鲁姆的诺斯克斯科格布鲁克斯博物馆和丹麦霍尔姆的丹斯克雅格特-奥格斯科夫布鲁格博物馆。但对狼的关注很少,尤其是对早期狼的关注,也有一些明显的例外,比如在斯德哥尔摩的北方博物馆临时举办的 *Vargen*(豺狼座)展览(1997 年)、在第戎博物馆临时举办的 *Oh Loup aux Loups*(哦,狼)展览(1999 年)和在肯特郡的 Wildwood(荒野)创办的较为永久的野狼围场和相关展览。在斯堪的纳维亚,几家当地的博物馆和展览对大型食肉动物的未来

---

① Hauck 1978;Gaimster 1998.

② Davidson 1978;Glosecki 1989,2000a;Stupecki 2004.

③ Jacoby 1974;Gerstein 1974.

④ Ziolkowski 1993.

⑤ Bambeck 1990;Harf-Lancer 1985;Leubuscher 1850;Lecouteux 1992;Price 2002.

⑥ 最近一部详细讨论狼人审判的著作是 de Blécourt 2005:第 2 章。他认为,对 16 世纪到 18 世纪的审判次数,一个更准确的估计是 300 次,而不是更普遍引用的 3 万次。

以及与狼有关的历史和当代问题的关注日益增长。例如,"瓦尔姆
兰兹罗夫朱尔中心:斯堪的纳维亚的四大动物"馆(指的是顶级的
陆生捕食者:狼、熊、猞猁和狼獾),甚至有一个让孩子们走过的黑
暗入口,上面有发光的狼眼睛和嚎叫的声音效果。[①]

野狼、丛林和荒野

在西方大众的想象中,最能唤起人们联想的是野狼和丛林之
间的关系。我建议在更广泛的环境背景下研究狼,因此,抓住野狼
和丛林的联系是本研究的核心。事实上,公共和学术领域都认为
狼与丛林之间理所当然存在,但很少详细阐述或调查。当然,狼并
不局限于丛林,甚至可以把这种联系看作是通俗文化的既定看
法。[②] 然而,我认为在中世纪的北欧,对于人类永久活动的分布区,
狼通过选择相对难以接近的庇护场所进行了回应。虽然在某些情
况下,这可能是荒原和高地,但大多数情况下,可能是一片性质各
异的林地。如今,在英国和美国,"森林里的狼"这一最经久不衰的
形象来自流行的童话故事——主要是格林童话中的儿童家庭故
事。[③] 特别是在英格兰,野狼已经消失了超过 500 年,格林童话中
《雪花莲》和《汉塞尔和格蕾特》此类"童话"(以及少量的当地民间
传说)是黑暗森林现代化身的来源;从《指环王》到《狼的陪伴》,[④]
戏剧性的、鬼魂出没的黑森林已经在流行的西方文化中牢固地确

---

① Nordmark 2001;http://www.bigfour-scandmavia.com/. 当然,人类应该被列入顶级捕食者的名单,
正如 Elander, Widstand and Lewenhaupt 2005 所说的那样。
② 关于狼和它在中世纪所处环境之间的联系的文献很少。在学术、通俗、历史考古和动物学著作
中,经常提到狼和森林,但很少深入考虑中世纪狼在景观中的处境。中世纪林地有几种详细而不
同的观点,包括 Rackham (1980、1990、1998) 对中世纪英国森林物理结构和分布的研究,Küster
(1995、1998) 景观和林地研究,Higounet (1966) 关于欧洲中世纪林地分布的研究,Zehmann and
Scheiwer (2000) 的森林神话研究,Saunders (1993) 中世纪浪漫文学中的森林考察和 Young (1979)
皇家森林研究。
③ 《格林童话》第一卷于 1812 年出版,第二卷于 1814 年出版。这部作品有无数版本,推荐英文译本
是 Zipes1988。
④ Tolkien 1954; Carter 1995:110 – 118.

立了自己的地位。① 然而,这种独特影响的背后,隐藏着一系列更
为复杂的根源。黑暗而不祥的森林是古典和中世纪浪漫文学以及
斯堪的纳维亚传奇故事的特色。② 随后,作为文学手法,民间传说
与森林游憩——从都铎王朝时期英格兰的欢乐的绿林到现代德国
早期的原始民族主义森林——被放在电影和艺术中,创造了一个
想象中的栖息地,构成潜伏于剧院、电影院和睡前故事中漫画描述
手法。③ 童话故事仍然是宣传或批评人类对狼群的反应的工具,而
在童话主宰"姜饼屋的暴政"下,狼几乎没有机会摆脱其原型
模式。④

　　自然资源保护主义者一直反对童话中的野狼形象,也有学者
对新中世纪的黑暗(Myrkvið)表示强烈反对。⑤ 最著名的学术批评
家之一奥利弗·拉克姆研究了史前到现在的英国森林的特征,结
合实地调查和对书面资料以及地图资料的分析,断言中世纪英国
林地是有管理的和相对开放的景观,这不同于中世纪浪漫故事中
虚构的森林。⑥ 后来,中世纪学者强调了对景观的管理,而不是夸
大其自然(或感知到的超自然)元素。⑦ 然而,在重新定义的中世纪
树林和新中世纪的黑暗之间有一个中间地带。狼在自然景观和概
念景观中穿行,必须在两者中考虑到狼的作用。小灌木林的现实
主义,割裂的乡村和森林法构成狩猎景观、美学景观、象征性景观
和战斗景观(尤其是在中世纪斯堪的纳维亚半岛)的理想状态的补
充。在战斗景观中,狼与嗜血且黑暗的伙伴——鹰和渡鸦一起,徘
徊在诗歌中,隐喻着杀戮。

---

① Pluskowski 2002b.
② 见第三章。
③ Schama 1996.
④ Pluskowski 2005a.
⑤ 古挪威语,意为"阴暗的木头":一种传说中的木材,形成了世俗世界与魔法和神话世界之间的屏障,是魔法的背景(Orchard 1998:116),是现代流行的中世纪森林概念的恰当标签。
⑥ Rackham 1980,1990,1994a,1994b,1998.
⑦ 例如,见 Lewis, Mitchell-Fox and Dyer 1997;Hooke 1998;Olsson 1992.

中世纪的研究往往分为两大阵营:一种是通过花粉分析、制图学和土地契约来研究自然景观,另一种是利用中世纪的想象并通过文学和艺术来研究景观。除了专家们的重要工作之外,这两个阵营正在日益瓦解,本研究包括上述两个视角,这两个视角是全面重建中世纪环境的必要先决条件。以狼为例,这种环境可以被广泛地描述为"荒野"。

狼是荒野、野性的一种有力的现代象征,我想说,这是可类比中世纪概念的流行符号。在这项研究中,这两个方面存在显著差异,例如,在城镇化和技术水平上存在显著差异。最重要的是,在"价值"概念方面,现代和中世纪对野生动物及其环境的回应存在显著差异。[1] 这是一个高度主观的标准,必须被置于更广阔的现实宇宙观中,本研究中被定义为"范式",例如,特定的宗教教条可能会为通过神话和惯例来解释(或启发,或两者都有)的某些动物赋予不同的价值。从理论上讲,一套价值体系支配着人们的行为,这是"中世纪基督教会迫害狼"这一说法的前提,也是"欧洲对自然世界广泛持有功利主义态度"的前提。然而,对中世纪的"价值"进行的定位、重构甚至重新语境化,存在一些潜在的问题。

把自然作为抽象理想的赞美是 19 世纪及其以后的产物。[2] 综合证据表明,任何仅仅为了狼(或任何动物)自身利益而保护它们的想法,对于中世纪的人来说都是不可理解的,而且这种想法在许多现代人的头脑中仍然存在。[3] 在北欧,差别制度彼此并存,并随着时间推移而改变。在这些变化中,一个有用的时间点是从异教徒到基督教的转变。零碎的考古和书面证据表明,在异教徒社会中,某些动物在生与死中都受到特殊对待。例如,在中世纪早期的北欧,马、狗和猛禽受到精英的重视;动物在丧葬仪式中扮演重要

---

① 参见 Kellert 1996 年对野生动物的现代人类评估。
② Budiansky 1995:27 - 43.
③ Dinzelbacher 2001:291 - 2; Salisbury 1994:xi.

角色,有些似乎与神灵崇拜有关,特别是在祭祀和图腾方面。[①] 动物显然是在北海地区[②]的社会组织中被获得的,但实际上很难说动物王国作为一个整体是如何在最广泛的宇宙学背景下被分类的。这不是低估基督教前北欧野生动物价值体系的潜在多样性和复杂性的原因。

　　在中世纪基督教范式中,存在着多种价值体系,并在不同的层面上进行了阐述。在最基本的层面上,诺娜·弗洛里斯提出了对动物的两种主要态度:寓言的(关注精神道德,受圣经影响)和科学的(注重解剖学和行为,受古典文献影响)。[③] 罗宾·奥金斯提供了一个限制性更小、更合理的态度评估:

　　　　在中世纪,对自然界没有单一的概念。"自然",就像
　　今天一样,对不同群体的人来说代表着不同的东西……
　　中世纪的自然,可以从实用的、艺术的或概念的角度来
　　考虑。[④]

　　在这一更广泛的解释中,可以认识到一系列的价值体系。教会对圣经的解释是中世纪对待野生动物态度最常被引用的来源。[⑤] 在最基本的层面上,圣经说所有的动物都是上帝创造的,因此服务于上帝的目的(《创世记》26—28)。尽管生物存在多样性,宇宙还是井然有序的,从12世纪开始思考自然世界结构的人尤其注意到这一点。[⑥] 上帝把人类放在宇宙等级的顶端,并指定动物为他们服务。基于这一先例,早期的基督教思想家从南地中海异教徒的宇

① Andersen 1978；Jennbert 2003；Öhman 1983；Lucy 2000；90 - 94，112 - 113；Glosecki 1989，2000a；
　　Halsall 1995；O'Connor 1994；Price 2002；Roesdahl 1983；Vretemark 1989.
② Hedeager 1999；2003.
③ Flores 1993；5.
④ Oggins 1993；47.
⑤ Noske 1989；53.
⑥ Chenu 1997；7.

宙观中分离出来,并开始明确区分动物和人类,主要是基于动物缺乏智力或"理性";随后围绕着这一区别展开了对自然世界的结构和动物行为的复杂性的讨论,部分地强化了假定的人类统治。[1] 纵观几个世纪,再往北跳到盎格鲁-撒克逊晚期基督教时期,神学(如《埃弗里克的埃克斯梅伦-安格里斯》)和诗学来源都表明,动物王国里,已经区分了野生动物和家畜,以及掠食者和猎物,所有这些都是按照创造的顺序发生的。[2] 人类与其他物种不同,而且,尽管动物的名字和关于形状变化的信仰将作为前基督教文化的残余而存在——冒着被广泛泛化的风险——它们与当时的斯堪的纳维亚国家形成了对比,在那里,已经认识到人类和动物之间的界限很模糊,而且这个模糊的界限很可能是文化实践的中心,甚至是宇宙学中心。[3] 从 10 世纪末到 12 世纪初,随着根源于斯堪的纳维亚半岛南部,以及不列颠群岛的斯堪的纳维亚殖民地的宗教信仰发生改变,异教价值体系的残余被吸收到基督教范式中,以民俗和可能的宗教变体的形式出现。例如,盎格鲁-撒克逊晚期,英格兰野蛮地狱之门的发展,可能与异教徒盎格鲁-斯堪的纳维亚宇宙学中野兽吞噬主题的使用相呼应。[4] 到了 12 世纪,在斯堪的纳维亚半岛南部,有证据表明宇宙哲学中对自然世界的理解发生了变化,同时提到的形状变化加上动物名字的流行,表明了早期实践的不完整的持续性(尽管还不清楚是在基督教范式或前基督教范式中),在斯堪的纳维亚半岛南部,人类不再与动物一起埋葬,集中化的祭祀活动也不再以动物参与者为特征,尽管有证据表明在整个斯堪的纳维亚半岛异教徒到基督教徒的祭祀场所具有延续性。[5]

12 世纪通常被视为欧洲思想的转折点;1140 年至 1280 年间,

---

[1] Salisbury 1994:5.
[2] Meaney 2000.
[3] Glosecki 1989:189; Price 2002,尤其是第六章。
[4] 见第十章。
[5] Nilsson 1992.

西方获得了希腊语、希伯来语和伊斯兰哲学文本,尽管早期的学者(塞维利亚的吉西多尔)已经接触到古典著作,他们自己也被视为权威的来源。① 正是在这个时候,强调实验价值的"科学"方法将自然与超自然区分为越来越独立和严格的类别。② 思考自然世界的结构(有时被人格化为自然)成为一个日益引起哲学和神学兴趣的主题。③ 对模式和可预测性存在广泛争论,而且,在不同程度上探索了动物的特征。六星注释赋予动物一系列宇宙功能,将它们概念化为人类精神发展的寓言或道德论集来源,以及神的恩典、愤怒和智慧的提醒;在任何情况下,都是为了人类的利益和教育而存在的。④ 然而,人类对自然世界的统治显然受到某些物种的行为的挑战,特别是大型食肉动物,如狼和熊。这种宇宙学困境不仅源于生态联系(人类和其他动物对同一猎物物种的竞争),也源于大型食肉动物身体的优势,这一点被早期基督徒所认识到,尤其体现在达姆纳蒂奥·阿德·贝斯蒂亚斯的《罗马竞技场殉难》片段中。虽然一些早期的资料指向竞技场里的动物,承认它们作为殉道者的神圣性并拒绝伤害它们,但这种折磨的典型结果,正如其他描述和记录中记载的那样,往往是血腥和致命的,即使受害者很少被吃掉。⑤ 回到12世纪,那些对人类统治所面临的挑战进行思索的人表述了人类统治的制约性:例如,塞格尼的布鲁诺得出结论说,作为罪人的人类已经开始蔑视上帝,扰乱了既有的有序等级。这使人类迎来了源于最初受其统治的动物的蔑视,并暗示特别是野生动物是"神圣批准的法外之徒"⑥。盎格鲁-诺曼抒情诗《世间浮华》的作者也表达了类似的观点,他认为只有那些遵守上帝诫命的人才能

① Crombie 1988:1.
② Jolly 1993:224.
③ Chenu 1997:18-24.
④ Cizewski 1992.
⑤ Kyle 1998:185-194.
⑥ Cizewski 1992.

对动物行使统治权;[①]事实上,直到文艺复兴时期才建立起一个安全的"生物链"。[②] 其他 12 世纪的资料提供了更多对野生动物看法的细节描述。例如,12 世纪 80 年代,威尔士南部的一位在俗教士沃尔特·迈普写道:

> 野生动物是有智慧的:真正的野生动物,牡鹿、野猪、母鹿,有固定的进食、交配、睡觉、醒来的规律和时间,而且不会超过它们被设定的限制……因此,野兽的生命以一种不变的方式继续着。另一方面,像马、牛、家禽和鸽子这些和我们人类生活在一起的驯养动物,虽然它们好像因与人类一起生活而染上了不良习惯,它们的生活不那么自然,但在昼夜方面它们仍然遵从大自然的规律……[③]

将近一个世纪后,托马斯·阿奎那在理性思考的基础上重申了人与动物之间的差异:

> 因为一只羔羊觉察到,一匹狼要逃离,靠的是非免费的自然判断;它靠的是自然本能而不是深思熟虑,这适用于野兽的任何洞察行为。但是,人是通过认识能力,判断需要避开或追求某物,进而行动。[④]

阿奎那在中世纪基督教思想中普及了亚里士多德对自然世界的分类,将其细分为具体的元素范畴:土地、空气、水和火(后者是为天使和魔鬼保留的精神范畴)。狼属于土地王国。超越这些界

---

① Jeffrey and Levy 1990:163.
② Wilson 1977:40.
③ *De Nugis Curialium* 1,15, James 1914:47.
④ *Summa Theologica*, Question 83, Article 1, Suttor 1970:238 – 239.

限的生物可以被认为是"魔鬼",由此产生的各种组合形式的野生动物在中世纪的艺术和文学中随处可见。[1] 然而,宗教和科学之间的界限常常模糊不清。生理学为兽类书籍提供了基础:这些书籍融合了古典和圣经元素,是有对中世纪野生动物价值体系的最清晰表述。科学范式发展的同时,中世纪也流行着将自然世界呈现为有寓意的动物寓言集以及可比的自然历史百科全书,例如亚历山大尼卡姆的《自然之王》(约 1190 年)和圣公会巴托洛梅乌斯·安格利克斯的《自然历史百科全书》(De proprieritatibus rerum,1230—1230 年)等。后者越来越强调观察,例如动物背景下的多米尼加·艾尔伯塔斯·马格努斯(约 1260 年)的有影响力的作品,以及狩猎手册等世俗作品,同时挑战着亚里士多德的格言。[2]

但是,必须把对动物组织和行为的宗教以及哲学争论与其他价值体系放在一起进行讨论。这些反映了对动物的现实和宇宙学处理,不同物种,甚至个体,被分配到跨越"野生"和"驯养"范畴的不同经济和法律地位。例如,11 世纪末的英国狩猎文化将鹿肉留给精英阶层,并禁止其交易,从而使其在实际中变成无价的废物。当然,这并没有阻止其他社会团体对它的收购,而且发展出一个鹿肉交易黑市。[3] 在 13 世纪的德国法律书《萨克森之镜》中,有关狩猎的一段文字指出,尽管禁止在萨克森州指定的三个禁猎区(狩猎保护区)猎杀动物,但这项禁令排除了熊、狼和狐狸。[4] 与此相反的是,14 世纪初,一头属于阿图瓦王朝的被驯服的狼受到了保护,王朝几乎没有阻止它对当地牲畜的掠夺;最后,人们给它戴上项圈、铃锤和铃铛,以警告其他人不要接近。[5] 此外,当代的描述指向了不同的价值体系。有些动物被描绘得比其他动物频繁,有些动物

---

[1] Williams 1999:178.
[2] Oggins 1993:55.
[3] Birrell 1992.
[4] Chapter 1235, Von Repgow 1999:111.
[5] Vale 2001:181.

被选为怪物杂交体的来源,因此被赋予了特殊的审美价值。对于斯堪的纳维亚半岛的异教徒,动物是应用艺术和具象艺术中的基本主题,并且在 12 世纪异教徒转变信仰时仍然如此。在不列颠群岛和斯堪的纳维亚的基督教社会中,大量的艺术是宗教性的,强调中世纪基督教价值体系的圣经统治并非不公平,然而,在研究美学和视觉展示的意义时,必须考虑其他因素和补充性说明。

在探索中世纪北欧人类对狼及其共同生存环境的反应时,会触及所有这些价值体系。与特别有影响的哲学阐述修辞有关的作品,如托马斯·阿奎那和艾尔伯塔斯·马格努斯的作品,是窥探中世纪意识形态和思想的重要窗口,然而本书不会对这些作品进行详细探讨,本书的范围覆盖其他类型的文学、艺术、纹章、贸易等使用的动物,以及它们如何反映不同的价值。这项研究的主要目的是论证狼是如何在中世纪的北欧被视为一种特别危险的野生动物,以及,如上所述,这种概念化是如何与它在栖息地(这里被定义为荒野)中的存在和行为相联系的。因此,下一章将概述中世纪英国和斯堪的纳维亚南部的狼的生物地理学,接下来的章节将探讨这个空间是如何被利用和感知的。设定场景——中世纪狼群的生态中心——之后,接下来的章节将细分主题,探索人类对动物的反应范围。

第一章

走进丛林:自然景观中的实体狼

《生活在丛林中的狼》[1]

引言

中世纪的北欧,狼是陆地上的顶级掠食者,处于陆地食物链的顶端。

2—42 匹狼组成一个狼群的基本单位,大多数单独的个体在它们加入或离开狼群时都拥有一个临时的地位。[2] 狼的密度和猎物的丰富度之间存在着明显的关系,在有蹄类动物密度较高的地区,狼的数量越多,它们的领地就越小。[3] 事实上,狼具有极强的适应性,只要有充足的猎物和栖居地,它们几乎可以在任何地方生存。[4] 当然,现代和中世纪环境中的变量并非都具有可比性。许多关于狼分布的研究都关注道路的重要性和城市化的不同程度,但这些对重建前现代时期的狼的生物地理学并没有多大帮助。然而,有一些明显与前工业环境有关的限制因素。例如,对于洞穴来说,受干扰程度的大小、狼群遇到人类的历史、以及是否存在替代洞穴等局部变量,

---

① Nowegian Runic Poem,Dickins 1915;25.

② Fuller, Mech and Cochrane 2003;164.

③ Ibid;170 - 1.

④ Mech 1970; Zimen 1978,1981.

对后续洞穴位置的选择都很重要。[1] 虽然很难精确估计中世纪狩猎
行为对狼的行为和分布的影响,特别是斯堪的纳维亚半岛的狩猎
行为,但综合证据表明,狼群,尤其是它们的洞穴,不可能被允许出
现在永久居民区附近。[2]

因此,相对于周围景观,狼群的最佳栖居之地首先可以被定义
为人类存在率最低的区域——自然的荒野区域,包括湿地、荒地、
欧石楠丛生的荒野高地,当然还有树林。中世纪英国和斯堪的纳
维亚狼群生物地理学的第一手资料可以细分为地名、中世纪考古
背景中复原的骨骼、文献和文学资料,后者包括观察到的和感知到
的狼。我们将依次研究每一项资料,并将根据现代生态学研究的
观察结果补充对中世纪狼群的生物地理学概述。

地名中的狼

许多中世纪的地名与狼在英国的分布有关,小部分与狼在斯
堪的纳维亚半岛的分布有关,这些地名有着各种不同的地形特征。
带有"狼"字的地名有时被引证,作为狼在特定地区普遍存在的证
据;[3]狼的分布已经被绘制在不列颠群岛上,构建了全国性印象[4]和
区域性灭绝模式。[5] 对以"狼"字命名的地名的解释存在问题:第
一,他们可能指的是一个名为"狼"(Wulf, Ulfr 等)的人,而不是
"狼"这种动物,尽管这两者是有可能被区分开来的。[6] 第二,很难
确定 wolf 在任何给定地名中的具体用法,即使此给定地名明确地
与山谷或山丘等地形特征相关。第三,虽然地名确实指的是狼这
种动物,但是没有说明这个名称的作用时间有多长,或者用这个名

---

[1] Mech 1970;122.
[2] 见第五章。
[3] Finberg 1967;40.
[4] Aybes and Yalden 1995.
[5] Dent 1974;99 – 134.
[6] Aybes and Yalden 1995.

称命名这一景观的原因。此外，命名可能是对"狼"概念的隐喻用法，例如，拉克姆提出了一种现代类比："狼树"是现代森林居民所说的一种长得异常快从而损害其周边植被的树。[1] 对地名的解释不应排除这种用法。第四，地名的分布不能代表给定地区狼数量的多寡，没有证据表明在选择地名时会倾向于稀有或普通物种。

鉴于以上，艾贝斯和约尔登汇编了一份不列颠群岛完整的与狼有关的地名列表。[2] 威尔士有不到 20 个可能与狼有关的地名，苏格兰至少有三倍之多，但大多数都是在英格兰，最集中的地方位于坎伯兰北部各郡、威斯特摩兰和西约克郡。与这些地名相关联的元素包括山、空地、山谷、树林和圈地，与幼狼相关的地名都出现在山区和高海拔地区，靠近其他以狼命名的地方。与"狼"相关的地名往往与树林和山丘有关，与高地有强相关性，与林地不存在强相关性。艾贝斯和约尔登认为，这种模式反映出英国大部分低地地区的狼在诺曼征服时期已经被基本消灭，同时，北部诸郡的定居点鲜有渗透到高地，狼能够找到栖居之处得以繁殖，人类和狼之间的接触足够频繁，可以据此为景观特征命以"狼"名。[3]

与狼有关的地名中最大的一类是"狼坑"，其中许多旷野名称都被解释为陷坑。[4] 我们对"坑"和陷阱之间的关系是存疑的，就像"狼"字一样，它可能暗指隐喻用法。然而，广泛证据表明，中世纪欧洲，甚至一直到 20 世纪，都存在陷坑捕狼。[5] 假设狼坑的名字确实指陷阱，那么它们与定居点之间距离各异的位置就会与社区根据当地狼的存在而间歇性设置的陷阱位置一致，也与职业猎狼者

---

[1] Rackham 1998:34.

[2] Aybes and Yalden 1995.

[3] Ibid:221 − 2.

[4] Ibid:205.

[5] Rackham pers. comm, and 1998:353.

持续性的诱捕活动地点相一致。^① 这些陷阱对动物和人类健康都有危害，因此了解它们在景观中的位置至关重要。14 世纪的瑞典，有这样一项法律义务：即马格努斯·埃里克松国王的《杀人法》(2，6)，此法要求用长矛、陷阱或倒木在树林里设陷阱的人，或是为糜鹿或其他野兽挖洞的人，须在设陷阱前，用一个假日通告他要设陷阱的位置，并且，须在设陷阱之后，用两个假日，在教区教堂，让人们知道这些陷阱被安置在哪里。^②

在斯堪的纳维亚半岛上，与狼有关、可辨认，并可确定地追溯到中世纪的地名的数量是相当有限的。一项对瑞典南部省份的地名进行的调查（排除乌尔夫比和乌尔夫斯堡等有关的人名）显示，只有九个明确地名：斯卡拉堡省的乌尔瓦格拉夫（狼坑）最早记录于 1378 年，克鲁努贝里省的乌尔瓦莫斯（狼坑）和乌尔瓦胡尔特（狼窝）分别记录于 1320 年和 1451 年，东约特兰省的乌尔瓦胡尔特（狼岭）记录于 1315 年和 1437 年，延雪平省的乌尔瓦胡尔特（狼窝）记录于 1486 年和 1500 年，布莱金厄省的维格拉夫（狼坑）记录于 1494 年，这个名字在斯莫兰也有发现，最早可以追溯到铁器时代。^③ 在半岛最南端的马尔默胡斯省，乌尔维哈伦和乌尔瓦托普的这两个地名在 16 世纪初已有记录，但可能是指景观特征和个人名字，而非当地存在狼的证据。东约特兰省的乌尔韦伯也可能是这种情况，与乌尔维德这一人名有关，而最早记录于 1475 年的艾尔夫斯堡省的乌尔瓦普（狼场），同样可能是人名。有趣的是，中世纪瑞典唯一有记录的狼窝是乌尔夫格里特，记载于 13 世纪晚期，在厄勒布罗兰的加德，但中世纪的地名没有一个与斯堪的纳维亚半岛南部的幼崽有关。^④ 挪威 16 世纪之前记载的与狼有关的地名较少，有记载的地名都与一系列的地形特征相关：索德雷弗隆的

---

① 见第五章。
② VL Donner 2000：117.
③ Vikstrand pers. comm.
④ 资料来源：乌普萨拉大学地名数据库。

乌尔法堡（狼山）、昂西的乌尔法达尔（狼谷）、芒厄尔的乌尔法沃顿（狼湖）、北艾尔达尔的乌尔法内斯（狼海角）和海勒斯塔德的乌尔维克（狼湾或海湾）。① 瓦格（Varg）这一名字在中世纪斯堪的纳维亚的资料中也有记载，尽管在地名中使用 Varg 来指代狼更可能出现在中世纪以后的记载中，但瓦格这一名字可能同时指代狼和人类罪犯，例如最早记录于 1307 年的瓦多兰德索格内的瓦格伊尔（狼岛）。同样的模式在英格兰也很明显，那里的 wearg 地名绝大多数指的是行刑地点所在之处，而不是（实际的）狼所在之处。②

与英国相比，斯堪的纳维亚半岛上与狼相关的地名的数量和密度都非常有限，这进一步证明在这个地区使用"狼"字是普遍的禁忌，这种禁忌贯穿整个中世纪（甚至延续到中世纪以后）。③

尽管受马格努斯·埃里克松国王杀人法影响，但这也许仍然可以解释为什么中世纪的瑞典只有两个狼坑的名字被记录下来。④也许这些陷坑在这片土地上的时间还不够长，不足以成为一个地名；也许设置陷坑在定居腹地只是一种罕见的活动；也许这些陷坑在使用时根本没有被命名或被记录下来。可能性有许多，但其数量与英国，尤其是英格兰，涌现的与狼相关的地名形成鲜明对比。但即使在英国，240 个与狼有关的地名中，也只有 50 多个来自古斯堪的纳维亚语，集中在坎伯兰和威斯特摩兰。⑤ 也许一些斯堪的纳维亚的定居者仍然坚持不使用狼的名字，但在这些地区显然不是这样。回到中世纪景观中狼的分布和数量问题，对地名数据集的批判性方法对我们理解斯堪的纳维亚半岛中世纪狼的生物地理学并没有多大帮助，但它确实表明，在中世纪后期，狼仍然在南部地

① Rygh 1897–1924.
② 见第十章。
③ Reynolds 1998:207；见第十章。
④ Jacoby 1974.
⑤ Aybes and Yalden 1995.

区活动。中世纪考古背景中,尤其是在斯堪的纳维亚半岛南部,发现的狼遗骸也印证了这一点。

中世纪考古背景中的狼遗骸

中世纪考古环境中的狼遗骸

英国和斯堪的纳维亚的中世纪遗址中发现的狼遗骸在数量和背景信息上都非常有限(图3)。这一点也不奇怪,因为在考古环境中不太可能保存野生食肉动物,而且狼和狗之间也很难辨别。[①] 很难说有多少犬科动物的遗骸被记录在案,又有多少是因为保存不善或残缺而被忽视。中世纪的大陆环境中,例如德国北部[②]和波兰,[③]狼的数量相对较多;匈牙利[④]等地区,狼的总数少,无法对狼的种群动态进行任何统计分析或详细研究。考古学背景下,食肉动物骨骼的破坏不能确定地被归因于狼(不同于狗),尽管考古背景的特性有此指向。尽管中世纪环境中缺乏大量的狼群遗骸,妨碍了对狼分布的量化分析,但从各种环境中挖掘出的残骸有助于我们了解中世纪狼的生物地理学和狼与人类接触的可能性。在英国,中世纪早期的动物群落里很少有狼遗骸。从中世纪盎格鲁-撒克逊环境的拉姆斯伯里(威尔特郡)开始,除了牙齿以外,[⑤]犬齿狼的骨骼例证,或者可能是狗的骨骼,已有记录。[⑥] 中世纪中期,关于狼遗骸的报道通常是轶事性质的,并不完全可靠。早期的学术研究偶尔会提到从中世纪遗址的仓促挖掘中发现的狼骨,例如,沃尔

---

① Pluskowski in Press.
② 来自石勒苏益格考古动物工作组的数据库。
③ Wolsan;Bienieck and Buchalczyck 1992:376.
④ Bököyi 1974.
⑤ 见第六章。
⑥ Coy 1980.

瑟姆斯托水库建设期间发现了遗骸的说法无法得到证实，但如果准确的话，这表明在埃塞克斯森林（一片面积广阔的森林）中发现了狼（但不一定如所示的那样丰富）。① 利维登确认了一块骨头，证明 13 世纪罗金厄姆（北安普敦郡）森林中出现过一头稀有狼。② 同样，在佩文西（苏塞克斯）和拉特雷（阿伯丁）发现的狼遗骸，即使是准确的，也很少可以提供额外的信息。③ 这些有限的数据可以用来表明在它们的遗骸所在地可能有狼的存在，也暗示了它们的价值。④

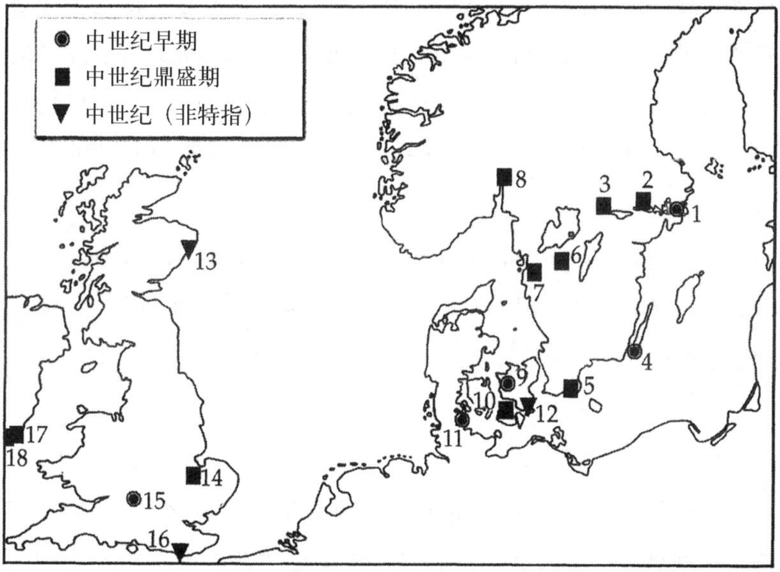

1. Birka 比尔卡　2. Vasteras 韦斯特罗斯　3. Orebro 厄勒布鲁　4. Eketorp 埃克托普
5. Hagestad 海格斯塔德　6. Skara 斯卡拉　7. Gamla Lodose 加姆拉-勒德瑟
8. Oslo 奥斯陆　9. Trelleborg 特瑞堡　10. Lysemose 雷斯莫斯　11. Hedeby 赫德比
12. Vordingborg 沃尔丁堡　13. Rattray 拉特里　14. Lyveden 利维登　15. Ramsbury 拉姆斯伯里 16. Pevensey 佩文西　17. Ferrycarrig 费里卡里格　18. Waterford 沃特福德

图 3　英国和斯堪的纳维亚中世纪背景下发现的狼遗骸分布图

① Fisher 1880：189.
② Steane 1985：167
③ Yalden 1999：147.
④ 见第六章。

在斯堪的纳维亚半岛南部,狼的遗骸出现在中世纪早期、中期和晚期,但这些遗骸通常是零碎的,在某些情况下,单个元素不能被证实是狼还是大型狗的遗骸。瑞典的比尔卡发现了狼骨,那里是 9 世纪至 10 世纪梅拉伦湖岛上的一个贸易定居点,是斯堪的纳维亚地区最大的毛皮动物骨头聚集地之一。这些狼骨只有三个指骨,其余的骨头很可能是留在被剥皮的地方——树林里。[①] 这些遗骸表明,当地家庭制作和使用狼皮,并不一定代表比尔卡附近有狼的存在。在一个类似可能的贸易点——赫德比港也发现了一系列狼骨(下颌骨、肩胛骨、四肢),这是 8 世纪至 11 世纪日德兰半岛波罗的海沿岸南部的一个定居点。[②] 特瑞堡(丹麦)和埃克托普(瑞典)的防御工事中初步鉴定出的狼遗骸(头盖骨和四肢),可以追溯到维京人时代晚期,[③]可能反映了附近或远处存在与狼有关的各种活动。

中世纪的鼎盛时期,从城市中心复原的狼遗骸被认为与它们的腹地有关;11 世纪到 13 世纪期间,奥斯陆出现了狼(其中一头出现在 1025—1125 或 1150 年,六头出现在 1125 或 1150—1225 年),熊、猞猁和鹿的骨头,这些都与城镇腹地的森林砍伐有关(图 1);该景观中存在着沼泽、碱沼、潮湿的草甸、生长着小麦和大麦的田野、松树和桦树为主的树林,周围被向西攀升的低山围绕。[④] 在瑞典的斯卡拉找到一块狼骨,可以追溯到 14 世纪;[⑤]在厄勒布鲁发现的四块骨头可以追溯到 1250—1350 年;[⑥]还有三块来自韦斯特罗斯的骨头,可以追溯到 1350—1420 年,[⑦]在中世纪丹麦境内的海格斯塔

---

① Wigh 1998:86 – 88; 2001:127.

② Reichstein 1991:37 – 39.

③ Norlund 1948:262; Boessneck 1979:189.

④ Lie 1988; Schia 1991:186; 1994:7.

⑤ Lepiksaar 1976.

⑥ Johansson 1990.

⑦ Vretemark and Sten 1995.

德和加姆拉-勒德瑟也发现了狼遗骸。[1] 我们承认以上数据存在局限性,但它首先可以反映出,与其他野生食肉动物相比,狼遗骸相对有限的分布范围表示存在不频繁的狩猎行为,当与其他形式的证据相结合时,这个观点变得越来越可信。[2]

书面资料

文学中的狼与荒野

> 躺在家里的干草堆下,你已经习惯了狼在外面树林里的嚎叫。[3]

有人认为,中世纪对动物行为的理解受到缺乏准确报告和普遍认为动物没有智力的观点的影响。[4] 然而,许多(如果不是全部的话)对动物行为的描述来自于那些可能与自然世界接触相对有限的个体。那些经常与动物接触的人——尤其是牧羊人、农民和猎人——很少记录他们的经历,但少数存活下来的人表明,他们对动物行为有更深刻的理解,这种理解基于他们与野生动物和驯养动物的工作关系。此外,与遥远土地上的外在物种相比,它们对存在于附近景观中的物种的动物行为的感知可能更为准确,因为它们在某种程度上是基于经验(无论是直接的还是间接的)。从这个角度来看,中世纪北欧的书面资料记录着狼和它们所处环境的一致关系就不足为奇了。现代对狼的观察表明,它们适应能力很强,几乎能够在任何环境下生存,但在中世纪早期和鼎盛时期的文献资料中,只有某些狼栖息地被提及——最常见的是林地。许多例

---

① Lepiksaar 1975:231 – 232.
② 见第五章和第六章。
③ First Poem of Helgi Hundingsbani, Verse 41, Larrington 1996:119.
④ Sobol 1993.

子,比如本章开头引用的《非维格的北欧文诗》,很可能有多重含义。无论是公式化的,还是从特定的经验中迁移出的,都是通过将狼与特定空间联系起来,传达了很多信息。同样,本书的描述有限,偶尔包含空间线索,如树木或羊圈。文学类参考资料往往简短,很少有生态式描写。例如,古英语诗歌《马克西穆斯二世》(*Maximuus II*)中,"狼属于森林";[①]在《埃琳娜》中,狼被描述为凯旋的君士坦丁的神圣的林地伴侣;[②]而诗歌《布鲁南布尔战役》(*Battle of Brunanburh*)中则指其为灰色动物,森林中的狼。[③] 中世纪的英国文学作品中,很少出现对猎狼的描述,其实对猎狼的描述可以提供环境背景(如中世纪晚期狩猎手册中的描述),而本研究所确定之年限以外的书面资料中,对狼、林地、荒地都没有太多的细节阐述,如《农夫皮尔斯》(*The Vision of Piers Plowman*)、《高文和绿衣骑士》(*Gawain and the Green Knight*)中。《圣奥尔本之书》和《狩猎大师》此类 15 世纪英国狩猎手册中关于狼的条目,更可能是从大陆借鉴而来的,而不是本土的文献记录,因此不能作为 15 世纪英格兰存在狼的证据。正如哈廷所说,英国狼最终灭绝的时间是 1485—1509 年。[④] 中世纪英国狩猎手册更关注宫廷礼仪,而不是狩猎的实用性。[⑤]

狼在古挪威文学中出现得相对频繁,这并不奇怪,而且狼与林地的关系存在于许多语境中:神话、传奇和绰号。传奇是一种包含多种变体的文学体裁,主要出现在 12 世纪和 13 世纪,借鉴了早期口头文学,根据内容的不同,这些口头文学可以追溯到北欧海盗时代晚期,也可以服务中世纪鼎盛时期的听众。[⑥] 在这方面,狼和森

---

① Bradley 1995:513.
② Gradon 1958:30.
③ Treharne 2002:32 - 3.
④ Harting 1994:37.
⑤ Rooney 1993:8.
⑥ Pulsiano 1993:592 - 594.

林之间的关系代表了一个持久的文学主题,类似于狼与战场之间的联系。① 虽然有时可以找到对这种蕴含多层含义的关系更具感召力的描述,如《伏尔松加传奇》(写于 1200—1270 年),但大多数提到狼和林地之间联系的文献都是简短的,比如赫尔基·亨丁斯巴尼的两首埃迪诗(见上文引文)。② 在一段诗中,十个兄弟在午夜被关在树林里的马厩里：

> ……他们坐在马厩里时,一头老母狼从树林里走到他们面前。她身材高大,面色阴沉。她咬死了一个兄弟,然后把他全吃掉了。之后她就走了。③

这种情况连续发生了九个晚上,只有西格蒙德还活着,他把蜂蜜涂抹在了脸上,在狼舔蜂蜜的时候,他拔掉了狼的舌头(或者,后来被怀疑是变形者的舌头)。随后,在树林里,西格蒙德和他的兄弟辛乔特利也变成了狼。④ 尽管传奇文学的森林中除了偶尔出现狼人,很少出现狼群,但这种联系的进一步延续出现在谚语⑤等多种语境中。⑥ 斯诺里·斯特鲁森在 13 世纪的散文《埃达》中直接提到埃迪的诗歌《伏鲁萨》,转向对异教徒斯堪的纳维亚宇宙学的反省观点,勾勒出了斯科尔狼和哈蒂狼邪恶的起源：

> 一个女巨人住在米德加德东部一个叫塔恩维德的森林里。在那片树林里住着一个叫拉恩维迪尔的恶妇。远古的女巨人养育了许多巨人儿子,而且都是狼的外形,狼

---

① 见第九章。
② Larrington 1996：*First Poem*：verser 41(p. 119), second poem：verse 33(p. 138).
③ Byock 1993b：41
④ 见第十章。
⑤ Wilson 1977：205.
⑥ 见第十章。

就是由他们繁衍下来的。[1]

斯诺里在《斯卡帕玛尔》一书中继续写道：格瑞，一头有着一系列联系的狼，被引诱着"从北方森林走出来"[2]；而在他为狼命名的名单中，斯诺里指的是"赫罗杜伊夫纳和希思居民"以及"弗雷基和森林居民"。[3] 在古英语和古挪威的文学作品中，尤其是在森林中的狼，似乎是亡命之徒的隐喻，但在这里，环境所扮演的更明确的角色是指定边缘身份，而不是个体的动物化。[4] 相对清楚的是，中世纪的英国和斯堪的纳维亚文学并没有明确记录狼在景观中的分布，而是指出了狼和森林之间反复出现的概念联系，而这一联系最终被一片没有狼的传奇森林所取代。[5] 对狼与其他类型荒野的联系也有不同程度的记录。在《海姆斯克里格拉》的《哈拉尔国王传奇故事》中，斯诺里插入了 11 世纪诗人博尔韦克·阿诺森的一句诗，其中包括"当狼在山上嚎叫"这句话，[6]而在 13 世纪誊抄下来的一段诗句中，提到敌人逃离英雄赫尔基，"就像惊恐的山羊在充满恐惧的山上被狼追着跑一样"[7]。狼的另一个别称与碱沼、荒原和沼泽有关，埃迪早期的诗歌《阿特拉克维达》（*Atlakviða*）中，狼被称为"荒野漫游者"[8]，而芬利尔的名字可以翻译为"沼泽居民"[9]。这些概念可以与记录在案的狼和景观之间的关系联系起来。

狼群和皇家森林

有零星记录显示狼出现在 12 世纪和 13 世纪的英国皇家森林

---

[1] *Gylfaginning*, Faulkes 1995:15.
[2] Faulkes 1995:135.
[3] Ibid:164.
[4] 见第十章。
[5] 见第三章。
[6] Magnusson and Pálsson 1976:47.
[7] *The Second Poem of Helgi Hundingsbani*, Larrington 1996:138.
[8] Larrington 1996:211.
[9] Orchard 1998:42.

范围内。正如我们将在第三章中所讨论的，这说明中世纪欧洲存在的狩猎场是有控制的，而且形式最复杂，它们的重点是保护鹿的栖息地，其中林地是一个重要的地形特征。在英国，至少从 11 世纪末开始，授予土地，以换取其不让狼进入的责任，是皇室常见做法。罗伯特·德·乌姆弗拉维尔被威廉一世授予诺森伯兰里德斯代尔爵位，条件是保护该地区不受"敌人和狼"侵扰。[①] 12 世纪初，德比伯爵罗伯特·费勒斯被皇室授予希奇土地，作为回报，他驱赶达菲尔德蔡斯（德比郡）境内的狼群离开贝尔珀，此处后来成为皇家森林。[②] 尽管直到亨利六世统治期间，土地仍由宰杀狼的仪仗官占有，但对于绘制中世纪晚期狼群分布图而言，这些信息并无用处；确凿的证据表明，到 14 世纪晚期，英格兰的狼的数量显著减少，而猎狼的义务可能被保留了下来，只是成了闲差。[③] 但是鉴于包括狼在内的狩猎补助金的例子，比如约翰国王连同德文郡一起授予威廉·德布鲁尔的奖金，这些都表明，从盎格鲁-诺曼帝国的狩猎文化（以及对鹿的痴迷），和受控狩猎空间的制度化开始后，狼一直受到迫害。

皇家森林公园内对狼采取直接行动，这突出了上述趋势，有助于我们了解中世纪英格兰狼的生物地理学。建立于 11 世纪末的森林研究所直到 12 世纪中叶才在全国范围内全面运作，并在 13 世纪达到鼎盛时期。有证据表明，在南部的汉普郡也捕获过狼，1156年，汉普郡治安官获得从财政部拨款，支付在新森林和贝雷森林机械能猎狼行动的皇家猎狼者的制服上。[④] 他们在该县捕获的狼数量较少——1209 年，一头狼在吉灵厄姆（多塞特郡）和克拉伦登被捕获，1212 年至 1213 年的公文指出，1212 年 5 月，在汉普郡弗里曼

① Harting 1994：20.
② 维多利亚郡历史（VCH），德比 1：405。
③ Fisher 1880：190；Rackham 1998：35.
④ Madox 1969：204.

特尔森林范围内捕获的一头狼,报酬是 5 英镑。[1]

同年,列出了在兰开夏郡的伊尔维尔森林里捕获两头狼的报酬,[2]12 世纪和 13 世纪在皇家森林的猎狼行动似乎都发生在与威尔士接壤的郡里。山顶森林(德比郡)猎狼者获得的报酬列在 1160—1161 年,1167—1168 年和 13 世纪后半叶;[3]1213 年 11 月,皇家官员在特雷维尔(赫里福德郡)[4]的森林里捉到了两头狼,在 1255—1256 年间山顶森林法警杰维斯·德·贝尔纳基,以及 1258 年现存最早的格洛斯特郡森林公园为迪恩森林所作的记载中,对狼的破坏行为都有所描述。[5] 1280 年的专利记录显示,约翰·吉福德有权消灭皇家森林中所有的狼。[6] 1281 年,坎诺克·蔡斯(斯塔福德郡)[7]记录了狼的破坏行为。同年,理查德·塔尔博特获得许可,只要不捕捉鹿,不赶野鹿,就可以在迪恩森林用网猎杀狼,[8]最著名的是一份援助令的发出,要求彼得·科比特在格洛斯特郡、赫里福德郡、伍斯特郡、什罗普郡和斯塔福德郡的森林、公园和其他地方消灭所有的狼。[9] 迪恩森林仍存在狼,一年后,森林巡回法院对吃了被狼撕咬过的鹿肉的两个人进行了罚款,而关于猎狼的最详细的记载可以追溯到 1285 年。[10]

1281 年,在边境县密集的猎狼运动开始之际,由于灌木丛不适合养鹿,并因"其密度大"而为狼提供了庇护,爱德华一世下令砍掉霍普曼塞尔森林中的灌木丛,之后用树篱围起来。[11] 在迪恩森林鼓励发展灌木林的做法表明了一种更积极的野生动物管理方法,这

---

[1] Britnell 2000:671.

[2] Harting 1994:25.

[3] VCH Derby 1:398,403, note 1.

[4] Britnell 2000:671.

[5] VCH Gloucester 2:268, note 8.

[6] Harting 1994:28.

[7] VCH Shropshire 1:490, note 51.

[8] Hart 1971:37.

[9] 日历专利卷,1281 年 5 月 14 日。另见第 5 章。

[10] 同上。

[11] 日历专利卷,1281 年 5 月 23 日;VCH Gloucester vol 2:270,note 1。

可能部分地推动了其他林地的砍伐。灌木林对由采伐周期决定的
不同叶密度的林地有明显的物理和视觉影响。进一步的证据表
明,动物和人类捕食者都能有效地利用茂密的植被。早些时候,爱
德华一世下令清除城镇之间高速公路上的林地和树篱,以减少窃
贼的藏身之处,保护旅行者。① 英国人在征服威尔士时也采用了这
种策略,在那里进行战略性的林地清理,以减少被伏击的可能性。
在坎布里亚的原始洞穴里发现的一组鹿骨表明,13 世纪晚期仍有
狼活跃在英格兰北部,这些骨头被认为是狼积攒的,年代不晚于
1300 年。② 14 世纪,有记录的被猎杀的狼的数量明显减少,关于英
格兰捕狼的最后一个可靠参考可以追溯到 1394—1396 年,在东约
克郡的惠特比修道院,僧侣们为鞣制 14 张狼皮支付了 10 先令 9 便
士的工钱——在这里,僧侣而非皇室的利益受到了狼的威胁。③

　　来自森林的信息很有趣,不仅仅因为它提供了一些关于猎狼
和破坏的细节,还因为它提供了对中世纪狼生态的一种洞察。森
林是有争议的活跃空间,它由最初确定并积极维护的鹿栖息地组
成,这样限制了定居点、林地清理和永久性的人类活动——特别是
在山顶森林和迪恩森林。④ 毫无疑问,这些地区大量鹿群的存在吸
引了狼——事实上,这两种动物在一定程度上影响了彼此的分布
和行为——结果是为皇家捕猎提供了另一种刺激竞争的选择。

　　在苏格兰,皇室对狼的类似迫害只在中世纪晚期才通过一则
记录显现出来,该记录描述了 1283 年在斯特灵附近的皇家公园里
进行狩猎的一位猎狼者,15 世纪,制定了在更广泛区域内消灭狼的
法律。⑤ 一些证据表明,在斯堪的纳维亚半岛南部,特别是在丹麦,
皇室控制了猎狼行动。但是,英格兰王室提倡捕猎狼的提法很少,

----

① 日历专利卷 1278 年 6 月 18 日。
② Hedges et al. 1998:440-1.
③ Rackham 1998:35.
④ 见第三章。
⑤ Gilbert 1979.

而且比较晚。[1]

远离荒野：狼群接近定居点

有证据表明,当狼穿过小村庄和乡村景观时,也可以接近城市中心:即使是在发展中的郊区,也可以立即到达城市中心。例如,马修·帕里斯提到莱夫斯坦修道院院长授予瑟诺思和其他人教会土地,条件是保持奇尔特恩英皇直属领地与伦敦之间的森林不被狼侵占。[2] 从大陆的北部到南部,狼偶尔会出现在城镇附近,有时也会出现在城镇内部;1072 年,在不来梅,郊区的狼群成群结队地嚎叫,与角枭进行"可怕的比赛"[3],而《帕马编年史》的斯利姆本尼记录了在 1247—1248 年的冬夜,饥饿的狼群在城墙外嚎叫了好几个小时,甚至偶尔会进入城镇。[4] 也许最著名的事件是 1423 年狼群进入巴黎,在整个 15 世纪期间,在巴黎周围又出现了更多关于狼的目击和猎杀事件。[5]

17 世纪以前,狂犬病在北欧城市地区并不是一个严重的问题,但在中世纪的城镇中也有零星的暴发记录。1166 年,《坎布里克斯年鉴》记载了威尔士卡马森镇的一头患有狂犬病的狼咬伤了 22 个人;[6]1271 年,患有狂犬病的狼入侵了弗朗索尼亚的城镇和村庄。[7]这些都是欧洲书面资料中引用的例子,如果要把它们当作书面证据,而不是文学概念化的城市主义和荒野的并列,可以认为狼能够而且确实接近了城市中心。鉴于近期对狼入侵欧洲建筑密集区的观察,我们认为某些中世纪城镇也出现过类似情况,这并非不合

---

① 见第五章。
② *Gesta abbatum monasterii Sancti Albani*, Riley 1867:39－40.
③ Adam of Breman, *Gesta Hammaburgeusis ecclesiae pontificum 3*,63,Tschan 1959:171。
④ Fumagalli 1995:107.
⑤ Beaune 1990;关于目击者事件概况,见 Halard and de Molènes 2003:24。
⑥ Ithel 1860:51－52.
⑦ Steele and Fernandez 1991:4.

理。考古证据表明，在斯堪的纳维亚半岛南部，可能存在类似的情况。斯德哥尔摩出土的一些中世纪砖块，初步可以追溯到 14 世纪，其中包含了一系列野生动物和驯养动物的痕迹，这些痕迹是在砖还很软并被晾干的过程中印上的。[①] 其中的一些砖块上面可以辨认出狼的痕迹，也可能是大型狗的痕迹（尽管两者之间存在典型的判断差异），但不应排除狼接近城镇的可能性。[②] 通过对中世纪城市腹地的详细研究，我们认为，这些事件强化了中世纪欧洲城市和农村地区之间的密切关系，这与城市中心作为文明理想的概念形成对比，尤其是把城市与"原始"而"野蛮"的乡村并列并与之区分时。[③]

到目前为止，所提供的证据可能会给人留下这样的印象：狼是人类空间组织系统的一个被动组成部分——无论是被同时代人感知和记录的，还是被恢复和重新解释为人类活动（如狩猎）的最终产物。"考虑到寻求在野生地区保持野生状态的野生动物"[④]，有一点很重要，即对狼群生物地理学的生态学理解，并重点关注狼作为包括人类和其他动植物在内的更广泛的生物群落中的主要主体。

中世纪狼群生物地理学的生态学研究

自 20 世纪 70 年代以来，对欧洲、俄罗斯和北美的狼群就有了详尽的记录，从狼群结构、嚎叫攻击模式、领地范围和杂交习性等动态的各种信息都在不断扩大。[⑤] 在过去的几十年里，欧洲的几个地区，包括瑞典和挪威，狼的数量一直在自然地恢复。[⑥] 详细的行

---

① 未出版，但收藏在斯德哥尔摩医学博物馆。
② Benneth pers. comm.
③ Giles and Dyer 2005.
④ Philo and Wilbert 2000：20.
⑤ 关于狼生态和保护的多个方面的最新一卷是 Mech and Boitani 2003a.
⑥《保护欧洲野生动物和自然栖息地公约》，大型食肉动物保护专家组，奥斯陆，2000 年 6 月 22 日至 24 日，附录 1.

为研究包括狼和其他捕食者(如人类、猞猁、熊、狼獾以及麋鹿、鹿和牲畜)之间的相互作用。此外,在重新造林/生态恢复与重新引入狼的争论中,狼的栖息地是主要方面。[①] 生态学和动物行为学研究有助于更全面地理解中世纪北欧狼的动态分布机制,以及这些模式如何与不同的生态环境相关联。[②]

尽管狼作为一个物种,并不依赖于林地,甚至荒野,但中世纪和现代欧洲的情况表明,除了大片的荒野/荒地外,这些环境最有可能具备最高"承载能力",即在某个区域内可生存的个体数量,反过来又与可用资源有关;对狼而言,具有足够的猎物数量,而且是不受干扰的撤退/休息/兽穴区。[③] 后者又反过来与人类存在和活动的程度有关;如果有足够的易捕捉的猎物,而且人类的追猎有限,狼群就能够在被开发了的地区生存。[④] 鉴于以上,我们有理由相信,狼对栖息地和猎物都做出了行为决定。最近一项关于狼行为学和生态学的调查绘制了牲畜践踏威斯康辛州土地的地图,发现狼的掠夺路径避开了道路,经常出没于大部分隐蔽的栖息地。[⑤] 以欧洲为例,与林地的联系是一种反复出现的栖息地特征,满足了人类遮风蔽雨和使人类不易接近的一般要求:

> 喀尔巴阡山脉大部分位于罗马尼亚境内。这片远离人类聚居地的大片未受干扰的森林为狼创造了良好的栖息地条件,并保护它免受人类的影响。[⑥]

这份报告指出,在平原,甚至是小树林或零散的树林里都没有

---

① Dennis 1998; Holt 2001; Taylor 1996; Yalden 1993.

② Packham, Harding, Hilton and Stuttard 1992:216 - 217.

③ Zimen and Boitani 1979:74.

④ Haight, Mladenoffand Wydeven 1998.

⑤ Treves, Wydeven and Naughton-Treves 2001.

⑥ Anony mous 1975:79.

狼。最近对喀尔巴阡山脉（包括罗马尼亚）狼生态的一项调查表
明,狼利用:

> 四季物候稳定的地区,主动选择云杉林和高山植被。
> 在波兰这些被人为开发的地方,它们倾向于利用保护区。
> 在其他国家,狼在大片的森林地区游荡,那里可能散布着
> 乡村居民点。①

对波兰狼群分布变化的调查表明,狼被限制在不同性质的林
地地区;②今天,波兰狼的数量仅限于喀尔巴阡山脉东北部和南部
的林地地带,狼群的生存与一些问题密切相关,如保护林地综合体
(即连接森林)之间的可行走廊,以及通过增加道路建设分割现有
森林。③

我们从一项对意大利阿布鲁佐狼生态学的研究中获得了更详
细的见解。冬天,狼白天通常待在树林里。④ 下午,它们变得更加
活跃,晚上进入山谷和人类住区,有时接近村庄中心。天快亮时,
狼又回到树林里。如果白天,一头狼发现自己离开了主要的林地
休息点,它通常会在茂密的植被中休息一天。夏天,狼在海拔较高
的地方休息。这项研究说明,乡村田野林地、高地为狼群提供庇护
所的重要性,并指出,在中世纪欧洲,如果不是更夸张的话(考虑到
大多数猎狼技术的低效率),狼可能存在类似的行为模式。

当然,从生态学的角度来看,栖息地和猎物的关系是无法轻易
理清的。我们在对西部阿尔卑斯山狼领地的研究中发现,常绿树
林的选择范围与鹿类动物的冬季活动范围有关——植被覆盖、坡
度和坡向是影响有蹄动物分布的重要变量,从而间接影响了狼的

---

① Salvatori, Boitani and Corsi 2001.
② Wolsan, Bieniek and Buchalczyk 1992.
③ Nowak and Myslajek 2001.
④ Boitani 1986, Zimen 1981.

分布。[1] 此外,猎物的分布可能会受人类活动的影响:在对托斯卡纳半农业景观狼分布的调查中,狼分布的核心区域与猎物密度有关,包括私人狩猎保护区等安全栖息地。[2] 总体而言,狼选择铺砌的道路密度较低、林地覆盖率较高、沟壑纵横的地方。虽然现代研究记录了存在狼领地重叠的现象,这会影响猎物的分布,[3]特别是在斯堪的纳维亚半岛人口相对稀少的地区,但在人口密度更大的地区,狼的领地最初可能容纳了人类,从而增加了被捕猎和诱捕的可能,并随着时间的推移而改变并不断扩展。此外,很难确定丰富的家畜是否会更易于狼猎取,因为现代欧洲狼种群的分布似乎与大型被捕食动物的分布没有直接关系。[4] 在某些情况下,对牲畜的掠取与其他生态因素有关;在高加索地区,局限于林地栖息地的狼侵入森林边缘的家畜群的现象,可能与缺乏自然猎物有关。[5] 季节性迁移放牧的做法当然会把潜在的猎物从人类存在和活动程度相对较高的地区转移到显著减少的地区,后者更受到狼的喜爱。在挪威中部,以及苏格兰和威尔士高地,由于社区边缘化和通讯有限,狼可能已经找到了隐蔽的基地,在夏季的季节性迁移放牧活动中,狼可以从那里向山坡下的猎物发动闪电攻击。

狼对人类有反应,但也需考虑人类的反应,以及环境对这些反应的制约。在讨论可持续发展狼种群时,人们强调了保护环境的重要性。一位著名的狼生物学家指出,在斯堪的纳维亚,唯一能拯救狼的是荒野的不可接近性。[6] 从那时起,情况发生了变化,至少在瑞典是这样,但狩猎的有效性——与技术和通讯有关——仍然是一个关键因素。一项对威斯康星州农村通讯的研究表明,修建

---

① Marucco et al. 2001.
② Ciucci et al. 2001.
③ E. g. Lewis and Murray 1993.
④ Zimen and Boitani 1979;46.
⑤ Fiennes 1976;118,169 – 170.
⑥ Haglund 1975;38.

消防车道和道路的修建,将大片偏远的荒野分割开来,提高了猎人和捕猎者的通行效率。[1] 这项研究的结论是(除了改变人类的态度外)在特定区域内通讯的相对分布和有效性会影响狼群的可持续性发展,近期的研究也证实了这一点。[2] 当然,虽然不是不可能,但在高地地区捕猎狼是极其困难的;在厄斯特达尔的埃文斯塔德狩猎挪威狼时,由于海德马克和奥普兰之间的山区林地边界的地面不可通行,甚至使用了一架直升机。[3] 在拉普兰山区也证实了狩猎狼很困难,[4]卡宾也提到,记录狼行为存在困难,尤其是在植被茂密的林地,在那里,观察会受到阻碍。[5] 广袤的荒野和山脉为人类的广泛管理制造了障碍,有时限制了人类社区之间的接触,从而为狼提供了相对隐蔽的环境。1759 年,泰斯楚普观察到,在日德兰荒原(当时相对广阔),狼躲在较高的石楠丛中,无法驱赶,对旅行者和牧羊人都构成了威胁。[6]

对近期大陆捕狼史的评估表明,到 1900 年,狼只存活在南部和西北部的山区和东部茂密的森林中。[7] 有趣的是,齐曼和博伊坦在一篇全面的概述中还提出:

> 狼在这些国家的活动范围现在主要限制在几乎无法到达的地区,这些地区包括几乎无路可走的崎岖山脉和大片茂密森林覆盖的地区,但这些地区的人口密度不一定低。[8]

---

① Thiel 1985.

② Mladenoff et al. 1995.

③ *Aftenposten*:morning edtion, Wednesday, 26th February 2001, p2.1st section.

④ Henriksson 1978:49.

⑤ Carbyn 1975:140.

⑥ 引自 Olwig 1984:99。

⑦ Zimen and Boitani 1979:45.

⑧ Ibid:46.

　　明尼苏达和威斯康辛对狼种群的研究也印证了这一点,研究展示了狼如何重新定居在开发良好的土地上:是在公共和私人的所有权之下,由林地、农田和开发的土地组成的不同要素组合地域。[1] 最初,狼定居在道路少、人类聚居有限的茂密的森林地带;后来狼定居在道路和人口密度较高的开发地域。[2] 中世纪景观中的林地管理可以说是对狼有利的。矮林地的栖息地结构和小型哺乳动物猎物的多样性使其成为一些食肉动物的适宜栖息地,矮林地可提供多样性的食物、遮蔽物和覆盖物,这尤其利于鹿的生存。[3] 同样,在斯堪的纳维亚半岛中部/北部有选择地清理常绿林,建立牧场或狩猎路线,有利于狼等视觉捕食者。综上所述,生态学研究表明,一系列复杂的、相互关联的因素决定了狼的生物地理学,必须将隐蔽的环境和猎物分布以及人类活动程度视为同等重要的因素。然而,这并不意味着我们能更容易地把狼限定在某一种景观中,尤其是在历史景观中。

难题:狼的迁徙

　　狼不是静止的动物,它的迁徙范围超乎想象。狼的家园范围及其季节变化很大,部分原因是纬度、群体内的社会关系和可用资源。[4] 现代狼群生态栖息地范围很广:小至南欧的 80—240 平方千米,大至北欧的 415—500 平方千米。[5] 最近一份关于斯堪的纳维亚狼数量的报告指出,每年狼群的栖息地范围为 680—1700 平方千米。[6] 很多因素会引起栖息地范围的变化:在比亚洛维耶亚,带着

[1] Haight, Mladenoff and Wydeven 1998:881.

[2] Fuller et al. 1992.

[3] Gurnell, Hicks and Whitbread 1992:227; Ratcliffe 1992:233.

[4] Marucco et al. 2001.

[5] Okarma et al. 1998:847.

[6] Pedersen et al. 2001.

幼崽的繁殖期雌性狼的栖息地范围随季节而变化,其中 5—6 月范围地最小,幼仔待在巢穴内或附近。[1] 领地的大小通常与猎物数量有关,较小的领地对应更多的易捕获的猎物。[2] 人类对狼群骚扰的反应会引起狼群栖息地范围变化:在斯洛伐克山区进行的一项研究表明,(少量狼)被人类骚扰多年之后,狼的栖息地范围变大,随着数量的恢复,它们的栖息地范围又会减小。[3] 明尼苏达州记录了一只迁徙距离最远的狼,它的足迹覆盖明尼苏达州 125—555 平方千米的土地。[4] 在这个例子中,这头狼在明尼苏达州和萨斯喀彻温省之间行走了 886 千米,可能是沿着与人类和其他狼接触最少的路线迁徙的。关于狼的分布,英国不存在可比较的数据,但是最近在斯堪的纳维亚的研究可以为狼的迁移提供一个潜在的类比。1998 年绘制的五头带着无线电项圈的瑞典幼狼的迁徙图,显示出它们迁徙是动态和多变的,此研究未考虑政治和生态界限,并跨越了各种不同的景观。[5] 当然,这种模式不能简单地影射到中世纪早期或中世纪鼎盛期,因为它总反映出一系列特定于环境的变量,例如猎物、其他狼、植被分布等等。有记录表明,狼曾在瑞典和挪威之间迁徙,也曾(偶尔)从俄罗斯到芬兰,或从芬兰到瑞典。[6] 就后者而言,皇家猎场看守人冯·格雷夫于 1828 年写到,森林和山区连绵不断,狼群从那里下来繁衍和定居,因此不可能消灭狼。[7] 近年来,有记录表明狼从波兰迁移到德国西部,从意大利迁移到法国南部。

尽管上述观察并非完全可信,但它们清楚地表明了中世纪北欧地区狼活动的复杂性和多样性的潜力。把狼群简单划分为"苏

---

① Okarma et al. 1998:851.

② Mech and Boitani 2003b:21 - 24.

③ Voskár 1993.

④ Mech 1977b; Fritts 1983:166 - 167.

⑤ Karlsson et al. 1999.

⑥ Ibid; Haglund 1975:42.

⑦ Brusewitz 1969:188.

格兰""威尔士""英格兰""瑞典"和"挪威",这忽略了狼群迁徙的
可能性;就像现代挪威中部的"狼区"——这是一个在指定区域保
护狼的系统(当它们越界时,就会猎杀它们),这反映了一种将狼
"映射"到自然景观上的尝试——这种界限是政治和法律意义上的
边界,而不是生态边界。在中世纪英国和斯堪的纳维亚半岛背景
下,一个国家的狼群可以迁移到另一个国家,[①]虽然考古分析已经
绘制出牲畜品种的流动(它们实际上是由人类完成的)地图,但是
野生动物等相对自由的动植物的流动性地图是不可能被精确绘制
出的。然而,绘制野生动物迁徙图最重要的因素是既定区域的食
物、栖息地以及此地狩猎和诱捕的相对压力。在对中世纪北欧狼
研究的主要观察结果进行反思后,现在可能可以对上述基本材料
进行综述了。

结论:构建中世纪狼群生物地理学模型

狼群很可能随季节变化在不同类型的栖息地之间迁徙,并对
各种因素做出反应,比如食物供应、栖息地和捕猎压力的变化。当
然,狼群内部的变化是可以预料的,这些变化对理解狼群生态学很
重要,但是,如果这些变化不能被证实,则对理解狼群生态学构成
障碍。[②] 我们可以大致勾勒出英国地区年表;"狼"字地名和高地之
间的正相关关系反映出,在征服时期英国北部狼的数量巨大,南部
和东部诸郡狼群存在的记录代表了狼个体的流动性,甚至可能是
群体的流动性。至于文学资料,古英语诗歌中有关狼的记录,是游
荡在战场上的动物,狼的这一形象也出现在古挪威文学中。这种
联系可以从文化和生态两方面来解释。在 12 世纪和 13 世纪,对不
列颠群岛狼群的生物地理学最可靠的证据反映出皇室有兴趣消灭

---

① Fisher 1880:190.
② Fuller, Mech and Cochrane 2003:163; Wing 1993:238.

狼,在这些证据中,狼群与猎物存在联系紧密,尤其鹿。森林群落包含可能被狼选择的景观类型,生态模拟也支持这一观点。许多作者将不列颠群岛的森林砍伐与狼的灭绝联系在一起,[①]虽然适宜的栖息地的消失可能对狼的灭绝有一定影响,但还有其他相关因素,包括接近狼的途径更多,以及维持迫害的能力和意图增加。[②]在英格兰和苏格兰,狼是主要的迫害目标,因为它威胁到野生有蹄类动物。

对中世纪的斯堪的纳维亚半岛,更难描绘狼的迁徙图,尤其是在缺乏详细资料来源的情况下。相反,我们可以结合考古数据、文学主题和生态模拟来勾勒狼群生物地理学。对宜居栖息地和野生有蹄类动物种群映射数量的古植物学重建,实际证实了古挪威文学中狼和荒野之间存在联系。乍一看,延伸到挪威北部的中部山脉,以及边界以外的瑞典森林是最适宜的栖息地。然而,大多数中世纪斯堪的纳维亚半岛南部的狼遗骸来自半岛的边缘地区,其中一些来自城市或原始城市,无一不反映了狼是被当作商品对待。[③]尽管后来的书面记录表明,在半岛中部和北部地区有人猎杀狼,但在通常会出现猎杀和诱捕麋鹿和驯鹿等动物的内陆地区,没有发现任何狼遗骸。考虑到辨认难度,这种有限模式可能揭示了狼的价值——文献表明,狼的价值是有限的,但仍然存在——反过来说,这些遗骸很可能没有被移动很远的距离,因此有助于勾勒出早期和中世纪晚期斯堪的纳维亚南部狼群分布图。由此看来,狼不仅出没在多山且树木繁茂的内陆地区(在那里狩猎非常困难,而且费用极高),还可以迁徙穿过森林覆盖密度较小的地区。斯堪的纳维亚半岛上人类定居点的数量和规模有限,这并不令人惊讶,现代生态模拟也证实了这种流动性。丹麦的情况更不确定,到中世纪

---

① Boitani 1995:4 – 5, Condry 1981:116, Harting 1994:2, 12, Kitchener 1998:71, Lindsay 1980:273, Thompson 1978:31 – 34, Tumock 1995:27;苏格兰砍伐树木的情况,亦可见 Rackham 1998:35.

② Ibid:34

③ 见第六章。

晚期,丹麦群岛上就有狼的存在,狼群可能是从德国向北迁移。[①]

在当今世界的许多地方,生物学家观察到,狼在选择穿越和栖息的景观时,往往会避开人类。但是,在火器出现之前,狼在多大程度上避开了人,从而加速了对狼的迫害?现代研究还表明,狼对人类种群的反应,或许还有对人类种群的感知可能会在短期内发生变化(尽管这些研究中的反应范围很难量化单个因素),而且由于它们对牲畜的依赖,它们已经移近人类居住区,甚至在遇到人时被描述为"温顺",尽管后者的出现是例外。[②] 可以想象,中世纪的北欧,狼生活在与人类居住区不同距离的一系列景观中,而在冬季,当人类在定居点以外的活动减少时,猎物数量可能已经枯竭,牲畜也会离开它们的夏季牧场,狼可能居住在离居民点较近的已开发地区,事实上,在中世纪和现代靠近城市中心的地方都有狼的记录。在其他时候,特别是在繁殖时,狼群可能被限制在更偏远的栖息地,即使出现在被开发了的景观中,也是个别的荒原和树林——前提是其他因素得到了平衡。影响狼分布的最重要因素似乎是野生有蹄类动物的聚集度,反过来又受到人类群体不同程度的影响,英国和斯堪的纳维亚半岛的情况形成鲜明对比。因此,在文学和文献资料中,狼群与荒野(即不适合耕种或未使用的土地)和狩猎景观的持续联系似乎反映了概念和生态现实。对狼所处的环境和可生存的猎物种类的不同处理,在很大程度上解释了中世纪英国和斯堪的纳维亚半岛对狼的反应的异同。以下三章将对此进行详细论述。

---

① Aaris-Sørensen 1977.

② Mech 1970;9.

第二章

狼群景观:中世纪英国和斯堪的纳维亚半岛的自然荒野

引言

必须在生态环境中研究人类对野生动物,特别是对狼的反应。这种环境不仅包括物理环境,还包括概念环境——即大脑绘制的环境。狼在两者之间移动(被移动),而且必须位于两者之中。建立现代狼的生物地理模型依赖于观察这些动物所做的决定,从感官研究来看,这些选择很可能与近景和远景的动态心理地图以及其他动物的运动有关。[①] 从生态学的角度来看,除了其他,狼积极地选择了"荒野"作为获取住所和猎物的环境,而且在这个环境里人类活动有限。但是人们如何看待狼所选择的环境呢?人类对荒野的利用和感知在多大程度上影响了对狼的反应?为了回答这些问题,有必要探索中世纪荒野的自然现实和概念现实。首先,我们从现代对荒野的理解开始,仔细定义"荒野"这个词;在接下来的章节中,我们将调查中世纪英国和斯堪的纳维亚地区自然荒野的变化范围,随后的章节将探索中世纪空间组织、思想、文学和艺术中关于荒野空间的概念。

---

① Peters 1978;1979.

现代荒野

现代对 wild 和 wilderness 的定义大体上是清晰的:《牛津英语词典》说 wilderness 是指无人居住、没有开垦的地方,wild 是指人类无法控制的地方。在现代斯堪的纳维亚语中也有同样的定义:utmark 指未清理的土地,但仍属于人类活动的范围,① 而 villmark(挪威语, 瑞典语为 vildmark)或"荒野"(wild area)与英语 wilderness 相对应。在德语中,单词 wild(野生)、wildes Tier(野兽)和 wildnis(荒野)是英语的同义词,除了这些基本定义之外,还有对 wild 和 wilderness 更详细的理解。

当代西方关于"荒野"的观念似乎被美国的陈词滥调主导,那就是崎岖的山脉、峡谷,以及充满熊和猎人的松林。北欧相当于斯堪的纳维亚半岛,尤其是挪威;英国的苏格兰高地、峰区和湖区,以及约克郡和德文郡的荒原都是很受欢迎的"荒野"目的地。从生态意义上讲,这些荒野并不原始,而是与城市环境相对的。因此,它既是一种心理景观,又是一种自然不适宜耕种或有意保护不被开发的景观。② 当然,自然和荒野是积极意义上的"未开发"或"原始",是现代文化的圣地。③ 美国清教徒定居者的目标是从荒野中开辟一个庭院,而 18 世纪和 19 世纪的浪漫主义创造了一种氛围,在这种氛围中,欧洲和美洲都欣赏荒野,并最终导致对荒野的保护和娱乐。④ 今天,只是从占主导地位的城市角度来看,"自然"和"社会"可能被看作是分离的,甚至是对立的;在这里,"自然"对日常生活而言是一种外部事物,是分离的,是"其他"的东西。甚至城市公

① utmark 一词的使用已经成为斯堪的纳维亚学术界最近关于所谓"边缘"景观的争论的焦点(见 Holm, Innselset and Øye 2005)。
② White 1978:179.
③ Olwig 1984:xiii.
④ Cronon 1983; Nash 1967.

园也被视为强加于城市的一种内置"他者"形式，是插入城市景观中的"自然"岛屿。人们寻求自然环境以抵消城市—工业生活存在的压力的趋势是有据可查的，这种压力部分源自城市化进程本身。① 自然环境以逃避来交换日常生活压力；甚至有人认为，由于人类大脑和感官系统在自然环境中长期进化，所以人类在生理上，或许在心理上更能适应自然环境。② 某些自然环境因其开放性、缺乏结构和精确的定义而受到青睐，而野生环境，如看起来无法穿透的林地，可能会带来不太积极的反应和不安全感。③ 尽管人们承认需要从生态和心理因素两个方面来定义任何景观中的荒野概念，"荒野"的生态学定义通常指未受人类影响的环境。④ 心理学家认为，历史语境中的"荒野"具有消极的内涵，并提出，直到最近，美学、生态、娱乐到形而上学才出现了广泛的价值观演变。⑤ 尽管森林、山脉和沼泽地的外观和结构都能引起积极和消极的反应，但在这些地方栖息的动物种群更容易被人类社会塑造成各种各样的符号。但是，这些动物对景观的"荒野"特性是必不可少的因素吗？

虽然很难找到对"驯化"一词简洁又统一的定义，但一般的生物分类可以区分"野生"和"家养"。由于家养动物对自然选择的敏感性，它们在自然进程中被剔除，而"野生"动物则是在自然选择下生活在"野外"的驯养动物。⑥ 空间概念中的"野生"通常会被转移到在其栖息的动物群身上（在人类可感知的控制范围之外），反之亦然。尼采赞美了野生捕食者，洛伦茨对犬科动物进行了种族等级制度划分，这分别发生在纳粹"狼崇拜"之前和之后，⑦北美和斯

① Janiskee, 1976.

② Ulrich et al 1991；Wilson 1984；见 Kellert and Wilson 1993。

③ Pigram 1993.

④ Simmons 1993：48.

⑤ Norton et al. 1991.

⑥ Reitz and Wing 1999：304.

⑦ Sax 1997.

堪的纳维亚对狼实行保护哲学,这些表示狼已经成为代表现代荒野的熟悉而典型的积极象征,最近挪威、苏格兰正在谈判,重建这一物种的背景。对可能的重新引入的讨论通常认为,没有"荒野地区"有很少的、最好是富有同情心的人类居民是一个基本的先决条件,尽管在意大利、波兰和罗马尼亚部分地区,狼与人类共存的证据表明,这既是一种概念上的联系,也是一种物理上的联系。[①] 就狼而言,"荒野"可以根据没有家畜的程度而进一步划分;[②]这是一种景观变体,建立了野生动物与适当的"野生"空间的联系,并建立了家畜与人类控制的空间联系。出于这样或那样的原因,狼常常代表荒野。因此,荒野的生态学定义为研究中世纪北欧的可比景观提供了一个有用的工具。

中世纪英国和斯堪的纳维亚半岛的自然荒野

在这项研究所涵盖的时间范围内,与自然环境的接触是亲密而不可避免的,特别是在斯堪的纳维亚半岛和英国北部,那里的城市中心在规模和数量上都极为有限。自然环境和建筑环境之间的概念界限是通过对每一种环境赋予不同的价值来确定的,[③]尽管这些值并不稳定,但它们只是在过去两个世纪里发生了巨大的变化,与城市化进程的加速相一致,英国的情况可能比斯堪的纳维亚半岛更严重。将荒野定义为不适合耕种的土地,据此,根据地区的不同,可将其分为林地、沼泽地、荒野、湿地和山区,这些地区与人类居住区的距离各不相同。但无论是近距离的还是远距离的,林地可以说是中世纪欧洲最重要的资源之一,并取决于具备充分的开发和管理权的当地居民的需要。[④] 在英国和斯堪的纳维亚半岛南

---

① Yalden 1993:290.

② Ibid:195.

③ Short 1991:5.

④ Britnell 2004:310－11.

部,人们将森林作为建筑材料和燃料进行采伐,[1]斯堪的纳维亚半
岛南部的铁加工和木炭生产都在林地间或林地附近进行,而在斯
堪的纳维亚北部,燃料并不短缺,没有进行大规模采伐树木。[2] 斯
堪的纳维亚北部地区林地的主要用途是"叶饲料",以及从松根
中提取焦油。[3] 木材销往斯堪的纳维亚半岛的城镇,从 13 世纪起
从挪威西部和南部出口到英国。家畜可能会被驱赶到森林中进
行放牧,而当地的野生物种可能会被猎杀。[4] 尽管潜在资源巨大,
林地还是越来越多地被砍伐,让路于定居点和其他类型的土地
利用。[5]

　　从狼生态学的角度来看,林地最重要的用途是放牧和狩猎。
其他用途,如铁的生产,促进了人类的生存,加速了森林的砍伐,但
对狼群生态和人狼关系没有类似的影响。[6] 整个北欧,甚至边缘地
区都意识到了保护林地的重要性;尽管在中世纪鼎盛时期,曼克斯
森林似乎已经所剩无几,但马恩岛上的北欧国王还是实施了措施,
控制对林地资源的利用。[7] 尽管如此,成功的林地管理很难维持下
去,尤其是当不同的社会群体争夺土地使用权的时候,11 世纪和
12 世纪的泰勒马克郡(挪威南部)和 15 世纪冰岛的铁矿石生产萎
缩正说明这一点。[8] 除了林地,其他"野生"景观也得到了管理,即
使只是不定期的管理,或者仅仅是集体持有形式,它们也被"拥有"
或"持有"。[9] 沼泽地主要用于放牧和提供燃料,而苏格兰西北部、
威尔士中部和挪威中部等山区和丘陵地带则可用于季节性迁移放

① Bergendorff and Emanuelsson 1982.

② Ibid.

③ Ahvenainen 1996:237; Orrman 2003:282.

④ 见 Berryman 1998; Hooke 1998:142 - 3; Stenton 1971:282。

⑤ Berglund et al. 1991:442; Berglund, Malmer and Persson 1991:417; Callmer 1991:347 - 348, fig.
　 15; Pormose 1988:234.

⑥ Nørbach 1999.

⑦ Garrad 1994:645.

⑧ Orrman 2003:281.

⑨ O'Sullivan 1984:151.

牧、狩猎、采矿,也可用于木本植物生长、提供燃料和建筑材料。

　　对中世纪北欧自然荒野的描述是一个对转变过程的描述。然而,这种转变大部分发生在史前——没有留下任何广阔而未经探索、或未被居住过的处女林地。因此,人类活动对狼及其栖息地的影响并不始于公元第一个千年的后半叶。然而,我们发现这种关系存在的线索正始于 8 世纪。在介绍了 8 世纪到 14 世纪英国和斯堪的纳维亚南部自然荒野的一些用途之后,现在我们可以勾勒出它的范围(如图 4 所示)。

英　国

　　由于现存证据的性质,比起苏格兰和威尔士,人们对中世纪英格兰的景观进行了更多的研究。人口分布上的基本差异在于区域性核心聚集模式和分散性聚居模式;前者建立于 5 世纪和 11 世纪之间,与宗教和行政中心有关。[1] 在核心村庄的区域之外,农场和小村庄的分散居住模式成为该国其他地区的特色。英格兰西南部和北部的高地上,分散的农场似乎已经成为一种常态,尽管某些地显示早期存在核心聚集区——只不过是在广阔的地理区域内有组织的小村庄。[2] 在整个盎格鲁-撒克逊时期,[3]森林砍伐不断增加,然而,撒克逊晚期,出现了封闭森林,这表明森林被人所有并管理,而且注重森林保护;[4]伊恩和阿尔弗雷德的法律试图规范树木砍伐行为并禁止焚烧树木。[5] 这些规定似乎是王权和土地所有权概念更广泛具体化的一个方面。虽然没有未知的、无法通行的树林,但有相当大的面积被树木覆盖。

---

① Lewis et al. 1997:111.
② Reynolds 1999:111.
③ Lewis et al. 1997:56.
④ Rackham 1994a:9 – 11.
⑤ Whitelock 1979:103 – 4.

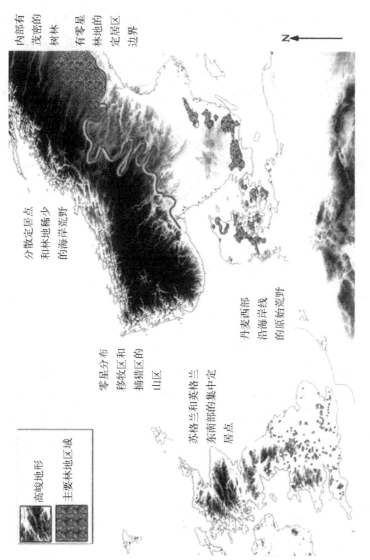

内部有
茂密的
树林

有零星
林地的
定居区
边界

N

分散定居点
和林地稀少
的海岸荒野

零星分布和
移牧区和
捕猎区的
山区

苏格兰和英格兰
东南部的集中定
居点

丹麦西部
沿海岸线
的原始荒野

高峻地形

主要林地区域

图4　8—14世纪英国和斯堪的纳维亚半岛南部的广袤荒野

　　1086 年的《末日审判》也许是英格兰林地最有力的佐证,表明这个时期英格兰 15% 的土地被树木覆盖。① 林地边界因误差和推断与实际情况存在差异,但还是形成了一个明确模式。②

　　中世纪英国森林最重要的特征是有林地(如原野)和无林地(如沼泽地)的明显区别,尽管两个极端情况下的土地通常包含农田内的孤立的小块林地。在有林地带,许多是孤立的森林(基本上被广阔的无林地带所包围),与利用它们的社区有一定距离。③ 在撒克逊晚期的旷野,超过三分之二的地区(主要用于炼铁、④季节性迁移放牧、牧场和木材收集)树木茂盛,而定居点又小又远。⑤ 人类活动受到季节性的限制,这表明在一年中的大部分时间里被管理的荒野都没有重要的人类活动,这为野生动物提供了一个合适的栖息地。⑥ 在"无林地带",如沼泽和约克郡的丘陵,林地并不是完全没有,而是分布稀疏,人们可能会走很多英里都看不到任何树林。⑦ 英格兰盎格鲁-撒克逊人居住的高地、湿地和荒原地区似乎一直被用作季节性牧场,一直延续到中世纪晚期。⑧ 正如博德明的《末日审判》记录所示,撒克逊人的晚期定居点被荒原环绕,一些庄园将这些荒原用作粗放的放牧地,地名元素表明,在 9—11 世纪,荒野东南部边缘周围有大量林地被清除。⑨ 东安格利亚沼泽的经济活动包括季节性迁移放牧、燃料开采、捕鱼和狩猎。相关的聚落模式被分散,在芬斯群岛(如克罗兰、伊利、马奇)发现了许多修道院遗址。整个中世纪,人类都对沿海的沼泽地进行了开垦,在盎格

---

① Rackham 1988:57.

② Blair 1994:25; Rackham 1990:48 – 9.

③ Ibid:53.

④ Cleere and Crossley 1985.

⑤ Wickham 1990:502.

⑥ Wickham 1990:504 – 6; Witney 1976:69.

⑦ Rackham 1990:53 – 54.

⑧ Hooke 1998:185 – 193.

⑨ Rose 1994:77 – 79.

鲁-撒克逊的宪章中提到了沼泽地牧场。[①]《阿尔弗雷德的一生》描述了阿尔弗雷德如何穿越"森林和沼泽地"到达阿瑟尔尼岛，这个岛被松软的、无法通行的沼泽所包围。[②] 很明显，这些都是被开发过的景观，但季节性的牧场模式、分散的定居模式和糟糕的通讯可能帮助野生动物找到了相对的避难所。

中世纪晚期，英国人口迅速增加，随着世俗管理和教会管理的发展，景观开发的进程日益加剧。诺曼人征服后，英格兰北部的一些土地人口已经减少了：《末日审判》记载，在"北方的侵扰"发生17年后，约克郡44.5%的村庄被称为"荒地"，尽管英格兰北部定居点的减少并不仅仅是由诺曼人入侵造成的。[③] 但随着人口的增长和相对温暖的气候阶段的存在，从12世纪到14世纪，定居和耕作扩展到了以前的边缘地带（如达特穆尔高原）。[④] 更大面积的林地似乎一直没有得到充分利用。直到中世纪晚期，人口迅速膨胀，导致林地管理更加系统化，在某种程度上受到皇家森林的限制和控制。例如，公元1086年，雅顿（Arden）在农业上很贫乏，却拥有丰富的林地资源，直到11世纪和14世纪的进一步殖民，这些林地资源才被大量开发；[⑤]1086年至1350年间，[⑥]威尔登森林大约有45万英亩林地被砍伐，而迪恩森林在13世纪中期才被广泛砍伐和放牧。[⑦] 然而，必须从不同角度来评估这种管理——在坎布里亚高地，在12和13世纪仍有足够的林地（作为不封闭的木材牧场管理）来养活大量的猪，而低地自9世纪以来实际上就没有木材了。[⑧]

与英格兰相比，8世纪的威尔士，人口很少。在低地地区发现

[①] Sawyer 1968；S21，S328.

[②] Keynes and Lapidge 1983；83.

[③] Bracton, *De Leg*；*bus et Consuetudini bus Anglise*（13 世纪上半叶）将"废物"（vastum）与"毁灭"（destructio）互换使用。

[④] Johnson and Rose 1994；Allan 1994.

[⑤] Roberts 1968；101－2.

[⑥] Rackham 1998；88.

[⑦] Rackham 1990；55.

[⑧] Winchester 1987；100－101.

了聚集性村庄,沿着山谷延伸到高地。能利用的土地特点是混合型农业经济,包括在高地地区发展季节性迁移放牧。沿海地区似乎一直是发展的中心,花粉记录表明,在第一个千年前,西海岸的森林砍伐就开始了。[①] 大多数中世纪早期威尔士林地的重建都使用了后来的书面资料,包括法典和文本,如《马比诺吉昂》(散文故事集)。[②] 由此产生对位于高地内部的中世纪早期林地(尽管部分地区主要为荒野景观)和边界部分地区的重建,但在一些地区,如南威尔士高地,后罗马时代的景观主要是开阔的草地和荒野,并有少量的林地再生。[③] 在第一个千年里,为了应对日益增长的人口压力和土地使用形式向牧场和耕地的转换,森林不断被砍伐。[④] 盎格鲁-撒克逊晚期,在盎格鲁-威尔士边界,[⑤]沿着麦西亚定居点的大片林地被砍伐,尽管主要的林地清理是在诺曼征服之后进行的。[⑥] 在这里,《末日审判》显示了农业的缺乏和对狩猎的关注,大卫·希尔所描述的"无人区",经常受到小规模冲突和袭击的干扰。[⑦] 早期的威尔士宪章表明,有个别森林被命名,并与地名联系在一起。然而,散落的、独立的森林和林地牧场之间的区别并不像在盎格鲁-撒克逊英格兰地区那样明显。[⑧] 尽管气候差异可能在早期扩大了可耕地和牧场的范围,但考虑到边缘环境的不适宜居住性,爱德华一世统治时期,记录在案的中世纪晚期季节性迁移放牧模式,很可能反映了中世纪早期的做法。例如,斯诺登下面的山谷被用作夏季牧场;花粉序列显示,从第一个千年开始到现在,斯诺登尼亚的大规模森林砍伐和向牧场的转变正在加速。[⑨]

---

① Chambers 1996:90.
② Linnard 1982:13.
③ Emery 1989:67; Jones 1984:119 – 120.
④ Linnard 1989:46.
⑤ Sylvester 1969:101 – 102.
⑥ Millward and Robinson 1978:99,113.
⑦ Hill 2001:18L
⑧ Rackham 1988:63.
⑨ Chambers 1996:91.

11—12 世纪的气候好转,加上盎格鲁-诺曼殖民地化使人口不断增加,导致更多的边缘地区被开垦——尽管最初被占土地和荒野之间的边界没有明确界定。定居模式总是受到重大政治和军事事件的影响。[①] 格温特平原被重新开垦,高地被用作耕地以及与更永久性定居点相关的牧场。[②] 这种情况绝非一成不变,整个中世纪,高地的土地利用变化很大。[③] 书面资料往往不那么具体。盖斯塔·斯蒂芬尼(一位匿名作者从英国的角度写的)把威尔士描述成"一个有森林和牧场的国家",有"黑暗森林的禁锢";[④] 12 世纪的《兰达夫书》等类似的特许状和文件给人的印象是,威尔士东南部是一片森林景观,威尔士的杰拉尔德写道"因为它的高山、深谷和广袤的森林,更不用说它的河流和边界地区,它是不容易接近的"时,他指的是整个国家。[⑤] 事实上,杰拉尔德在他的关于威尔士的两部作品中不断提到广阔的林地,尽管这部分反映了他将"文明的"盎格鲁-诺曼人与"野蛮的"威尔士社会并列。[⑥] 威尔士的一些地区,比如蒙茅斯郡,就像英格兰的一些郡县一样树木繁茂,边境线上的树木也能够再生,尤其是那些被游猎领主用来狩猎的地方。[⑦] 与之相对的是安格尔西郡,几乎没有林地,大部分是荒地。在英国不断入侵威尔士期间,战争发生在森林里,威尔士轻步兵比英国骑兵占优势。此后,英国制定了系统性伐木政策,进行永久的道路清除和维护大片林间小路,以形成安全区域;12 世纪和 13 世纪,威尔士各地都有大量的军事砍伐记录。[⑧] 综上所述,虽然与英格兰相比,威尔士的林地更集中在有人居住的乡村,但威尔士有一

---

① Owen 1989:199.

② Rippon 1997.

③ Ward 1997.

④ Book 1:8, 9, Potter 1976:15,19.

⑤ *Descriptio Kambriae*, 1.1, Thorpe 1978:220.

⑥ Cinerarium Kambriae and Descriptio Kambriae, Ibid-AOQ, 106,140,196,238,254,251 - 2, 268, 269, 274.

⑦ Darby 1977:202.

⑧ Linnard 1982:21 - 29.

半以上是荒原。在整个中世纪时期,与跨人类活动和定居点网络密切相关的牧民经济在威尔士变得越来越重要,甚至在人口萎缩时期也继续存在。[1]

中世纪早期的苏格兰,定居点仅限于低地(主要是东部和西南部),在气候适宜、土壤肥沃的最自然有利地区,可以找到其持续存在的考古和地名证据。[2] 挪威人的定居点仅限于狭窄的沿海地带和岛屿。在第一个千年之初,苏格兰一半以上的森林被砍伐殆尽,形成了起伏的绿色草地、泥炭沼泽和石楠荒原。[3] 低地地区,如法夫和刘易斯群岛,在铁器时代末期被砍伐殆尽;随着罗马人的到来,盎格鲁-苏格兰边界已被殖民地化,[4]苏格兰中部的大部分地区都是以牧场和草地为特色的景观,在罗马时期[5]有小规模的可耕地,而高地"相对"发达。[6] 有证据表明,8 世纪之前,在福斯和克莱德山谷存在清理林地的迹象,而在沃尔斯山沼泽、洛肯德湖沼泽和伦齐莫斯,直到公元 1000 年才有清理林地的迹象,这可能与修道院社区的发展或维京海盗的袭击导致的人口迁移有关。[7] 但是,关于维京人放火烧林地的报道不太可能只造成局部破坏,滥伐森林的主要因素是当地社区。[8] 花粉证据表明,在苏格兰西南部,挪威人定居期间,林地被砍伐,尽管有些高地的树木存活到现代早期。[9] 在西北高地,松林被沼泽所取代,陡坡和不利地区除外;强降雨和泥炭沉积限制了林地再生,与此同时,在东部高地的低地地区,伴随着对石楠沼泽的开发,史前森林被砍伐和开垦。[10] 在松林最早扩

① Dyer 1997:167; Owen 1989:215 - 16.
② Whittington 1980:41.
③ Smaut 1997:6; Graham-Campbell and Batey 1998:19 - 20.
④ Smith 1997:148.
⑤ Ramsay and Dickson 1992:146.
⑥ Smout 1997:6.
⑦ Ramsay and Dickson 1992:147.
⑧ Anderson 1967:78 - 9.
⑨ Birks 1996:110.
⑩ Ibid:117; Bennett 1996:59.

张的其他地方,在挪威人定居之前,几乎没有证据表明存在人类活动,尽管这些活动对自然景观的影响很小。[1] 罗马记录(如普林尼)最早出现对"喀里多尼亚森林"的记述,后来在中世纪文学中被提到,可能是一种概念化的无定形木材,似乎并没有作为一种物理上巨大且无法通行的景观特征而存在。[2]

在林地确实存在或再生的地方,特别是在苏格兰中部地区,森林数量在 10 世纪可能仍然相当多,[3]也可以从后来的类似案例中看到管理上的差异。高地松林似乎没有明确的边界,而林地牧场和个体的森林并不总是分开的。森林的定义和边界可能局限于苏格兰东南部的核心聚集区,中世纪后期尤为明显。中世纪晚期的苏格兰,特别是在高地,关于林地的分布和详细使用,几乎没有考古或文献证据。西部大陆的森林在当地被利用,而低地人直到 16 世纪唐纳德家族的统治被有效地打破才使用高地木材资源。[4] 在该国南部和东部,林地的管理方式与英格兰相同。[5]

斯堪的纳维亚南部

挪威的地理位置使得其人口聚集到几个沿海地区,尽管这只是定居模式的部分原因。[6] 挪威人的定居点是分散的,主要由独立的农场和村庄组成,而后者存在的证据至少可以追溯到铁器时代,甚至更早。[7] 维京时代末期,有一些较大的定居点(特隆赫姆、奥斯陆和卑尔根)。人类的活动集中在肥沃的地区:特隆德拉(中西部)、罗加兰(西南)和奥斯陆峡湾(中南部)。[8] 然而,中南部的内

---

① Birks 1996:138.

② Breeze 1997.

③ Turnock 1995:25; Ramsay and Dickson 1992:147.

④ Steven and Carlisle 1959:57.

⑤ Smout and Watson 1996:991.

⑥ Lillehammer 1999:135.

⑦ 例如, Forsandmoen in Rogaland; Løken 1987; Lillehammer 1999:133.

⑧ Graham-Campbell and Batey 1998:27.

陆并非完全无人居住,尽管从大陆和斯堪的纳维亚半岛的南部看来,它似乎是一片不可逾越的荒野。

只有小部分土地适合耕种——直到今天,挪威耕地仅占挪威总土地面积的 3%。[①] 对挪威西部不同地点的花粉分析表明,8 世纪初,对山地夏季牧场的过度使用带来了对森林的砍伐和向放牧草地的转变。[②] 从史前到维京时代,通过不断增加的季节性迁移放牧、铁冶炼和沼泽矿开采,中部山区的林地开始被清除。[③] 在中南部山脉的高地,存在史前古道遗迹,表明了人类和动物的交通;一条被称为诺曼斯莱帕(normannslepa,最北古道)的古道在整个维京时代一直被使用。[④] 在这个地区,连同其他内陆山区,在史前时期,林地就被清除了,加上季节性放牧和狩猎,这种做法一直延续到中世纪时期。[⑤] 从 11 世纪开始,有证据表明,这个地区的牧场(草地)和诱捕驯鹿的建筑都在增加。[⑥] 综合证据很少,虽然这并不表明挪威中部地区有人居住,但它确实表明,在整个中世纪早期,对这些地区的使用和管理有所增加,但牺牲了林地。然而,即使是在典型的以畜牧业为经济生态位的高地地区,人们也利用了广泛的资源。沿海地区和南部的木材供应有限,但北部内陆地区的木材供应地要广泛得多。[⑦] 史前时代挪威的西海岸就有人定居,主要是在海边和较低的山坡之间的海滨平原上。[⑧] 在这里,欧石楠丛生的荒野的扩张发生在 6 世纪和 10 世纪;花粉记录表明,到了维京时代晚期,这些地区的林地已经完全被砍伐,[⑨]最初是通过焚烧,然后是持续

---

① Orrman 2003:262.

② Kvamme 1988:365.

③ Birks 1988; Kvamme 1985, 1988; Martens 1998:30; Moe et al. 1996:170 – 177; Moe 1996:126; Prescott 1999:125; Storli 1993:8 – 9.

④ Moe 1996:127.

⑤ Moe, Ind relid and Fasteland 1988:340; Prescott 1999.

⑥ Barth 1979.

⑦ Moe et al. 1996:179, 207.

⑧ Bertelsen 1999; Johansen 1973:90.

⑨ Kaland 1984; Prøsch-Danielsen and Simonsen 2000:fig. 16. 例如罗加兰群的桑德维肯,见 Moe et al. 1996:170.

的放牧和践踏。① 泥煤代替了木材被作为燃料，荒野的植被也以上述方式得到利用。在挪威，中世纪早期的高地耕作模式一直延续到中世纪晚期。挪威山区的古道在 13 世纪早期变得越来越普遍，到 14 世纪中期则暂时减少。② 总的来说，考古证据表明，从 10 世纪到 13 世纪，沿海地区、山谷牧场和北极高山地区得到了更密集的利用。③

　　瑞典的地理位置使其人口聚集到南部，特别是沿海地区。在维京时代，瑞典/芬兰北部的特征是相对稠密的针叶林，这一直被视为北方"不可逾越的荒野"。然而，花粉研究表明，维京时期的波的尼亚湾沿海平原曾出现过森林砍伐现象，甚至有证据表明，从第一个千年中期开始，就有一片片的农业持续存在。④ 在诺尔兰，那里当然不是"空旷的"⑤，大约在公元 500 年左右，伴随着向山区的扩张，半游牧的驯鹿放牧在北部慢慢建立起来，⑥农业和畜牧业在第一个千年末期也开始发展起来。⑦ 在哈尔辛兰，农业活动在550—1050 年间下降，⑧而在诺博滕东部，这个时期存在人类影响的迹象和可能的谷物种植迹象，只是偶尔和小规模的尝试。⑨ 从铁器时代起，定居点和堡垒往往位于瑞典北部的沿海地区，⑩在克维斯赛尔等遗址的挖掘中发现，它们沿着内陆水道分布。⑪ 有证据表明，在第一个千年的后半期，内陆地区被纳入经济文化体系，通过季节性迁移放牧链与沿海可耕地区相连。⑫ 然而，暂无证据表明，

① Moe 1996:123.
② Ibid:127.
③ Ibid.
④ Wallin 1996:310.
⑤ Andersen 1981:1; Zachrisson 1976:27.
⑥ Aronsson 1991:113-5, Storli (1993) 将放牧的全面建立追溯至公元 900 年。
⑦ Aronsson 1991:102-3.
⑧ Engelmark and Wallin 1985.
⑨ Segerström 1990:37, 56.
⑩ 哈尔辛兰及其周边省份:Engelmank 1976:99;Zachrisson 1976:32。
⑪ Mogren 1997:211-213, 221.
⑫ Boudou 197&23.

中世纪晚期之前,对诺兰迪克斯以北地区(相对于南部)的景观进行了广泛的开发,这表明了它作为一个物质和文化边界的重要性。边界曾经是(现在仍然是)北部针叶林南部界限变成以冷杉、松树和桦树为主的混合林地带的地区。[①] 再往南,落叶林越来越多,景观更为开阔,为更密集的人口分布和农业发展提供了支持。在定居点等级的最底层,人们聚集在村庄和个体农场中。村庄的兴起和休耕地制度的引入可以追溯到铁器时代晚期或中世纪早期。[②]到维京时代,一些村庄发展成为贸易中心,或"中心地区"[③],并且主要位于梅拉伦山谷和东约特兰省。这些定居点联系紧密,人口相对稠密,[④]而瑞典最早的"城镇"建于 10 世纪末和 11 世纪。[⑤] 随着比尔卡周边贸易中心地位出现衰落,[⑥]城镇的发展不可避免地与林地再生带来的一定数量的林地变化有关[⑦]。在维京时代,除了建筑材料的需求外,铁的生产变得越来越重要,这也增加了对木材的需求。[⑧] 然而,即使是在瑞典南部与丹麦接壤的严格管理的开阔地上,[⑨]也有大片林地,例如,克拉格霍尔姆松附近可能有多达 800 公顷的林地,[⑩]而第一条横贯斯维兰和约特兰之间森林的道路是在 12世纪建成的。[⑪]

在"黑暗和不可穿透"的荒野,从 12 世纪(如昂厄金、哈尔辛兰[⑫])到 14 世纪(如在班提比,北韦姆兰[⑬])的殖民时期,伴随着林

---

① John 1984:79; Sporrong 2003:38 – 42.

② Göranson 1982:157; Widgren 1983:116; Sporrong 1985:192; Broberg 1992:20; Lindgren-Hertz 1997: 52; Widgren 1983:123.

③ Hasselmo 1992:35.

④ Hasselmo 1992:37.

⑤ Broberg and Hasselmo 1992:21; Hasselmo 1992:35.

⑥ Karlsson 1997:246.

⑦ Karlsson and Robertsson 1997:66 – 67.

⑧ Emanuelsson and Segerstrom 1998:90; Svensson 1998b:100.

⑨ Berglund 1988,1991a, 1991b,1997.

⑩ Olsson 1989.

⑪ Sawyer and Sawyer 1993:37.

⑫ Mogren 1998:219.

⑬ Regnell and Olsson 1998:70.

地清理,定居区域扩展到远至达拉纳。[1] 中世纪晚期,夏季牧场在整个瑞典北部得以扩展,随着牧区和耕地利用的加剧,它们对相关林地的影响也随之扩大。[2] 林地也越来越与铁的生产联系在一起。[3] 边缘省份,如哈尔辛兰和耶斯特里克兰,以非农业经济的分散定居为特征,而瑞典中西部的农业活动不断扩大,森林地区的经济用途也在不断扩大。在其他地方,如在巴克拉(北韦姆兰)周围地区,林地越来越多地被用来放牧,农业活动的加剧是中世纪晚期的一种现象。[4] 在耶姆特兰等地区建立农场是对边境地区的继续利用,与政治和经济变化密切吻合。[5] 在瑞典南部,自然景观的变化并不像社会景观那样显著,[6]尽管国王积极支持在这里实行殖民统治——宣称拥有三分之一的公共土地,并将其重新分配给贵族和西多会教徒。[7]

与瑞典和挪威相比,中世纪丹麦的地理位置(包括瑞典现代的斯卡内兹-布莱金格省和哈兰省)适合广泛的人口分布;最重要的定居点是赫德比,重建为中世纪的石勒苏益格、奥尔胡斯、里伯和维堡,都在 11 世纪发展成为城镇,隆德成为中世纪丹麦的大教堂。维京时代的农业经济,虽然不是特别多样化,但可以与瑞典南部的农业经济相媲美。[8] 中世纪早期的丹麦可能树木稀少,尽管经常有相反的说法。[9] 在第一个千年的上半叶,随着人口的增长,林地已经被开垦;[10]花粉分析表明,像霍尔梅加德(新西兰南部)这样的地

---

① Homberg 1995；Segerström, Hornberg and Bradshaw 1996；Segerström 1997；Wallin 1996：310；Orrman 2003：256.

② Emanuelsson et al. 2000；Segerström and Emanuelsson 2001；Åquist and Flodin 1992.

③ Emanuelsson and Segerstrom 2001.

④ Emanuelsson, Nilsson and Waliin 2001.

⑤ Welinder 2002：109.

⑥ 当然还有土地利用的扩张,见 Myrdal 1999 年。

⑦ Orrman 2003：257.

⑧ Robinson 1994549.

⑨ Price 2000：34.

⑩ Randsborg 1980：53.

区,随着嗜光植物群和可耕作物的生长,①林地被清除,而西日德兰的林地在史前就已被砍伐并更改为荒野(用于放牧),这种情况持续到 19 世纪末的植树造林。② 丹麦西部的维京荒原和湿地是记录在案的丹麦西部的主要湿地资源。③ 然而,这种模式不应被夸大。在丹麦,林地直到 12 世纪才变得稀少,这说明丹麦林地管理比较谨慎。④ 花粉图表明,丹麦东部的林地数量在 10—12 世纪之前相对稳定(其间点缀着田地和牧场)⑤,而阿布卡尔地区(日德兰南部)直到 12 世纪仍被以山毛榉为主的森林覆盖。⑥ 此外,中世纪晚期,与瑞典接壤的周边地区(如布莱金厄省)有大量林地,⑦虽然对日益有限的林地争夺变得更加激烈,但中世纪晚期的景观没有明显变化。⑧ 此时,丹麦已成为所有斯堪的纳维亚国家中人口最密集的国家,定居点的分布并不仅仅取决于地形——单一农场和核心聚集地都出现在林地和荒野地带,其选址反映了景观可达性、资源和社会等综合因素。⑨

结论

从 8 世纪到 14 世纪,英国和斯堪的纳维亚半岛南部的自然荒野——未开垦的土地——正日益被开发利用。在英国,农业活动的加强、城市中心的发展和边缘景观的发展导致了原本"相对"大型的荒野岛屿的萎缩。盎格鲁-撒克逊晚期的皇家法令和 11 世纪末的森林,都能够限制农业对林地的侵占,并取得了不同程度的成

① Aaby 1988:217.
② Andersen, Aaby and Odgaard 1996:226; Odgaard 1988:319.
③ Robinson 1994:548.
④ Sawyer and Sawyer 1993:40.
⑤ Andersen, Aaby and Odgaard 1996:226.
⑥ Aaby 1988:220.
⑦ Stenholm 1986:88 – 89; Orrman 2003:254.
⑧ Orrman 2003:255.
⑨ Mikkelsen 1999:188 – 189.

功。在斯堪的纳维亚半岛中部和北部,到第一个千年结束时,主要依靠畜牧业的农场和定居点已向更高或更偏北的地方推进,①这是大西洋殖民地偏爱的一种体系,带来了大规模的森林砍伐。② 当然,即使在莱姆斯以南,也存在无永久性定居点的大片林地,但这些林地正在慢慢缩小。③ 在南方,维京时代移民边界的扩张导致了林地的减少,尽管主要的林地清除阶段发生在中世纪鼎盛时期。④ 当时,英国的人口增长,事实上整个欧洲的人口增长,都是惊人的。罗伯特·福塞尔计算过,在公元 1000 年到 1350 年之间,英国的人口增长了两倍,达到 310 万。⑤ 教会不喜荒野,但证据过分强调了这种敌意,⑥土地复垦的宗教动机与人口增长相结合,导致包括狼在内的一系列野生动物栖息地的缩小。⑦ 在斯堪的纳维亚半岛南部,1300 年的人口估计是 750 年的三倍,只有 5% 的人口分布在数量有限的小城镇(挪威 10 个,瑞典 15 个,丹麦 50—60 个)。⑧ 人口的增长与斯堪的纳维亚内陆的发展密切相关。这些模式持续到 14 世纪中叶,由于气候恶化、饥荒、黑死病和其他流行病,当时人口减少,定居点、农场、夏季牧场和季节性迁移放牧路线被遗弃,使英国和斯堪的纳维亚的林地得以稳定,甚至在某些地区得以再生。⑨ 从 8 世纪到 14 世纪,自然景观发生转变,概念空间及居住其中的动物种群也发生变化。在中世纪北欧文学和思想中,狼与荒野有着密切的联系,下一章将更详细地探讨这一精神景观。

---

① Svensson 1998b.

② Amorosi et al. 1997; Fredskild 1988:389.

③ Price 2000:32.

④ Berglund et al. 1991:431.

⑤ Fossier 1997:245.

⑥ Schama 1995.

⑦ Williams 2000:36.

⑧ Benedictow 1996:155 − 6,181 − 182.

⑨ Moe, Indrelid and Fasteland 1988:443; Nielssen 1977; Callmer 1991:348; Rackham 1998:76.

第三章

狼群景观 II：概念化的中世纪荒野

引言

中世纪北欧的自然荒野是如何概念化的？概念化的荒野在多大程度上反映了真实的景观？有一种趋势认为，现代荒野是一种"精神状态"，在这种状态下，这个术语是基于个人主体性来自我定义的。一个更具包容性的观点是将荒野视为一系列条件，是强度的变量而不是绝对量，并通过映射到物理地形上的心理标准来定义。[1] 这个概念可以很容易地应用于中世纪和现代的"野生"概念：两者都是动态的社会结构，与自然世界不断变化的观点对应。在描述中世纪文化中"野生"和"文明"之间的两极分化关系时，自然与文化的二分法经常被使用，而且有确凿证据表明，城市和农村人口之间存在这种区别；[2]实际上，克肖指出，"村庄"和"森林"之间的对立关系存在于印欧语系语境下。[3] 在传奇文学中，森林（荒野）和宫廷（文明）之间的对立是 12 世纪中期的一个突出主题。这种对立可以在地理上模拟为核心和外围，虽然这些区域之间的关系非常复杂，但物理和概念上的差异仍然存在。[4] 它们在多大程度上

---

① Nash 1967:4-6.

② Le Goff 1992:58,177-180；Hastrup 1985:136-154.

③ Kershaw 2000:109.

④ Anderson 1998:7.

适用于中世纪英国和斯堪的纳维亚的荒野概念?

黑暗和荒凉之地:盎格鲁-撒克逊时期英格兰的荒野

关于中世纪早期英国的大部分书面资料来自英格兰,在这里可以更详细地追溯荒野概念的发展。在词源学上,wild 一词与古英语 *wilde*、古挪威语 *villr* 和旧撒克逊人、古高地德语 *wildi* 有关,而 wilder[*wild*(d)or] 指的是野兽。[①]《牛津英语词典》列出了中世纪文献中"野生"不同定义的最初使用日期:未驯养的动物、未栽培的植物(公元 725 年);未开垦和无人居住的土地(公元 893 年);无拘束的或无限制的(公元 1000 年)。到了 11 世纪末,"外域"和"异域风格的"(古英语 *utlandum* 和 *útlndisc*)反映了相对偏远的自然荒野。弗兰克斯的棺材可以追溯到 8 世纪的上半叶,它为中世纪早期的林地作为概念上的荒野提供了罕见的视角。左边的画面描绘了米粒斯和雷姆斯同一对狼的故事,而右边的画面则描绘了类似的场景——森林和沼泽,辅以相关的古代北欧文字的单词 *wudu*(木)[②]和 *risci*(芦苇),在更广泛的精神烦扰的背景下,用 *sarden sorga* 这个词来概括地理位置。[③] 与棺材其他面板上的"文明"场景不同,树木繁茂的荒野被描绘成具有潜在危险的地方。

在政治和经济角度,林地被反复强调为处于人类控制边缘的环境,因此是一个潜在的避难所和存在危险的地方。早在 6 世纪,吉尔达斯就提到英国人逃到山上、山洞里和"茂密的森林"里,[④]在早期盎格鲁-撒克逊编年史和诗歌中,例如《莫尔登战役》,也可以找到类似的参考。[⑤] 一些提到森林的地方强调了它们巨大的面积

---

① Onions 1966:1006.
② 特别是在动物的脚下。
③ 这些词可以翻译为"悲惨的悲伤之窝"或"悲伤的痛苦之林",Webster 1999:243。
④ *De Excidio Britanniae*, Giles 1891:25.
⑤ 例如,477 年、878 年和 963 年;1996 年的杀戮;Hamer 1970:54-55。

和偏远的地理位置,而不是更实际的用途,比如养猪或打猎。[1] 林地可以为逃跑的士兵和罪犯提供庇护所,在这种环境下,两者都被外部化了。危险或不受欢迎的生物与荒野之间的关系在盎格鲁-撒克逊晚期景观的精神组织中很明显。古坟等史前遗迹与躁动不安和潜在的恶意死亡联系在一起。[2] 罪犯被处决、示众和埋葬在行政边界附近,通常尽可能远离居民区;[3]与之并行的是沿着许多领土边界的林地和荒地,[4]从概念上讲,圣经中也存在类似故事,例如该隐在谋杀他的兄弟后被驱逐到荒野。[5]

另一方面,记录在案的中世纪早期基督教隐士和圣徒对荒野的态度是矛盾的:这是一个可以被恶魔和天使占据的空间——一个诱惑或救赎的源泉。[6] 从最早的基督教经文来看,荒野被视为沉思的隐士的终极归宿。在凯尔特人和后来的盎格鲁-撒克逊人的传记中,神职人员和圣徒们更感兴趣的是占领林地而不是破坏它。[7] 不列颠群岛最早的修道院地基和相关的隐士住所通常位于相对孤立的景观中,如岛屿和沼泽地。这种刻意的地理位置与修道院的理想密切相关,直到七八世纪,与世隔绝的感觉仍然很重要。[8] 修道院文明有序的空间与围墙外的荒野形成鲜明对比,这种野生与非野生的对立是当代文学中反复出现的主题。荒野作为概念入门的最详细的例子出现在《贝奥武夫》(Beowulf)这首诗中,这首诗保存在公元 1000 年的一份手稿中,取材于大约公元 680—800 年的一篇文章。[9] 在这里,赫罗加大厅的文明世界"与天堂和谐共

---

[1] 例如 Life of Alfred, Keynes and Lapidge 1983:84.
[2] Semple 1998.
[3] Reynolds 1998.
[4] Hooke 1998:139
[5] Beowulf, line 1265, Mitchell and Robinson 1998.
[6] Tuan 1977:110.
[7] Bratton 1989:8.
[8] Aston 2000:448,57; O'Sullivan 2001:36 – 7.
[9] Mitchell and Robinson 1998:12.

处"①,与周围的沼泽地并列,它们的沃夫勒普 *wulfhleopu*(狼居斜坡)被狼格伦德尔(lupine Grendel,盎格鲁-撒克逊古史诗《裴欧沃夫》中被裴欧沃夫杀死的男妖)所困扰。② 贝奥武夫跟踪怪物通过 *mistige mras*(迷雾沼地)到了一个池塘,原来这是一个通往水地狱的入口,相对于海洋深处的死亡之门(死亡大厅)。③ 贝奥武夫对抗和征服格伦德尔的母亲布里姆威夫(海之母狼),被描述为"古英语诗歌中伟大的象征性风景",并与基督教布道家的地狱景观有关。④ "池塘"可以从多个层面来解读——它是对赫罗特的一种扭曲的戏仿,一种对理想创造秩序的歪曲,无疑是一种纯粹的恶魔世界。⑤ 盎格鲁-撒克逊神学家结合基督在荒野中受魔鬼诱惑的例子,⑥与沙漠祖先的经历合并和修改了异教元素,将荒野发展为存在精神历险的场所。

《圣古思拉克 A 和 B》(*Guthlac A and B*)等圣徒言行录对此皆有反映,盎格鲁-撒克逊人对地狱的描述也有所反映;圣保罗在 10 世纪末的《布利克灵布道书 17》中对北方地狱的描述中,将其部分描述为一片寒冷的森林,黑暗的灵魂悬挂在树上,被像贪婪的狼一样的怪兽抓住,受到折磨。⑦ 在盎格鲁-撒克逊、爱尔兰和威尔士的诗歌中,可以找到对地狱寒冷潮湿的描述,这部分与当地的环境背景有关,尽管圣经早有记录,地狱是位于北部位置的。⑧ 在此神学背景下,兽性地狱之口的主题——本质上是一种野生动物——发展起来了,在第九章中有更详细的讨论。在英国各地,到处都有关于荒原、沼泽地和沼池的民间传说,从与不安分的死人有关的沼泽

---

① Lee 1972:181.

② Orchard 1995:15.

③ 见古英语《生理学》中的"鲸",Lee 1972:205。

④ Pearsall and Salter 1973:43 - 44.

⑤ Lee 1972:203.

⑥ *Blicking Homily 3*,Morris 1967:26 - 38.

⑦ Morris 1967:208 - 211.

⑧ Abram 2004:187.

地的冒险,到东安格利亚沼泽地出没的黑魔鬼,或许反映了一种源于格伦德尔的精神实体的传统。①

尽管荒野中包含了许多人类无法直接控制的自然和超自然实体,但作为一种经济资源,它可以通过所有权的形式被控制管理。很多社会群体似乎都会狩猎,在不同的考古环境中,野生动物的存在就表明了这一点。在日耳曼精英圈子里,狩猎和武器训练与战士的生活有关,②狩猎和战争之间的联系贯穿整个中世纪的欧洲。③从地理上看,狩猎似乎是边境(领土之间的边界)、机遇区(例如威尔士边界的"荒地")和皇家土地(与狩猎场有关的权力中心)的主要土地利用形式。④ 盎格鲁-撒克逊中晚期,精英狩猎文化的发展就很明显了,鉴于此,就可以解释高地位遗址中只有有限的野生动物这一现象了。⑤ 盎格鲁-撒克逊晚期,国王参与了狩猎活动,而分阶段狩猎可能在北欧外交娱乐和权力关系中发挥了重要作用。⑥林地是狩猎空间中反复出现的元素,⑦但并非所有用于狩猎的土地都有茂密的树木,事实上,许多土地在性质上是相对开放的,它与古英语 leah(有开阔林间空地之林地)的联系表明,它们中很多土地都是森林牧场。⑧

尽管在中世纪早期,法国加洛林王朝已存在造林,⑨但直到诺曼征服之后,英国才有皇家森林。然而,有证据表明,晚期盎格鲁-撒克逊皇家狩猎活动已开始划定和维护林地,⑩虽然没有令人信服的证据表明,存在与狩猎场有关的单独的、专门的建筑,但是精英

---

① Newton 1993:143-144.
② Härke 1997:126.
③ Cummins 1988.
④ Hooke 1998; Fowler 1997:253.
⑤ Sykes 2001:149-158.
⑥ Campbell 1999:137; Loveluck 2001.
⑦ Hooke 1998:157; Liddiard 2003:9-10; Swanton 1975:109-110; Kylie 1966:176.
⑧ Rackham 1994a:10.
⑨ Gislain 1980:40-41.
⑩ Blair 1994:108-110,179; Day 1989

中心和宅邸的功能可能与征服后的贵族宅邸类似，或许部分融入了狩猎空间。[1] 征服前的特许契约、偶然出现的地名和《末日审判书》中记载的古英语的 *haga* 均可证明存在精英狩猎空间划分，并被解释为是一种与保护狩猎土地相关的圈地，尤其是狩猎鹿群的土地。[2] 是否存在公园在这个时候是有争议的——《末日审判书》记录了在 1087 年有 37 个公园，尽管只有那些属于最强大的诺曼领主的公园才被记载下来，而且当时的真实数字可能更高。[3] 中世纪早期的威尔士可能存在划定的狩猎场，但很少有证据表明狩猎空间受到控制。根据威尔士法律，土地所有者不能阻止他人在自己的土地上狩猎，但法律明确规定，国王可以在任何地方自由狩猎，他的狩猎队优先于其他人。[4] 此外，各种各样的法律都与狩猎和栖息地保护有关，但这并不能证明存在严格控制的狩猎空间。[5] 有证据表明，中世纪早期的苏格兰曾将林地作为类似的狩猎景观，很有可能在英国和欧洲大陆也是如此，而且还体现了骑马狩猎鹿的艺术快感。

斯堪的纳维亚海盗时代荒野的探索与开发

因缺乏书面资料，很难重建斯堪的纳维亚半岛南部在转变为基督教之前时期的荒野的概念。对异教徒宇宙学的广泛描述主要出现在中世纪盛期的书面资料中——这些资料不能轻易地从基督教的背景中删除。此外，英语中的"野生"和"荒野"这两个词的含义千差万别，很难被任何一种斯堪的纳维亚语所取代。但在描绘了自然荒野之后，就有可能提出概念。在古挪威文学中，空间的神

---

① Blair 1994：110.
② Hooke 1998：154 – 157；Hagen 1999：134.
③ 最近有关这个问题的文章，见 Liddiard 2003。
④ Owen 1841：799.
⑤ Linard 1979，2000.

话语义被记录为具有相反意思的词语——在米德加德(*Miðgerð*)和乌特加德(*Útgarðr*)之间(尽管后者不是一个完全消极的领域)——可能已经被应用到自然景观中,并且可以在核心空间和外围空间进行建模。① 作为一种组织世界的方式,这些划分单个农场、社区或周围耕地的边界可能表达了人类与荒野之间的辩证关系,是活人世界——内野和住所——与死人的世界——外场及其他——有所区分的地方。② 自然边界当然集中在沿莱姆斯、挪威中部山区和瑞典西北部林地植被有显著变化的地方。在后一种情况下,比尔卡的贸易定居点可被设想为通往令人望而生畏的斯韦兰和诺兰内陆的前沿地带。③ 广阔的森林有时被命名为 *Myrkvið* 和 *Jarnviðr*(*larnvid*)。*Myrkvið* 是"传奇"的,因为它被认为有一些物理实体,例如梅泽堡米里基杜伊的蒂埃特马尔被称为波希米亚人的厄尔士山脉,④这个词最初可能指的是树木繁茂的高山屏障,即从厄尔士山脉到特兰西瓦尼亚的山脉,⑤这是一个特别吸引北欧海盗探索精神的地区,相当于在冥界冒险。⑥ 大西洋最西端被称为荒野并不奇怪。⑦

在中世纪早期的斯堪的纳维亚半岛,自然荒野可能已经被部分控制。猎鹰等某些狩猎行为,似乎至少从 6 世纪开始就在精英群体中流行起来,并有可能进行规范狩猎。⑧ 但几乎没有证据表明,对野生动物或它们的栖息地的管理,可以与盎格鲁-撒克逊晚期的英格兰或加洛林王朝的法国相比;斯堪的纳维亚内陆人烟稀少,人烟稀少的山脉和广阔的林地,再加上分散的或暂时的人类活

---

① Bibire 2001;Svanberg 2003:131-33,150;Hastrup 1985:151;Johansen 1997.
② Andersson and Hällans 1997:587-8;Andren 1989:294;ErsgArd and HAllans 1996:23;Gurevich 1985:47;Andrén 1993:36.
③ Back 1997:151.
④ *Chronicon*,6.10;Warner 2001:244.
⑤ Tolkein 1960:xxci.
⑥ Davidson 1993:105.
⑦ *Eiríks Saga Rauða* 2,Sveinsson and Þórðarson 1957:200.
⑧ Sten and Vretemark 1988.

动和相对小规模的政治组织,意味着这片荒野不容易被精英群体所占领。为获取毛料、皮料和鹿角而从事狩猎和诱捕是重要的经济活动,通常是大规模的集体活动,而且经常与猎物的季节性迁徙相吻合。[①] 然而,即使是在这里,狩猎景观也不仅仅局限于一望无际的荒野,而是涉及一系列土地使用,与季节性的畜牧活动、有限的农业、炼铁、冶炼以及森林砍伐区的大规模驱赶活动有关。[②] 在莱姆斯北部,稀疏的针叶林有利于人类的捕猎以及狼等视觉捕食者的狩猎。维京时代早期,作为南部斯堪的纳维亚社区和萨米人之间的交流活动,毛皮贸易的增长必然导致冬季(毛皮最厚的时候)在内部林地开展更密集的狩猎和诱捕,并扩大了边界区域的用途,[③]考古学上可以通过史泰罗(stallo)住宅的扩建,相关的陷阱系统——主要为捕获大型有蹄类动物而设计——和植被的变化进行佐证。[④] 毛皮贸易和驯鹿的饲养甚至可能导致对自然资源的过度开发,可能会将麋鹿和毛皮动物捕杀殆尽。[⑤] 当然,维京时代城市中心的考古证据证明,边界区域狩猎异常重要。[⑥] 在丹麦,对食物获取,或者瑞典中部和北部以及挪威维持的经济类型而言,狩猎活动似乎并不特别重要。[⑦] 随着中世纪后期强大的中央集权的发展,有证据表明,狩猎有限制,特别是政府对捕猎狼是有指导的。[⑧]

驯服荒野:中世纪盛期英国的发展

征服者威廉将诺曼公爵领地的做法引入英格兰,并由此产生

[①] Graham-Campbell and Batey 1998:27; Weber 1985:109.
[②] Andersen 1981:10.
[③] Svensson 1998b:102.
[④] Mulk and Bayliss-Smith 1999:383 – 4; Prescott 1999:270.
[⑤] Andersen 1981:13.
[⑥] Wigh 1998:88.
[⑦] Roesdahl 1992:103.
[⑧] Pulsiano 1993:308.

了荒野的新概念。[①] 皇家森林指的是实施某一特定类型的法律(森林法)的地区,其中可以存在任何类型的土地使用形式。[②] 此外,森林法涉及保护动物及其栖息地,主要是维护皇家狩猎权。[③] 到亨利二世统治时期,皇家森林和狩猎空间的各种分支机构(如狩猎权和自由养兔场)分布在全国各地;第一个完全与森林有关的官方立法是1184年伍德斯托克法令。[④] 1153年,大卫王已将法国森林的所有主要特征引入了苏格兰,[⑤]同时在12和13世纪的威尔士营造了大量的皇家森林(尤其是在边境地带),其中最大的是布雷克诺克森林。[⑥] 从理论上讲,这些景观是受严格控制的空间,旨在维护社会精英阶层可以猎杀某些动物,这些都源于皇室维护和分配的特权。最奢侈和最具仪式感的狩猎是由皇室实施的,尽管相当一部分狩猎似乎都是通过代理人进行的;受雇的职业猎人需要定期上缴鹿肉。[⑦] 皇家森林的边界不是静态的,它们的发展和最终的衰落是有据可查的。通过这种制度,英格兰和苏格兰的国王在不同程度上垄断了狩猎,但私人公园越来越与狩猎区混合在一起。公园可以被定义为娱乐目的而设置的私有封闭区域,娱乐目的可以是主动的(例如打猎),也可以是被动的(例如欣赏风景),公园的建设开始于12世纪。[⑧] 皇家公园和私人公园都可以位于森林内部或外部,单片森林的萎缩往往伴随着周边公园的增长。[⑨] 狩猎不一定是所有公园的主要活动;这种景观可以通过多种方式进行管理,从耕地到草地和牧场。[⑩] 在英格兰,欧洲小鹿是这种封闭公园围捕的首

---

① 关于威廉一世在英格兰和诺曼底都提到皇家森林的例子,请参阅 Bates 1998 年的 *foresta* 条目。
② Young 1979:3.
③ Grant 1991:6.
④ Douglas and Greenaway 1981:451.
⑤ Gilbert 1979:13.
⑥ Linnard 2000:32.
⑦ Rackham 1990:169 – 170; Gilbert 1979:20; Young 1979:23,101; Birrell 1992.
⑧ Way 1997:2; Richardson 2005.
⑨ Grant 1991:27 – 8.
⑩ Rackham 1990:153 – 155; Way 1997:14.

选猎物,公园里的动物似乎并不仅限于鹿,狼当然可以照常进入。[1]
并不是所有的公园都足够大,适合狩猎;有些公园实际上是鹿场。[2]
无论是农场还是狩猎保护区,保护公园里的动物免受非法捕食者
(人或动物)的侵害是至关重要的。

捕猎森林实际上是不同规模的私有森林,国王将捕猎森林的
"狩猎权"授予贵族,从而将森林管理转变为私有制。在当代文献
中,这一术语有时与公园或森林混淆,"捕猎"的含义并不完全一
致。[3] 最后,庄园主私有土地上的"免费养兔场"赋予所有者对特定
区域内狩猎动物的控制权,通常是(但不总是)在森林之外。[4] 个人
尽管允许饲养任何数量的小动物,"养兔场"是饲养和猎杀兔子的
封闭区域;如果养兔场在森林里,它也要遵守森林法律,并保护
鹿。[5] 综上所述,中世纪的英国,有两种类型的受控狩猎空间——
开放的和有边界的。鉴于地形、动物群数量有限或存在时间短,这
个空间被概念化为荒野。

"森林"一词在不同的语境中有多种含义。在法国白话中,"森
林"一词自10世纪起就指林地,与 gaste 连用,意思是"毁坏、空旷、
干旱"——既指其不适合耕种,也指早期基督教文学作品中的荒
野;[6]而在11世纪的诺曼底,"森林"一词可以用来描述没有狩猎和
狩猎保护区的森林。[7] 景观很少专门用于狩猎,并且包含各种地形
特征,如荒原、沼泽、田野甚至定居点。但除一些特例之外,皇家森
林和公园里树木的存在相对重要。[8] 林地是狩猎活动描述中反复
出现的一个特征,其重要性在后来的狩猎手册中得到了证明。[9] 伐

---

[1] Ibid:151-2
[2] Birrell 1992:112.
[3] Young 1979:46.
[4] Ibid.
[5] Grant 1991:30.
[6] Le Goff 1992:54.
[7] Fauroux 1961.
[8] Rackham 1990:153;Cummins 2002.
[9] E. g. Danielsson 1977:57.

空的林地对于狩猎来说是必要的,而动物们也需要一定数量的庇护所来躲避开阔的田野,因为在那里,它们很容易受到捕食者的攻击。[1] 此外,作为体现中世纪冒险精神的森林,在概念化过程中,林地形成了一个现成的视觉屏障,并很可能为贵族猎人提供适当的环境。[2] 狩猎庇护所位置的选取也与此相关——克拉伦登宫的选址最初可能是因为它的位置较高,可以俯瞰林地。[3]

在狩猎景观中,小屋的布置,狩猎、林地管理和放牧之间的空间划分,不应该与景观中试图实现的狩猎理想状态相分离。在很大程度上,狩猎景观的美学局限于围栏或小屋的特定位置。不能把更广阔的景观塑造成狩猎天堂,为维护显而易见的独占性,这种做法也并不可取。另一方面,在公园等狩猎景观的微观世界中,公园所有者有机会创造出"置身于拥有无限可再生猎物资源的无垠荒野中的幻觉"[4]。这种"中世纪世界令人不安的视野"[5]与世俗想象、著名古典传统、圣经传统和哲学传统相结合,形成了一个文明之外的世界——中世纪冒险之林。[6]

在英国,森林的法律定义,以及 1297 年之后的"英国森林"(English forest)的法律定义,促成了中世纪冒险之林。[7] "森林"和"混沌、无序和原始物质"之间的联系源于希腊语单词"$v\lambda y$"(原质)。公元 3 世纪末,查利狄乌斯结合亚里士多德和柏拉图的哲学概念,将 *hyle* 翻译为 *silve*——直接将"森林"等同于"混乱和无序",并最终影响了中世纪冒险森林的建设。[8] 部分源于早期基督教教父的无人荒野的启发,[9]这些景观可以代表黑暗和危险的荒野,那

---

[1] Cummins 2002.

[2] Stamper 1988:141.

[3] James and Robinson 1988:2.

[4] Cummins 1988:2,2003.

[5] Le Goff 1990:133.

[6] Le Goff 1992:58,115; Saunders 1993.

[7] Ibid:1; Pearsall and Salter 1973:53.

[8] Saunders 1993:20.

[9] Le Goff 1992:47 - 69; Saunders 1993:10 - 19.

里的个别骑士会迷失地理和精神上的方向,并经历与森林之外的文明社会截然不同的可怕转变。① 森林是狩猎的典型环境。贵族阶层的观众会辨别出狩猎模式,这种模式已然与文学活动模式一致。② 尽管是一面扭曲的镜子,但浪漫主义流派还是被描述为"社会的一面镜子"③,浪漫文学中的狩猎主题可能影响了读者的行为,或是由于英国的重复说教,④浪漫主义文学试图通过呈现宫廷生活的理想状态来影响读者的行为。贵族的定义要素,包括对狩猎详细术语的了解,⑤似乎反映了读者对这些作品的兴趣。传奇的森林代表着理想化的风景,到处都是鹿,甚至熊,但是没有狼,除了少数例外。

　　中世纪盛期英格兰和苏格兰讲法语的贵族很可能认识到森林的流动性,并将其用于指林地以及与特定的君主狩猎权相关的地区。⑥ 尽管有规定,有管理,但狩猎空间还是容易被概念化为荒野,因为它们与野生动物和相关栖息地有联系。这一点在相关拉丁语术语的不同用法中也很明显:*silva* 指代"树林",而 *silvaticus* 指代"荒野",*salvagina* 指代"荒野游戏",⑦尽管 *fera* 一词也可用作这种指代。⑧ 在宗教背景下,很容易引用狩猎与荒野之间的关系——12世纪后半叶的一则训诫中提到,魔鬼是一个猎人,在荒野(世界)的巢穴(游戏、饮酒、商业和教堂)为野生动物(人)制作陷阱(罪恶)。⑨ 在这一宇宙观中,荒野与其居住者紧密相连;因为这些呈现的欲望,大多数人被比作野生动物,而富人掠夺穷人,就像荒野中强壮的动物以小动物为食。

---

① Ibid.

② Thiébaux 1974:47.

③ Muir 1985:3; Alexander and Binski 1988:490.

④ Mehl 1968:19 – 21.

⑤ Burnley 1998:54,166.

⑥ Gilbert 1979:19 – 20.

⑦ Gilbert 1979: 440; Niermeyer 1976:971.

⑧ Latham 1965:188; Niermeyer and van de Kieft 1976:417.

⑨ *Trinity Homtly 33*, Treharne 2000:286 – 291.

　　荒野也会引发一系列令人毛骨悚然的联想。沃尔特·迈普就记录了许多与森林有关的超自然事件，在一个例子中，勃艮第的格伯特遇到了一个"闻所未闻的美丽"女人，她坐在一块巨大的丝绸地毯上，身后的空地上放着一堆钱，他直觉她是幽灵或错觉。[①] 领土的边界易于出现亡灵部队或野蛮猎杀，类似于将流浪者驱逐到边界。[②] 在其他类型的世俗文学作品中，荒野也可被想象为一处田园景观，它是由一系列自然地形构成的，部分继承了古典诗歌[③]：中世纪威尔士诗人曾惊叹于林地的美丽，野鸟的歌声和茂盛的树木。[④] 在古典文学和后来的中世纪文学中，田园风光和农业景观的共存为我们打开了通往"可接受的"荒野的大门——这是接近野蛮的门槛。[⑤] 荒野继续吸引着修道院群体和隐士，事实上，隐士和森林之间的联系已是老生常谈，所以在中世纪盛期，人们期望在树林中找到隐士，尽管在英国很少有隐士。[⑥]

　　1098 年从摩洛士的克鲁尼科修道院出发的僧侣们，将他们选定建立新组织的地点，Citeaux（靠近第戎），称为一个"恐怖而又巨大的孤独之地，只有野兽居住"[⑦]。教会的信仰和神话确立的二三十年之后，才记录"恐怖的火车"（ *loco horroris* ）和"孤独的回答者"（ *vastae solitudinius* ）等描述这个组织的词语。克莱尔沃的伯纳德、纽堡的威廉和塞里洛等西多会作家继续使用了这些词语，代表了教会模仿荒野教父的理想状态，通过寻求肉体的折磨获得精神的提升。1134 年，总章规定修道院不应建在城镇、城堡或村庄，而应建在远离人类交际的地方。[⑧] 西多会教会并不是唯

---

① *De Nugis Curidiuna* , 4,11, James 1914:353.
② Schmitt 1994:184 - 5.
③ Curtius 1990:190 - 3.
④ Stephens 1876:25,51 - 2,57,482.
⑤ Olwig 1984:4.
⑥ *Itinerarium Kambriae* 1:3, Thorpe 1978:100; Schama 1995:142.
⑦ 记载于 12 世纪的《西斯泰尔西绪论》1；Coppack 2000:17。
⑧ *Statuta* 1:13.

一一个将荒野与理想主义联系在一起的教派;卡图西亚人、提罗尼西亚人和萨维尼亚克人都强调需要独处,并避开本笃会和奥古斯丁教徒喜欢的城堡和城镇。① 然而,不同于其他教派"探索原始"的规定,②西多会对景观的影响尤为深远,尤其是在英国。

1128 年至 1300 年间,英国大约有 100 所西多会修道院建成。最初,教会倾向于将修道院建在封闭的小山谷里,③虽然超过三分之一的英格兰人和威尔士人放弃了高地,将房屋重新安置在水供应充足的宽阔地域。12 世纪,农庄建立,其中 44% 位于"荒废"地区,人口显著减少,同时,英国人似乎一直保持着隐居的理想。④ 然而,大多数英国人的房屋都位于基本完整的定居点边缘,而大多数农庄位于已经开垦的地区;⑤只有少数像位于约克郡皮克林山谷等这样的上地利用得到"新的"改善。即使是在威尔士农村,教会组织所在地也并非完全无人居住。⑥

从局部来看,与修道院农庄相关的景观变化可能极其重要。在被称为"修道院闪电战先锋"的约克郡,景观变化促使人类定居于以前无人居住的地区,并带来大片荒原的开发。⑦ 事实上,与世俗人群的接触是不可避免的,尤其是与经营农庄的预期修友的接触,因此隐居的理想就妥协了。在英格兰和苏格兰东南部,到 13 世纪中叶,大约有三分之一的西多会修道院位于或靠近皇家森林;而且,西多会修道院经常被免于受森林法规定的管制,但森林砍伐却得以控制,特别是在英格兰。⑧ 在威尔士,林地和湿地区域可能在荒僻的同时,还具备潜在的经济资源,但西多会的经济活动记录

---

① Burton 2000:132.

② Lawrence 2001:146.

③ Donkin 1978:31.

④ Ibid:44,58.

⑤ Ibid:103.

⑥ Williams 1984:226.

⑦ Waites 1997:66.

⑧ Williams 1984:105.

显示,存在对树木未长成地区和树木茂盛地区的林地清理活动。[1]
在这里,或许比起英国的其他地方,西多会更多的投资在于大规模
的羊群饲养活动。[2] 在当时的英国,各个地区的西多会教会对自然
景观的影响不同,但至关重要,反映出至少西多会早期组织与物理
荒野和概念荒野之间存在明确联系。

澄清对立:中世纪盛期斯堪的纳维亚半岛的发展

随着中央集权的发展,对荒野作为一种资源的控制也增强了。
但是,如果在英国部分地区难以执行对精英狩猎空间的限制,而且
官员滥用其法律机制,那么就很难在人口稀少、地形复杂的霍尔辛
格兰德等斯堪的纳维亚半岛中部地区实行森林管控。[3] 尽管中世
纪的斯堪的纳维亚半岛上并不存在皇家森林,但有其他证据表明
管控狩猎空间的发展。在挪威,古拉特什法律明确允许私人林地
的存在和有在自己的森林里猎鹿的权利,[4]马格努斯·哈肯森
1274 年的法律允许国王在私人土地上捕捉猎鹰,而且其他法规
也赋予了土地所有者的狩猎权。[5] 到了 12 世纪,王室的利益在于
争夺对严寒挪威的政治和经济控制权,但这些王室利益不涉及狩
猎领地,更不涉及其中的动物资源——尤其是毛皮和鱼。[6]

马格努斯的法律表明,从 14 世纪瑞典开始发展管控狩猎空
间。丹麦各地都可辨别存在鹿园,这反映丹麦对狩猎空间实施
了控制,与英国(和欧洲大陆)的做法相同。[7] 尽管如此,专门界定
的皇家狩猎场数量有限,斯堪的纳维亚内陆地区不受这种限制的

---

① *Itinerarium Knmbriae* 1∶3, Thorpe 1978∶106; Williams 1984∶117,226.

② Ibid∶246.

③ Mogren 2002∶520.

④ Nos. 84,86,91 and 95, Larson 1935∶97 - 8,101,103 - 104.

⑤ Andrén 1997.

⑥ Urbaczyk 1992∶220.

⑦ Andrén 1997.

狩猎活动相对普遍。① 古挪威文学语料库中提到了精英和民众在荒野中的狩猎活动。尽管这些材料中的一部分反映了斯堪的纳维亚南部的土著传统（起源于冰岛农场的口头传说最终被用于挪威宫廷的娱乐活动），②14世纪早期，挪威国王哈肯五世（1270—1319年）将欧洲的传奇故事首先翻译成挪威语，然后翻译成冰岛语（而且大部分保存在冰岛语中），最后是瑞典语和丹麦语。哈肯似乎受到传奇文学理想的启发，1300年后，挪威宫廷成为骑士文化传播到斯堪的纳维亚半岛的重要中心。③ 此时，瑞典精英阶层也采纳了欧洲大陆的贵族理想。④ 这些译本唤起了传奇风格散文小说的出现——传奇小说——它将法国和德国诗歌叙事的骑士主题与传统挪威民间传说相结合。⑤ 在古挪威人对欧洲大陆传奇主义的解读中，"森林"同时被称为 skóg 和 mork——这两个术语也出现在中世纪的挪威法律中——同样，markland 与 skógland 同义。⑥ 因此，很容易将斯堪的纳维亚半岛有限的狩猎空间与当代文学中荒野的概念联系起来。

即使在狩猎空间不受直接管控的地方，精英阶层也利用了斯堪的纳维亚半岛出产肉和毛皮资源的重要性。像挪威多夫勒这样的专业狩猎中心，聚集了大量驯鹿等动物，它们可能被当地消耗，而毛皮骨头和鹿角（可能还有肉）会被送到哈马尔和特隆赫姆这样的市场中心卖掉。⑦ 很明显，皇室利益和教会利益都与这种资源的销售有关，这种资源可能是黑死病流行前北方最重要的出口产品。⑧ 北欧和东欧毛皮贸易的重要性日益增长，影响了斯堪的纳维

---

① Andrén 1997:487; Orrman 2003:270, 282, 285 - 287.
② Lönnroth, Ólason and Piltz 2003:498.
③ Leach 1975:155; Lönnroth, Ólason and Piltz 2003:513.
④ Svensson 2002:586; Bagge 2003:475.
⑤ Lönnroth, Ólason and Piltz 2003:513.
⑥ E. g. Ynglinea Saga 33 in AQalbjarnarson 1941 - 51:62, footnote 1.
⑦ Mikkelsen 1994:140.
⑧ Sawyer and Sawyer 1993:145.

亚中部和北部的许多地区,特别是诺夫哥罗德共和国管辖下的芬兰地区,那里的税收以毛皮为基础,因此狩猎是上述地区经济的重要组成部分。[①]

在宏观层面上,狩猎发生在中世纪斯堪的纳维亚研究称为"外野"(utmark)的边缘环境中(尽管这个术语直到很久以后才出现)。[②] 在微观层面上,定居点与其乡村腹地之间的概念区别主要体现在是否存在可见边界。现在从基督教角度来看,与农场相关的景观(可能相当广阔)使世界秩序井然,易于理解。[③] 文献证据表明,*innangarð*(围栏内)和 *útangarðs*(围栏外)的概念名称与物理特征相对应:农场与外部景观相映。[④] 当代文学作品也会出现农场和荒野的并置,周围的林地被描述为有用的经济资源,同时也是充满幻觉和魅力的所在。[⑤] 然而,在这种本质上是结构主义的模式中,对立并不明确。人类将不法分子融入社会的程度不同,因而人类的对立也变得模糊不清,[⑥]景观掩盖了林地或石楠丛生的荒野和耕地界面之间的复杂性。[⑦] 相反,把教区社会看作外边缘(森林)到文明中心(教堂)的连续体,似乎更为合理。[⑧] 此外,在斯堪的纳维亚半岛,定居点与边远地区之间的实际距离不尽相同。丹麦农民的活动半径通常在村庄外场范围内不超过几千米,而在挪威北部和芬兰北部的部分地区,行程超过 100 千米的情况并不少见。[⑨] 从挪威人的书面资料来看,遥远的北方仍然是一片荒野——12 世纪末的挪威历史记载说:"芬兰的森林是巨大的,未被人类占用"[⑩]。有

[①] Bjorn 2000:284.

[②] Svensson 1998a; Andersson, Ersgård and Svensson 1998.

[③] Lindgren-Hertz 1997:46.

[④] Gurevich 1992:102.

[⑤] 例如,见 *The Passion and Miracles of Blessed Ótfár*(Phelpstead and Kunin 2001:64 – 5)。

[⑥] Amory 1992:193,203.

[⑦] Wickham 1990:501.

[⑧] Andrén 1999:392.

[⑨] Orrman 2003:286.

[⑩] Zachrisson 1991:193.

时，"荒野"的位置与它的居住者有着密切的联系——自然和自然的"荒野"居民（除了与 út 和 skóg 相应分类的人类）都生活在相当黑暗、神秘和概念边缘的景观中；但并非每一片树林、每一块沼泽或每一座山，都适用默克维德或贾恩维斯尔（Myrkviðr 或 Járnviðr）的凶险词汇去描述。

与英国不同，宗教机构对斯堪的纳维亚半岛的荒野影响有限。1200 年之前，斯堪的纳维亚半岛建立了 17 座西多会修道院和 9 座修女院：丹麦和瑞典是西多和克莱尔沃女修道院，挪威是由英国西多会首创者建立的修道院。14 世纪，已上升为 21 座修道院和 11 座修女院，分布在政治和行政中心或附近，这与斯堪的纳维亚半岛南部王室权力的发展密切相关。[1] 大多数地区，修道院出现之前，景观已经得到了集中管理。但在莱格姆（丹麦）和尼达拉（瑞典）等人口稀少和土地贫瘠的地区——也在寻求隐居——这些修道院社区为改善农业做出了贡献。[2] 和英国的西多会一样，斯堪的纳维亚社区也寻求良好的农业用地、水、排水系统和一些隐居元素，甚至是"自然美"。[3] 与英国和欧洲大陆的房屋一样，斯堪的纳维亚的西多会修道院经常与林地联系在一起，所有挪威和瑞典修道院附近都有林地，丹麦的埃斯鲁姆、索勒和洛根就位于树林之中，奥姆则紧挨着一片林地。[4] 法律文件证实了林地的价值，这些法律文件记录了僧侣社区如何激烈地捍卫他们对这一资源的所有权。[5] 然而，斯堪的纳维亚半岛南部的西多会房屋数量有限，不足以促成土地转换和相关生态的发展。斯堪的纳维亚半岛的西多会修道院的实用性和多重的社会、经济和政治功能削弱了其如在英国一样沉浸在隐居环境中的理想。

---

[1] France 1992:11.
[2] Götlind 1990:20.
[3] McGuire 1982:3.
[4] France 1992:275.
[5] Ibid:277.

结论:概念空间中的狼

  人类社会与自然世界之间的紧张关系集中在中世纪北欧的荒野上。作为有用的经济资源,荒野可以被占用、管理和连接,但由于其地形复杂,有时甚至令人畏惧,它被概念化为一种危险且无法控制的环境。[①] 尽管荒野的物理现实更为复杂,但其被看作是遥远和边缘所在,这部分反映上述紧张关系的存在。对荒野的看法也可能受到荒野物理特性的影响。林地的植被结构使居住的捕食者——狼和人类——成为"隐形的存在";在这里,森林中的有形居民和超自然居民之间几乎没有什么区别。其他的荒野地带可能会触发类似的感觉:广阔的荒原可以通过相反的(无边无际的广阔)视觉线索产生类似的效果,山脉和高地很难穿越,沼泽和泥淖对人和牲畜都有潜在的危害,民俗传统中的精神威胁即是最好的证据。除了野生动物,还有来自"人类动物"的潜在危险——整个中世纪欧洲的土匪和不法分子都喜欢这些难以穿越的地形。[②] 中世纪的英国和斯堪的纳维亚半岛都有避难所,这表明野生景观存在潜在危险,这些庇护所的形状和大小可能与多夫勒(挪威中部)1200年左右的建筑相似,这些建筑可能是为翻山的人提供了庇护所,特别是对于朝圣路线上的人而言。[③] 挪威古拉庭法就庇护所的地位和维护做了规定。[④] 在英国,收容所,特别是与宗教机构有关的救济院,需为朝圣者和旅行者提供食物和服务。[⑤]

  如果说荒野在白天可能是一个危险的地方,那么到了晚上就更危险了。在有限的光照条件下,安全的家园或村庄与最黑暗的

[①] Ziolkowski 1997:5,18.
[②] Ohler 1989:119.
[③] Berg 1995:317; Smedstad 1996.
[④] No. 100, Larson 1935:105-6.
[⑤] Gilchrist 1995:48.

森林和荒原之间的视觉反差是惊人的。在中世纪的基督教中,夜晚被定义为与白天直接对立的概念,相对于宇宙的对立,即罪恶和诅咒的黑暗/救赎和天堂的光明。[①] 猫头鹰等夜行动物有时被视为对立的直观符号。[②] 宗教使人们有能力对付黑暗,而且有大量的证据表明,在中世纪,至少在定居点范围内,人类能够在夜间活动(包括合法的和非法的)。[③] 尽管如此,狼的嚎叫声可能时不时地强化了这样一种观念:内陆是危险生物的栖息地,它们在夜间出现,捕食那些不警觉的人。[④] 但是,对自然荒野"亲自"开发后,这些概念必然会得以平衡。正如前一章所述,证据表明,这并非一种完全令人恐惧的景观,而且远非无法控制。

狼是自然荒野和概念荒野的重要组成部分——它们定义了所占据的空间,又被它们所占据的空间定义。正如第一章所述,它们在中世纪景观中的分布可能与猎物的可获得性、庇护所和有限的人类活动相关。但到了12世纪,它们最喜欢的猎物——野生有蹄类动物——在西欧和中欧被推崇为贵族捕猎的理想猎物。下一章将探讨这种竞争的相关后果。

---

① Verdon 2002.

② Miyazaki 1999:27.

③ Youngs and Harris 2003.

④ 见 Altenberg 2003:208。

第四章

狼、猎物和牲畜:捕食与冲突

引言

狼是灵活的机会主义掠食者,能够捕食小至 1 千克重达 1000 千克的猎物,甚至能够以垃圾为食,但通常以大型有蹄类动物(蹄类哺乳动物)为食。[①] 狼的捕食行为是这本书的中心,因为它一直是,并且继续是与人类冲突的主要来源。观察欧亚大陆和北美洲狼的日常食物是研究狼群生态学的最常用视角,现代研究表明,野生和家养猎物的相对丰度、大小、脆弱性和可及性的差异导致了狼复杂的食物经济。研究强调区域差异,对一个生态环境到另一个生态环境的掠夺性活动进行概括是极其困难的。一种动物狩猎并以另一种动物为食就是掠食,中世纪早期的北欧认可掠食概念,异教徒贵族和精英军事团体的社会玄学作品也采用了掠食概念描写战争。[②] 古典作家注意到狼掠食行为的各个方面,但中世纪基督教文学和艺术中最引人注目的是狼和羔羊之间反复出现的联系,这种联系源自圣经,并最终在中世纪野兽文学中得到了模仿。[③] 它的持续存在是否能归因于生态现实以及宗教隐喻?

[①] Peterson and Ciucci 2003:104.
[②] Price 2002;见第八章。
[③] 见下文和第七章。

现代生态学研究表明,在发现野生和家养有蹄类动物的地方,狼倾向于以野生猎物为目标,这种倾向会发生季节性变化,因为季节性变量会影响野生有蹄动物的脆弱性和牲畜的可接近性。[1] 家养有蹄类动物并不是人类保护下唯一受到威胁的动物——狼遇到狗会猎杀狗,在某些地区,狗是狼的重要食物来源。[2] 中世纪的北欧依然存在类似的多食饵系统,虽然不可能按照现代生态学家所期望的详细程度对这些系统进行建模,但我们可以向着尽量合理的方向进行假设,首先要探索中世纪英国和斯堪的纳维亚半岛野生有蹄类动物、牲畜和狗对人类社会经济上和概念上的相对重要性;接下来将考虑中世纪北欧狼掠夺的可能趋势;最后比较中世纪北欧狼的可能饮食,及其在当代思想中作为标志性捕食者的角色。

猎物:野生有蹄类动物

在不列颠群岛,狼的最佳野生猎物应该是两种本地品种的鹿:红鹿和獐鹿,12 世纪之后才包括黇鹿。[3] 野猪也可以作为一种可捕食的猎物,但有更多证据表明它与红鹿、狍和进口的黇鹿一起分布在斯堪的纳维亚半岛南部,还有驯鹿和麋鹿。如第一章所述,捕食者和被捕食者的生物地理学是相互影响的,但不可能根据现存的证据对捕食者和被捕食者的分布进行量化。[4] 评估中世纪早期到盛期英国和斯堪的纳维亚半岛利用野生有蹄类动物的相对重要性更为有用。

---

① Peterson and Ciucci 2003.

② Fritts et al. 2003:305 - 6.

③ Sykes 2001:149 - 156.

④ Kirby 1974:126.

英国

8—11世纪的盎格鲁-撒克逊遗址只发现了极少量的野生动物遗骸。不同地区对野生有蹄类动物的利用情况各不相同：东安格利亚城市和农村地区的鹿骨数量有限，而波特切斯特城堡和圣奥尔本斯修道院的鹿骨数量较多，表明它们对绵羊和鹿的依赖程度相对较高。[1] 但总的来说，证据表明，猎物在盎格鲁-撒克逊社会中的经济和饮食作用微不足道，而且没有确凿的证据表明鹿只限于被任何特定的社会群体享用，尽管到了9世纪和10世纪，鹿的遗骸主要在地位较高的阶层中被发现。9世纪出现的大乡绅（thegnly）阶层尤其青睐獐鹿，因为它们可以在相对较小、树木茂盛的围场中捕获狍子。[2] 直到这一时期，英国艺术中才出现了有牡鹿和猎狗的狩猎场景，这或许反映了这种活动的日益普及，这种活动与贵族身份的发展有关，而非战胜了对早期教会团体的排斥意识。[3] 在苏格兰，皮克蒂艺术中出现猎鹿场景，这符合普遍减少对麋鹿进行集体开发的做法，可能与对野生资源进行精英控制的程度有所加强有关。[4] 在欧洲大陆的加洛林王朝时期遗址也发现了类似的野生有蹄类动物的开发模式，标志着西欧在第一个千年后半叶发展起来的一种利用狩猎来表达贵族身份的趋势。[5] 这一进程结束在12世纪，伴随英格兰、苏格兰和法国部分地区的森林系统的建立而完成。

诺曼征服与其说是引入欧洲大陆贵族狩猎文化，不如说是对欧洲大陆贵族狩猎文化的再创造，是对盎格鲁-诺曼人身份和统治

---

[1] Crabtree 1994：43.

[2] Sykes 2001.

[3] Hawkes 1997：327.

[4] Morris 2005：13.

[5] Loveluck 2005：240 – 42；Pluskowski forthcoming.

地位的创新表达。^① 这一制度限制在森林中捕猎鹿和野猪等大型野生有蹄类动物,因而形成了一个社会肉类消费的清晰模式;高海拔地区的红鹿数量继续急剧增加,在其他环境中几乎不存在或数量非常有限。^② 同时,制造业中鹿茸的使用量减少,可能因为新制度下鹿茸供应有限。^③ 12 世纪,诺曼人将黇鹿引入英格兰,说明黇鹿适合在封闭式的公园环境中生存;与主要局限于林地的本土獐鹿不同,适应性强的黇鹿是群居性动物,体型比红鹿小,较小的公园能够养活更多的黇鹿。^④ 在 14 世纪,黇鹿取代了红鹿和獐鹿,成为公园和森林里最受欢迎的鹿种。^⑤ 这与 1339 年将獐鹿从"森林野兽"名单中删除的做法相吻合,^⑥现在"森林野兽"只包括红鹿、黇鹿和野猪。^⑦ 事实上,野猪并不是一种可随处猎得的猎物,13 世纪,野猪主要被限制在皇家森林中。^⑧ 在森林的管理结构中,对鹿群的健康和标准的关注是很普遍的,因为存在一系列保护和支持鹿群的措施。^⑨ 森林的范围和分布与中世纪英格兰和苏格兰东南部鹿群的生物地理学密切相关。对违反森林法的惩罚可能会很严厉,英格兰的惩罚比苏格兰更严厉,尽管两个地区的机构都受到腐败指控。^⑩ 鹿肉成了一种不易购买的贵重商品,成为精英阶层繁杂的送礼体系的重头戏。当然,一有机会,鹿肉就会被农民和偷猎者吃掉。^⑪ 事实上,与贵族阶层相比,法律允许社会上大部分人在指定的狩猎场猎取鹿和其他动物,而且猎鹿场、公园和森林的所有者消

① Sykes 2001; Clutton-Brock 1976:391.
② Sykes 2001.
③ MacGregor 1985:32; MacGregor, Mainman and Rogers 1999:2004.
④ Yalden 1999:153 - 7; Sykes 2004.
⑤ Ibid:438; Thomas forthcoming.
⑥ Young 1979:4.
⑦ 这些并不是完全一致的术语(也不是文献中唯一的分类类型),似乎依赖于一系列变量。见 Cummins 1988;Rooney 1993:13 - 20;Rackham 1990:169。
⑧ Birnell 1996 b:439.
⑨ Ibid:455.
⑩ Gilbert 1979; Young 1979; Grant 1991.
⑪ Birrell 1988:157; 1996a.

耗的大部分鹿肉都来自职业猎人的随从。尽管如此,至少在 12 世纪,鹿被西欧的贵族尊为终极猎物。① 这种概念关系会对人类对狼的反应产生深远影响。

甚至在盎格鲁-撒克逊人转变信仰之前,雄赤鹿就已经是基督教符号学中的一种重要动物,因为它与基督有联系。它出现在盎格鲁-撒克逊晚期英格兰的肖像画中,甚至可能被丹麦律法当作针对斯堪的纳维亚人转变信仰的潜在工具。位于坎布里亚戴克的圣安德鲁教堂的 10 世纪十字轴描绘了以撒的牺牲,旁边还有一幅描绘了更清晰的雄赤鹿和猎犬;所有这些都在教父评论中代表了基督的救赎之死。② 坎布里亚戈斯福斯教堂的一块石板上描绘了一头雄赤鹿压碎了一条蛇,象征着胜利的基督粉碎了魔鬼。第二类象形石中狩猎场景中的鹿,很可能需要从宗教和世俗意义相结合的角度来解释。③ 基督圣鹿出现不寻常的化身,与圣尤斯塔斯有关。有一天,尤斯塔斯在森林里打猎时,时任异教徒将军的普拉西德斯遇到了一头鹿角间夹着十字架的牡鹿。一看到牡鹿,他就听到了基督的声音,于是皈依了基督教。尤斯塔斯在盎格鲁-撒克逊晚期的英格兰家喻户晓,阿尔弗雷克的《诸圣生平》中提到过他,也描述了尤斯塔斯的儿子与狼的相遇,最终在上帝的干预下被牧羊人救了出来,④但他的受欢迎程度有所不同。尽管一些盎格鲁-撒克逊晚期的宗教祈祷中提到了他,但他并没有出现在比德的圣徒日历上。⑤ 尽管 14 世纪圣休伯特的信徒接受了他猎人的身份,但作为一个已婚的军人圣徒,尤斯塔斯在 12 世纪和 13 世纪的英国和法国的骑士阶层中特别受欢迎。⑥ 见到圣雄鹿的人并不局限于圣

① Cummins 1988:32 – 46,68 – 92; Pluskowski forthcoming.
② Bailey 1981:91.
③ Alcock 1998:520 – 1; Henderson 1992:48 – 52.
④ Skeat 1966:201~202.
⑤ Lapidge 1991.
⑥ Bugslag 2003.

徒——其他人也可能遇到，苏格兰国王大卫一世就遇到过圣鹿，他在自己见到戴着十字架雄鹿的地点建造了霍利罗德修道院。[1]

在中世纪英格兰和苏格兰社会中，野生有蹄类动物的作用意义非凡，在这个大背景下，不应夸大鹿的基督论意义。从 12 世纪开始，这两个地区都以保护鹿为主导，鹿只供皇室和贵族获取和消费，英格兰发展起来的令人印象深刻的鹿肉黑市更加突出了鹿的文化地位。[2]

斯堪的纳维亚

在斯堪的纳维亚半岛，北部的麋鹿和驯鹿，以及南部的赤鹿、獐鹿和山猪从史前时代就开始被猎杀。[3] 史前艺术中描绘了所有物种，特别是鹿类。[4] 它们继续出现在第一个千禧年后半叶的代表性艺术作品中，特别是狩猎场景中的动物，博克斯塔符文石（乌善兰德）和赫维图片石（哥德兰岛）上就有对上述动物的描绘。头盔和盾牌装饰上都有野猪主题，特别是在文德尔时期（6 世纪中期到 8 世纪中叶），后来，野猪被用来比喻需要保护的动物。[5] 我们难以量化野生有蹄类动物的开发程度；与不列颠群岛的情况一样，野生有蹄类动物在斯堪的纳维亚半岛南部地区的动物群落中只占很小的比例，且通常涉及低水平、高地位的消费模式。[6] 大约 30 个墓穴中发现了猛禽，还有马等其他动物，这证实从文德尔时期开始，斯堪的纳维亚半岛就存在着精英狩猎文化，这似乎是"狩猎和战斗"集合体的代表。[7] 石碑上的骑手、猎鹰和狗的形象表明，这些狩猎活动仍在继续，但并不指向受限制的猎物种类。在半岛内部，野生

① Gilbert 1979：76.
② Birrell 1988.
③ Lie 1990.
④ Karlsson 1988：336.
⑤ 见第八章。
⑥ Broberg 1992：297；Söderberg 2002：570；Svensson 2002：590.
⑦ Sundkvist 2001.

有蹄类动物和驯鹿事实上扮演着更重要的角色,在众多捕获点可以"收货"野生有蹄类动物,捕获点是经济适应化中心,为当地、国家和国际市场提供货物,其中一些捕获点从铁器时代早期到 14 世纪一直处于运转状态。[①] 有证据表明,来自瑞典和丹麦的赤鹿鹿茸得以利用,而其他地区的工场垃圾主要是麋鹿和驯鹿的鹿茸,[②]这三种鹿茸都出现在比尔卡。[③] 詹姆斯兰狩猎坑数量的增加与比尔卡梳子制造业的兴起有关,[④]而 13 世纪末当西哥德兰省的梳子制造商从使用鹿茸换成牛骨时,这几乎可以肯定地反映出周围内陆地区麋鹿供应量的变化。[⑤] 同样,从 14 世纪开始,挪威多夫勒-龙达讷山地区的驯鹿数量减少,可能与几个世纪以来持续的大规模捕杀牲畜有关。[⑥]

至少从 13 世纪开始,就有证据表明在中世纪丹麦王国的皇家公园里饲养了赤鹿、獐鹿和引进的黇鹿。这些公园大部分位于岛屿之上,因此减少了来自捕食者的威胁,而且到目前为止,瑞典和挪威境内都没有这种公园。[⑦] 后来的东约特兰省法律(约 1300 年)规定,獐鹿是"国王的动物"[⑧],但没有证据表明贵族控制着斯堪的纳维亚半岛上的鹿。[⑨] 与不列颠群岛相比,斯堪的纳维亚半岛鹿群的管理是有限的,对野生鹿科动物的狩猎主要集中在内陆的特定捕获点。斯堪的纳维业半岛的非精英地区的动物群表明,驯鹿比麋鹿、獐鹿和赤鹿更重要,虽然驯鹿肉不是一种名贵物品,但其获取和分配关系着精英利益。[⑩] 这并不是说猎物价值很低;哈尔辛兰

① Barth 1983；Prescott 1999：220 – 221.
② Mikkelsen 1994.
③ Wigh 1998.
④ Damell and Molitor 1980.
⑤ Vretemark 1990.
⑥ Prescott 1999：220.
⑦ Andren 1997.
⑧ Holmbäck and Wessén 1979，II：222.
⑨ Larson 1935：103.
⑩ Mikkelsen 1994：133 – 138.

什一税法律规定了捕获的每只麋鹿和熊的前腿连肩肉的贡献值,在邻近的加斯特里克兰的维尔乡村教区,大部分的麋鹿遗骸(特别是肩膀和腰部)可代替货币购买这种贡献值。[①] 尽管如此,斯堪的纳维亚半岛上的荒野在 16 世纪中期之前还是相对不受管制的,16世纪中期之后,所有无人的荒野以及农场不需要的荒野都归为瑞典王室和挪威王室所有。[②] 奥劳斯·马格努斯当时写道,尽管任何人都可以收集鹿角,但根据古代法律,只有贵族才可以猎杀麋鹿和鹿。[③]

猎物:牲畜

狼,对牛栏和羊圈里的动物司空见惯。(奥尔德奥尔姆的《卡门·德·维吉尼塔特夫》)[④]

家畜和狼之间压倒一切的消极关系是中世纪和现代的一个主题,而且很可能是狼在中世纪和现代遭受迫害的主要原因。在现代社会,农民和其他群体对狼的仇恨,源于它对牲畜似乎无情的攻击。狼攻击、残害、致残和分散整个畜群,而不是单个动物,它对家畜的"过度杀戮"倾向加剧了人们对它的仇恨。这种情况在对野生有蹄类动物的捕食中很少发生,狼通常专注于孤立的野生动物,并只杀死单只动物。[⑤] 广泛的考古和文献资料证实,8 世纪到 14 世纪的英国和斯堪的纳维亚半岛南部的牲畜有重要的经济作用。[⑥] 然而,现代针对特定群体对狼的态度做了研究,研究表明除了担忧家畜的商业价值外,还有其他的担忧。1994 年,西博滕省斯瓦帕伊山

---

① Mogren and Svensson 1992:344 – 5.

② Ahvenainen 1996:228,234.

③ Ambrosiani 1981:164.

④ Capidge and Rosier 1985:124.

⑤ Mech and Peterson 2003:144.

⑥ Bourdiuon 1994;Crabtree 1994:43;Hagen 1999:58 – 131;Murphy 1994;O'Connor 1983:328;Ryder 1981;Foote and Wilson 1974:147 – 8.

附近的树林里定居了一个新的狼群,这群狼杀死了50头驯鹿。村民们对个别动物遭受的巨大痛苦感到尤其不安,狼会将怀孕的驯鹿和它们的胎儿分离开来。① 在现代语境中,这些情感因素不容忽视,也必须承认,在中世纪背景下,这种情感因素也可能会激发某些态度和反应。

英国

肉类消费被分为牛、猪和绵羊/山羊,这三种哺乳动物在英国中世纪的动物群中占主导地位。尽管对羊实行了一定程度的集中化管理,但大多数自治州保留了主要的牲畜类型。② 11世纪末已然建立了商业化的养羊业模式;《末日审判书》调查显示,英格兰的私有羊群有超过100万只羊,到14世纪初这个数字至少上升到1200万只。③ 对城市和农村动物群的比较研究表明,极幼小的动物会被屠宰供农场食用,而大多数羊则被饲养到至少能产出两年的羊毛,也许长达八年,才被赶到城镇出售和屠宰,变成肉制品、骨制品、羊皮纸,甚至用于献祭。④ 但不管羊死后的用途如何,饲养羊主要是为了获取羊毛,羊毛是中世纪英格兰纺织的主要原纤维,其质地、颜色和质量的区域差异反映了气候、牧草和饲养的差异。⑤ 从11世纪到13世纪,牛群和羊群的规模不断扩大,出口羊毛的数量在14世纪的头十年达到顶峰。连同兽皮和牛,畜牧业对饮食、地方贸易和长途贸易的经济贡献非常重要,影响广泛。⑥ 牧群的生物地理学——即它们在景观中的分布——既与当地环境有关,也与社会因素有关。并非所有土地都适合畜牧业,有些土地更适合牛,不适

① Linquist 2000:182-3.
② Dyer 2002:125.
③ Britnell 2004:213;Dyer 2002:98,165
④ Bond and O'Connor 1999:416;Reed 1972:129;Merrifield 1987:118.
⑤ Crowfoot et al. 1992:15.
⑥ Britnell 2004:200.

合羊。在英国那些远离商业中心的地区,对牛的投资远远高于对羊的投资,因为牛在以温饱型为主的经济体中更为有用。在这些地区,专门的牲畜放牧中心建立在不适合耕种的土地上。① 牧群会季节性地迁移,但养羊主要集中在英格兰北部和西部——这些地区直到 13 世纪都存在狼的领地。人们认识到狼的潜在威胁,并广泛开展牧羊活动:

　　清早,我赶着我的羊到牧场去,在炎热和寒冷的时节,狗负责看守它们,免得狼把它们吞掉。②

　　中世纪盛期,英格兰的法律也强调了有效牧羊的重要性,③中世纪基督教符号学中,绵羊占据中心地位,这也强调了养羊在经济上的重要性。羔羊是基督教最早的象征符合之一,1 世纪的地下墓穴绘画和石棺上描绘了绵羊与基督这个"善良的牧羊人"④,4 世纪中期以阿格纳斯·德和启示录羔羊的形象出现;从田园环境中分离出来的个体动物是基督及其受难的视觉隐喻,在一幅画中,甚至出现了面包增多的奇迹。⑤ 从 6 世纪开始,羔羊的侧面被刺穿,鲜血流进圣杯,让人想起基督的创伤,以此强调对基督的认同。献祭的主题继承自犹太教传统——事实上,早期基督教作家认为逾越节吃羔羊预示着基督的受难——羔羊被纳入早期基督教大教堂的装饰方案中,有时还有代表使徒的羊群,8 世纪末,召唤阿格纳斯·德已经成为罗马弥撒固定的一部分。⑥ 牧羊渗透到基督教思想,并被用作一种隐喻,联系尘世教会与天堂:基督教团体被设想为一群

① Dyer 2002:125.
② AElfric *Colloquy*, Swanton 1975:109.
③ E. g *Fleta* 11:79, Richardson and Sayles 1955:251 - 2.
④ Kinney 1992:202
⑤ Jensen 2000:141 - 3.
⑥ Atkinson 1977:5.

羊,教会/基督是他们的牧羊人,提供指导和保护。早期基督教思想和表达中的羔羊具有中心作用,确保了在 11 世纪后半叶西欧重建的石头教堂的装饰方案中使用和扩散了羔羊形象。

因此,从门楣到枕梁,在英国和苏格兰教堂的外观上都可以找到羔羊,教堂的壁画和祭坛装饰的主题都是羔羊,礼拜器皿等宗教仪式和展示的核心手工艺术品、祭坛和圣骨匣十字架、牧杖、圣水器等教堂内部物件上的羔羊则隐藏在边缘位置,甚至以涂鸦的形式出现,卡莱尔大教堂的情况即是如此。[①] 从 13 世纪开始,羔羊出现在新一轮流行的艺术媒体中,包括彩色玻璃、彩绘天花板和各种表达个人奉献的肖像图像,例如施洗约翰的雪花石膏头像,他曾把基督视为"羔羊"。[②] 羔羊(基督)的主要对手是龙(撒旦),但除了这种竞争关系之外,在世界末日的背景下,狼和羊之间也存在掠夺性质的联系,那时,捕食者回到原始纯真的和平世界。

《新约》介绍了狼和羊作为假先知的隐喻,引导基督徒误入歧途(马太福音 7:10),并说明了使徒的使命(马太福音 10:16)和善良的牧羊人对他的羊群的责任(约翰福音 10:12)。

事实上,《新约》中所有提到狼的地方都把狼和羊联系在一起。[③] 所有这些圣经中对狼的引用形成或强化了早期和晚期基督教作家在各种古英语文本中使用的隐喻:

> 上帝,转变了罪犯的心,从野蛮的狼口拯救了一只优秀的羔羊。[④]

其他使用这种意象的中世纪早期资料来源包括富尔科的《写

---

① Pritchard 1967:65 – 66.
② Cheetham 1984:320 – 1; Binski 2003:54.
③ Matthew 7.15,10.16; Luke 10.3; Acts 20.29.
④ Lapidge and Rosier 1985:110.

给阿尔弗雷德国王的信》①、散文《处女之歌》②、《卡门·德·维格米塔特》③、安吉伯特的《在丰特努瓦的战斗》④《赞颂雷吉德》⑤和《奥韦恩·阿布乌里恩的挽歌》⑥。狼和他们的猎物，特别是羊之间的关系，被反复出现的狼贪婪的主题所概括。它们之间的关系在整个中世纪都是一个流行的隐喻，并且经常被传教士在布道、评论或交流中用来指代异教徒和政治对手等教会的反对者。讽刺作家反过来用狼指代利用羊的掠夺性的神职人员，把它们比作坏牧人。⑦ 那些忽视自己羊群的人最终将被"伟大的牧羊人"审判：

> 让我们十分警惕尽职地看护上帝的羊，狼来临时不
> 要因为害怕而逃脱，免得我们在伟大的牧羊人面前接受
> 上帝审判时，因我们的懒惰和你的疏忽，受到折磨。⑧

在中世纪盛期的英格兰，托马斯·贝克特遇害后的记述就证明了这一点，他既是坎特伯雷的羔羊，又是保护自己的羊群免受狼之害的"值得尊敬的牧羊人"⑨。中世纪动物寓言集阐明了这种掠夺关系的含义，明确地把羊称为"基督徒中天真单纯的人"，并引申阐述，将狼称为魔鬼。⑩ 大多数引证都来自明确的圣经寓言，艾因沙姆的《伟大的生命》中的亚当、⑪威尔士的《赫纳瑞姆·卡尼布里亚》中的杰拉尔德、⑫以及奥尔德里克·维塔利斯的《盖斯塔·诺曼

---

① Keynes and Lapidge 1983：185.

② Lapidge and Herren 1979：94.

③ Ibid：124－5，140.

④ Waddell 1952：112－113.

⑤ Clancy 1998：85.

⑥ Ibid：90.

⑦ Mann 1987：23.

⑧ 教皇约翰十二世致邓斯坦大主教，*Gesta Pontificum Anglorum* 39，Preest 2002：41。

⑨ Binski 2004：8；Robertson 1875－1885：82.

⑩ Ashmole Bestiary；Barber 1999：78；见第七章。

⑪ IV；Douie and Farmer 1985：19.

⑫ 1.3；Thorpe 1978：103.

诺鲁姆·杜库姆》。[1] 在中世纪盛期的北欧,这一主题在知识分子的讨论中非常流行,克莱尔沃的伯纳德和托马斯·阿奎那的作品中充满了这样的类比:[2]

> 当任何不公平和贪婪的人压迫忠诚和谦卑的人时,狼就来了。但是,一个被认为是牧羊人,而实际不是牧羊人的人,会离开羊群逃走,因为他害怕被狼捕猎,不敢站出来反抗他面临的不公正。[3]

吸收了古典和圣经元素的世俗文学中也出现了大量的狼和羊,这也强调了二者之间的联系。狼被用来暗指背叛,12 世纪后期,纽堡的威廉在其《英国历史》中对亨利二世统治有所评论,[4]蒙茅斯的杰弗里在《不列颠历史》(Historia Regnum Britannia)中也有所涉及。[5] 12 世纪末,克瑞蒂安·德特鲁瓦在其著作《伊凡》中,把这种熟悉的掠食者与猎物的关系比作军事寓言:"你与我们对抗的机会不会比羔羊对抗狼的机会多。"[6]同一时期,玛丽亚·德·弗朗斯写道,狼是堕落或者坏统治的象征,而羔羊则是无辜的受害者。最后,13 世纪让·德梅廷影响深远的《罗马玫瑰报》(Le Roman de la Rose)强化了狼掠夺性和暴力的基调,18 次提到狼,24 次提到绵羊——通常是性支配下的掠食者和猎物。[7] 虽然动物旁注在《玫瑰》手稿中很少见,但有一例描绘了一只披着羊皮的狼。[8] 很明显,狼和绵羊/羔羊之间的关系在中世纪基督教社会是一个普遍并被

[1] I4/5, Houts 1992:19.
[2] Anderson and Kennan 1976:(11) 62, (III) 98–99, (IV) 116; Evans 1987:96.
[3] *Summa Theoiogica*, article 2: objection 1; http://eawc. evansville. edu/anthology/aquinas40. htm (checked August 2005).
[4] 2.1; McLetchie 1999.
[5] Radice and Thorpe 1966:61,147,166.
[6] *Erec and Enide* 4433, Raffel 1997.
[7] Salisbury 1994:130–132; McMunn 1996:89.
[8] Paris, BibL Nat MS. Fr. 25526, foL115r.

广泛认可的隐喻,但它的来源和扩散与中世纪英国的牲畜管理和经济没有多大关系。

斯堪的纳维亚

8 世纪到 14 世纪,斯堪的纳维亚半岛南部已在饲养绵羊、山羊、牛和猪。[①] 有证据表明,当地的畜牧业做法存在差异;9 世纪中叶,比尔卡的人们开始转向以牛肉为主的饮食,这可能与当地农业生产的变化有关,而农业生产的变化又与权力平衡的变化有关。[②] 斯堪的纳维亚其他城市地区,牛的比例也出现了类似的增长,这可能与人口增长,以及日益城市化的中心地区供应的相关变化有关。屠宰模式和功能的变化也很明显。11 世纪到 14 世纪,[③]特隆赫姆被屠宰的牛犊比例减少了,而在整个斯堪的纳维亚半岛,在这段时间里,马越来越多地像牛一样被当作役畜来养,这与英国的情况一致。[④] 当比尔卡和赫德比等原始城市中心正在产生对未经处理的肉的需求时,斯堪的纳维亚半岛南部的牲畜管理工作显然组织得很好。然而,据估计,14 世纪丹麦和瑞典农场上的牲畜数量比铁器时代晚期要少。在挪威西部和北部(那里的畜牧业比谷物种植更为重要)以及瑞典中部的内陆地区,绵羊的饲养尤其重要,山羊次之。[⑤] 随之,边远牧场的使用和内陆殖民地的增加,不可避免地缩短了人和牲畜与狼的距离。

考古证据表明,在诺尔兰中部,定居农业社区是在铁器时代建立起来的,农业和畜牧业始于公元 1000 年。[⑥] 在北诺尔兰,半游牧驯鹿畜牧业大约在第一个千年中期建立,随后为了发展萨米驯鹿

---

① Kellmer 1978.
② Wigh 2001:142.
③ Lie and Lie 1990.
④ Orrmann 2003:277; Dyer 2002:125.
⑤ Orrman 2003:278 - 9.
⑥ Aronsson 1991:102 - 3.

放牧,林地开辟了夏季牧场。此外,中部山区和树林中的露营地(如灶台)的考古遗迹证明,对毛皮(如松鼠毛皮)需求的不断增长,导致斯堪的纳维亚半岛内陆地区的活动增加。[①]《古拉特什法》讨论了牧民的义务,并指出,中世纪晚期的牧民对他所照料的牲畜负有全部责任,如果有牲畜成为狼或熊的猎物,则被视为法律上的疏忽;对马也有类似的关注,这与现在的挪威畜牧业有所不同。[②] 事实上,考古证据表明,从铁器时代早期起,整个斯堪的纳维亚半岛就开始使用棚屋和谷仓,以供牲畜过冬。[③] 奥劳斯·马格努斯描述道,中世纪社区应对当地牲畜被掠夺的做法是建造和维护陷阱。[④]与英国一样,畜群规模较小,更容易受到保护;最近,为应对现代商业的压力,斯堪的纳维亚北部的牧群规模不断增加,加剧了大型食肉动物掠夺牲畜的影响。

整个斯堪的纳维亚地区接受基督教后,半岛早期的宗教中心——主要是野生动物和马匹——发生变化,被基督论羔羊为主的新动物所取代。与英国一样,羔羊以及它与狼的联系,在斯堪的纳维亚宗教艺术和文学中大量出现。斯文·阿格森在《丹麦国王史》中,用以下词语描述了克努特国王的谋杀行为:

> 基督的无畏斗士,意识到自己的忠诚,毫不犹豫地去迎战它们。这只羔羊只被圣十字架旗帜所标示,既没有盾牌也没有头盔,只有两名警卫护送,站在那里准备迎接狂暴的狼。随后,罪犯们到达,狼群戴着羊皮帽,披着斗篷,将铠甲和头盔藏起。[⑤]

---

① Ibid:113 - 5.
② No. 42, Larson 1935:69.
③ Orrman 2003:278.
④ 见第五章。
⑤ Christiansen 1992:69.

与英国一样,斯堪的纳维亚基督教符号学中羔羊的建立和扩散与牲畜管理的发展趋势无关。中世纪的斯堪的纳维亚半岛的内陆地区,绵羊具有基础的经济作用,这可能增加了它们在当地宗教教学中的使用价值,但难以被证实。

犬类关系:狗与狼

如本章开头所述,狗曾经(和现在)被用来防御和攻击狼,狼也会蓄意攻击和杀死狗。在克罗地亚等一些欧洲地区,狗是狼群食物的重要组成部分。[1] 在挪威、瑞典和波兰,狼对狗的攻击,尤其是猎狗,会给个人带来巨大的痛苦,并迅速对狼进行报复。[2] 很难估量中世纪的狗受到狼威胁的程度,《罗素罗马报》等当代文学会偶尔提及狼有时会攻击狗。[3] 在中世纪北欧,从考古发现的狗骨头的大小和形状来看,有一系列的狗"类型"很明显,有些狗站起来和一般的狼一样高,甚至更高。[4] 不同的类型与不同的功能有关,包括狩猎、牧羊和守卫,以及地位的公认标识(或缺乏地位的标识)和私人宠物。[5] 在文学和艺术中,人们对狗的态度很矛盾,不仅借鉴了一系列古希腊古罗马文学作品和圣经先例的说法,[6]而且反映了它们不同的社会和经济功能。如今,人们普遍认为灰狼是家养狗的祖先,因为后期有对不同亚种的狼的多次驯养。[7] 在中世纪,人们承认这两种动物之间的关系,至少有些人是承认的,尽管它们在生物学上甚至玄学上意义都有所变化,但很明显,这两种动物占据着

---

[1] Fritts ef 2003:305－6.

[2] Wabakken et al 2001; Karlsson and Thoresson 2000; Stalsberg pers. comm., Jensson pers. comm, Jędrzejewski pers. comm.

[3] Dahlberg 1995:266.

[4] 有关详细的参考书目,请参阅 Pluskovski。

[5] Thomas 2005.

[6] Menache 1997.

[7] Vilà et al. 1997; Nowak, 2003:256－7; Wayne and Vilà, 2003:225.

不同的物理环境和概念环境。

  一方面,狗是狼的实际和概念上的敌人;狗被用来保护牧群免受攻击,也用来猎杀狼。第一个千年后半叶,北欧贵族使用猎犬,猎犬的价值在狩猎场景中的表现尤为明显,斯堪的纳维亚半岛南部的墓葬中存在猎犬即是证据,[1]猎犬有时成为"狩猎和战斗集会"的一部分,也许表达了军事精英的掠夺性人格。[2] 在英国,狗存在于盎格鲁-撒克逊早期不同形式的人类土葬和火葬中,这可能是一种宗教范式,斯堪的纳维亚半岛也存在这种宗教范式,但与其他动物墓葬相比,狗是比较罕见的。[3] 皈依基督教后,可能因为司法程序,对动物和人的拘禁很罕见;在斯托克桥下,11世纪中期的一个墓葬中,埋葬着一个被斩首的男性和一条被斩首的狗,很可能是对借助猎犬非法狩猎的惩罚,或是对兽性行为的定罪。[4] 在这里,狗在真实意义上被当作人类对待,在后来的中世纪英国和威尔士法典中,狗的价值反映了主人的地位,[5]但在实体意义和概念意义上,狗可以是家养的,也可以是野生的。在前一种情况下,古希腊古罗马[6]和中世纪[7]的资料记载了杂交的可能性,但有限考古证据结合预测的生态模型表明,[8]在中世纪的北欧,实际杂交是一个相对罕见的事件。[9]

  另一方面,狼和狗都是病媒和狂犬病携带者,虽然在中世纪的英国和斯堪的纳维亚半岛这不是一个大问题,但却在这两种动物之间有着一种"邪恶的联系"。[10]

---

[1] Gräslund 2004.
[2] Pluskowski forthcoming.
[3] Lucy 2000:90.
[4] Reynolds 1998:165.
[5] Owen 1841:137.
[6] *Pliny Natural History* 8:148 Rackham 1983.
[7] Gaston, *Livre de la Chasse*, Schlag 1998.
[8] E. g. Clutton-Brock and Burleigh 1995.
[9] Pluskowski in press.
[10] Russell and Russell 1978:164.

医学文献甚至将这两个词合在一起，在古英语和拉丁语中作 *Sextus Placitus' Medicina de quadrupedibus*。[1]

狗和狼身体构造上颇为一致，有时在概念上也趋同：古挪威语中的别名 *hundr* 偶尔也可以指狼或狗；[2] 在很大程度上，粗暴的 *hundar*（猎犬战士）和 *úlfheðnar*（狼大衣）有关，[3] 印欧传统中，狗头人和狼人也差不多。[4] 猎犬是天界的守护者（如"巴尔德斯·德劳马尔"），狼也可以扮演这个角色——哥得兰的阿尔斯科格石头上可以找到这一描述，[5] 而且两者都可以吞噬宇宙。[6] 从这个角度来看，斯堪的纳维亚和盎格鲁-撒克逊动物造型艺术中的犬科动物到底代表狗还是狼，或者两者兼而有之，这点值得争议；当然，动物艺术与安德烈的吟唱诗之间的联系，使用狼和狗具有同等效果。[7] 甚至有人认为，埋葬在斯堪的纳维亚异教徒公墓里的狗可能"代替"了狼的角色，大概是因为狼难以捕获。[8] 人们很容易将这种变动归因于盎格鲁-撒克逊-基督教和斯堪的纳维亚异教徒世界观的特性，第一个千年末期，没有明确区分自然和超自然，印欧邪教武士兄弟会意识形态中，狼和狗的角色经常出现相互替换的现象。[9] 自然世界中仍然保持着前基督教文化的潜在影响，这在 11 世纪以前的圣母传中表现得很明显。[10] 后来，虽然狗可以被用作邪恶的象征，但它更多地代表了一种可控的、驯服的（或忠诚的）狼的变体。动物寓言集曾说明狗和狼可能存在杂交，但赞扬了狗的忠诚和智慧，并强调了它们对人类同伴的依赖。他们还提到并描绘了狗保

---

① Cockayne 1864：361 – 363
② Breen 1999a：45.
③ Ibid：24；Breen 1999b；见第十章。
④ White 1991：15；见第十章。
⑤ Davidson 1993.
⑥ Lincoln 1991：100.
⑦ Andrén 2000：26.
⑧ Graslund 2004：172.
⑨ Jolly 1993：225；Kershaw 2000：133.
⑩ Jolly 1993：237.

护羊群免受狼攻击的场景。① 在中世纪盛期的基督教思想中,狼和狗显然是对立的。威尔士的杰拉尔德明确指出了这一点,他将狗描述为所有动物中"最依附于人"的动物,并将其与狼作了对比:

> 狗的舌头有治愈的能力,但狼的舌头会导致死亡。如果狗受伤了,它可以用舌头舔伤口,伤口会痊愈,但是狼的舌头只会感染伤口。②

到了 12 世纪,神职人员所描述的幽灵狩猎包括狗,没有狼,与可辨识的凡人(现在被诅咒了)联系在一起,并被诅咒,它们不是死亡的化身,也不是像奥丁这样的神,他们在北欧版本的民间传说中活存。③ 然而,狗的隐喻仍然是混杂的。在 13 世纪的隐士文本《我们的主的追寻》中,要求耶稣代替巴拉巴被钉死在十字架上的群众被描述为"异教徒的狗",像"疯狼"一样大喊大叫。④ 虽然广泛使用"主的猎犬"来特指天主教修士,将其视为保护忠诚的信徒群体免受异端狼群攻击的狗,在当代几乎没有依据,中世纪的欧洲,用狗来象征传教士,尤其是修士,是很流行的。对那些认为自己是在保护基督教绵羊不受恶魔狼伤害的人来说,狗也是一个恰当的比喻。⑤

尽管动物寓言集中的狗因其正面属性受到广泛称赞,但在评论社会等级的寓言中,自由、独立的掠食者代表贵族,而狗则被置于较低的社会阶层,因为它们实际上是仆人。⑥ 玛丽亚·德·弗朗

---

① Barber 1999:72;见第七章。
② Thorpe 1978:128,130
③ Schmitt 1994:100 – 101.
④ Savage and Watson 1991:253.
⑤ Mandonnet 1948.
⑥ 见第七章。

斯在 12 世纪中期创作的寓言中，只有一个故事褒扬了狗的忠诚——所有其他的寓言都将狗描述为贪婪、好讼、爱唠叨的形象。狼虽然残忍贪婪，却代表着堕落的贵族，仍然代表着高贵。[①] 在玛丽亚对经典寓言《狼和狗》的改写中，清楚地表达了狼和狗、自由和奴役之间的区别，在这部寓言中，狼首先对狗说："兄弟，你看起来很好！"但最后狼说它永远不会戴着链子，宁愿活得像一头"自由"的狼，由此，它提议它们应该各走各路——狼回森林，狗回镇上。[②]狗是奴性的，但它们也是忠诚的。"杀死一只忠实的狗"这一主题在各国的文学作品中广为人知，成为世界性的民间故事主题，[③]它可能从中世纪英格兰的《古罗马人记事》以某种形式流传到威尔士，可以在威尔士的《威尔士民间故事》和 14 世纪中叶威尔士版的《罗马·七贤》中找到这一主题。[④] 1784 年，这一主题成为伊利沃林王子（1173—1240 年）忠犬杰乐故事的基础，忠犬杰乐为保护主人的孩子不受狼的伤害，被割喉而死，后来主人发现孩子安然无恙，旁边躺着一具狼的尸体，主人深感懊悔，将杰乐埋葬在贝德格勒特。[⑤]

　　狗是唯一一种根据当代学术信仰知晓名字的动物，[⑥]被认为是对抗狼的伙伴和盟友，尽管在中世纪的资料中很难找到狼袭击狗的记录，但考古复原的一些保护性的铁项圈，[⑦]表明狼被认为对狗存在威胁，尤其是那些与猎人或牧羊人在狼的活动区域一起工作的狗。与猫不同，没有证据表明 16 世纪之前，北欧城镇中有大量的流浪狗。[⑧] 因此，只有在概念化的异教徒战场上，或是出现天堂

---

① Salisbury 1994：133 − 4.
② Spiegel, 1994：94 − 97.
③ Schmitt 1983：46.
④ Sandred 1971：65.
⑤ Jones 2002：36.
⑥ Bartlett 2000：669.
⑦ Ohman 1983；Gräslund 2004.
⑧ Pluskowski in press.

犬类的地方,家养和野生动物之间的界限才比较模糊。

中世纪英国和斯堪的纳维亚的掠夺

在中世纪的英国和斯堪的纳维亚,狼掠夺的主要来源是极其有限和有选择性的。可辨别的文学和肖像主题并没有记录实际的掠夺行为,尽管一些文学作品描述了当代人对狼的掠夺性性格的看法,但这种看法可能来自个人经历。现代对狼捕食的研究继续强化了这样一种观念:野生猎物的丰富度和可及性是猎物选择的决定性因素。[1] 在此基础上,在考虑对家畜的威胁程度之前,必须首先描绘中世纪英国和斯堪的纳维亚的野生有蹄类动物的生物地理学特征。中世纪的英格兰、苏格兰东南部、丹麦和瑞典的部分地区都有养鹿业。虽然不可能估算出特定时间的鹿的相对数量,但英格兰的公园密度最高,其中许多公园是用来容纳和"养殖"鹿的,估计在 1300 年约有 3200 只;[2]其次是丹麦,1230 年记录在案的至少有 50 个公园;[3]最后是 13 世纪的苏格兰,有 12 个公园,尽管 80多个森林群落的存在更准确地表明,这个地区存在有控制的狩猎文化。[4] 在斯堪的纳维亚半岛的大部分地区,野生有蹄类动物可以自由行走,但在整个中世纪,它们的数量并不是一成不变的。到 13世纪,瑞典中部麋鹿数量的减少,促使狼改变了它们的捕食策略。[5]最近的研究表明,在芬诺斯卡迪亚东部,狼的主要猎物是麋鹿,占狼群食物生物量的 70%—95%。[6] 然而,狼很容易适应斯堪的纳维亚有蹄类动物种群多样性的变化。对瑞典北部季节性掠夺的观察

---

① Meriggi and Lovari 1996;1568.

② Rackham 1980;191.

③ Andrén 1997;473.

④ Gilbert 1979;356 – 363.

⑤ Zimen 1981;311.

⑥ Kojola and Danilov 2001.

表明,狼群在冬天以麋鹿和野生驯鹿为食,而在夏季和秋季则转向在其范围内放牧的驯鹿。[1]

许多现代捕食研究中观察到,狼偏好捕食鹿科动物,我们就没有必要援引坎布里亚郡拉维洞穴中收集到的一组獐鹿骨头来加以证实了。无论是封闭的鹿园,还是有受法律保护的鹿的森林,对过路狼群而言,都是诱人的食物贮藏室——事实上,将其视为英国皇室持续推动猎杀狼的动力,这是有道理的。[2] 资料里偶尔提到狼会掠夺在森林里的鹿:在 12 世纪 50 年代,伯纳德之子杰弗里在迪恩森林从被狼杀死的鹿身上拿走两个肩胛。[3] 三十多年后的 1281 年,斯塔福德郡坎诺克森林的记录指出,一头被狼杀死的雄鹿的肉被送给了弗雷福德的麻风病人。[4] 同年,迪恩森林的诉讼记录显示,狼正在伤害霍普曼塞尔和其他地区的鹿,随后理查德·塔尔博特获得许可,可以猎杀迪恩地区的狼。[5] 第二年 4 月,法院对拿走被狼杀死的鹿的人罚款 2 英镑。[6] 1290 年的一份文件指控狼在法利的一个公园里杀死了鹿。[7] 威尔士法律也对那些拿走被狼撕碎的鹿尸的人处以罚款。[8] 另一方面,1145 年,布列塔尼的艾伦授予约克郡文斯利代尔僧侣(随后是杰维斯的僧侣)各种土地,包括牧场、建筑材料、在文斯利代尔森林中挖掘铁和铅的许可,以及允许带走任何被狼杀死的鹿。[9] 挪威 12 世纪中期的古拉廷法和 13 世纪的弗洛斯特辛法也允许食用被狼、熊和狗杀死的动物。[10] 那些观察到狼行为的人,即使是间接的,也认识到了野生有蹄类动物所面

[1] Bjarvall and Isakson 1982.
[2] Gilbert 1979:220.
[3] Birrell 1996a:78.
[4] Cox 1905:34.
[5] Chancery Papers, Patent Rolls (C66) 1272 – 81,429.
[6] Hart 1971:37,58.
[7] Harting 1994:30.
[8] Owen 1841:521, 760.
[9] Early Yorkshire Charters IV, no. 24.
[10] No. 31, Larson 1935:58;no. 2.42, ibid:242.

临的威胁。加斯顿·费布斯在 14 世纪极有影响力的《狩猎之书》
(*Livre de la Chasse*)中观察到,狼能够捕猎鹿和猎犬。[①] 而当代的利
弗·杜罗伊·莫杜斯则用被狼追逐的鹿,比喻诱惑的威胁,[②]并认
为鹿角的功能是防御狼,与奥劳斯·马格纳斯对驯鹿鹿角的描述
相呼应。[③] 在中世纪的艺术和文学中,狼和鹿很少同时出现在掠夺
性的插图中,但这是因为宗教性质的掠夺性主题源自圣经或早期
基督教传统——更喜欢把羊描绘成狼的猎物,而世俗的主题则侧
重于人类猎人和动物猎物之间的关系。欧洲各地以不同形式出现
的“动物搏斗”装饰主题中的单个物种并不总是容易识别的,但与
圣经中的狮子和龙等食肉动物相比,狼的形态并不多见。

关于中世纪英国和斯堪的纳维亚,狼袭击牲畜的可能性,以上
概述能告诉我们什么? 当狼的数量主要依赖于单一的野生猎物物
种,并且猎物种群出现季节性地枯竭时,狼对家畜的攻击可能会增
加。因此,减少对家畜掠夺的建议包括,提供品种和数量丰富的野
生有蹄类动物。[④] 中世纪英国和斯堪的纳维亚半岛的野生有蹄类
动物群落是多样的,特别是在英格兰,在各种指定的狩猎空间里,
有足够多的野生有蹄类动物。在斯堪的纳维亚半岛北部,半驯养
的驯鹿被有效地当作牲畜对待,而奥劳斯·马格努斯指出了来自
狼的威胁。[⑤]

中世纪英格兰认识到了狼对家畜的潜在威胁和牧羊的重要
性。[⑥] 此外,确实提到过存在事实上的袭击。1209 年,汉普郡马登
的温彻斯特庄园主教的两匹小马被夺走;[⑦]1255—1256 年,山顶法

① 第七章, Baillie-Grohman and Baillie-Grohman 1909:33。
② Cummins 1988:68 - 9。
③ *Historia gentibus septentrionalibus*(*HGS*)17:26, Fisher, Higgens and Foote 1998:868.
④ Meriggi and Lovari 1996:1569.
⑤ HGS 17:27, Fisher, Higgens and Foote 1998:869.
⑥ See note 53; Bartlett 2000:671.
⑦ Ibid:194.

警的记录中提到了埃代尔被狼扼死的两只羊和一匹小马；[1]1295—1296 年，兰开夏郡北部有 7 头小牛被狼杀死；1304—1305 年有 8 头牛被带走，但源于疾病和袭击的死亡数远超出这些伤亡数。[2] 1223 年，一个敌对组织烧死了马格拉姆修道院的一千只羊，这是由于当地政治不稳定引发的一系列事件之一。[3] 14 世纪的法国也有类似的情况，狼的掠夺导致的绵羊死亡数——数量很少——远小于疾病引起的死亡数。[4]

狼袭击牲畜的发生地更有可能是在野外或荒野的边缘。在斯堪的纳维亚半岛的山区（混交林和针叶林地区）[5]、威尔士、苏格兰和英格兰西北部，季节性迁移放牧活动留下了相关的草棚和植被变化痕迹，把牲畜带入更容易被狼捕获的环境——临时性居住、通讯受限以及适合野生动物的庇护所。季节性迁移放牧的主要目的是在夏季使牲畜远离农场和农场边地，以便最大限度地收集冬季饲料。[6] 许多类似的例子表明，季节性迁移放牧会导致狼增加掠夺的可能性；在挪威，与待在林木线以上牧场的最终目的地相比，绵羊在沿着它们的季节性迁移放牧路线穿过林地时，更容易被狼和熊捕食。[7] 法罗群岛的 *vargur í Seyðinum* 一词指的是羊群中不安分、不受约束的行为，被用来描述遇到狼群的典型反应。法罗群岛没有狼，因此这个表达似乎来自挪威。[8] 萨克索语法学家在 13 世纪第一个十年完成的《古罗马记事》中记载了另一个可能的口头表达方式，这次说的是"吵闹的猪"，它们"在受到狼威胁时通常会团结一致"。丹麦语和冰岛语也有相似的表达方式。[9] 艾尔伯塔斯·

① Cox 1905:33.

② Higham 2004:115; Yalden 1999:168.

③ Williams 1984:16,247.

④ Halard and Molenes 2003:20

⑤ Svensson 1997:542; Magnus 1986; Reinton 1961; Sølvberg 1976.

⑥ Reinton 1955.

⑦ Wabakken and Martmaan 1994.

⑧ Poulsen 1995:265.

⑨ Book V; Davidson and Fisher 1999:122.

马格努斯还指出,"野猪看到狼,就会聚集在一起,形成一个共同防御的统一战线"[1]。最后,14世纪晚期的传说《箭怪》提到,神在狼面前像受惊的山羊一样奔跑。[2] 在冬季,由于家养和野生有蹄类动物种群分布的变化,以及人类活动的减少,狼可能会靠近定居点。奥劳斯·马格努斯指出,在这段时间里,狼可能会被逼得异常疯狂,它们进入人类居住的区域,攻击牲畜,当场吃掉它们,或者把它们的残骸拖回树林里。[3]

当然,在确实发生狼群袭击牲畜的地方,狼的行为可能强化了人们对它贪婪的印象。在现代斯堪的纳维亚半岛,因掠夺率更高,狼獾和猞猁被认为是对家畜的更大威胁。然而,狼却能引发牲畜饲养人更大的仇恨。究其原因,可能在于特定范式下复杂的生态—历史关系,但狼掠夺了又浪费,它们捕杀的动物多于它们的食量,这是引起仇恨的主要因素——这一点与狼獾和猞猁掠夺个体受害者的习惯相反。[4] 艾尔伯塔斯·马格努斯在13世纪注意到了这一趋势:

> 狼对羊有一种天生的敌意,不仅想捕食离群的受害者,而是一种无所不包的野蛮行为,促使它杀死所有能触及的羊。[5]

因此,在中世纪西欧文学中,狼的贪得无厌被确定为它的决定性特征。

---

① *De Animalibus* 22;68, Scanlan 1987;156.
② Edwards and Pälsson 1970;101.
③ *HGS* 18;13, Fisher, Higgens and Foote 1998;894.
④ Lindquist 2000;179.
⑤ *De Animalibus* 22;9, Scanlan 1987;74

结论：狼是捕食者

综合上述零碎的证据，虽然在基督教思想中，狼被设定为与羊对立的肉食性动物，但在自然景观中，几乎可以肯定，狼首先是以野生有蹄类动物为目标，其次才是牲畜。毫无疑问，有一些我们还未解释的季节性的变化因素，但英国野生有蹄类动物数量庞大，品种多样，牧羊方式有效，而且皇室对狼展开针对性迫害，尤其是在英格兰，很大程度上抵消了中世纪基督教符号学和图像学中表达的负面描述。在斯堪的纳维亚半岛部分地区，由于过度开发，14 世纪野生有蹄类动物数量减少，特别是驯鹿和麋鹿，增加了牲畜遭到掠夺的可能性，但这一点无法得到证实。在 14 世纪中叶，内陆地区人类活动的减少和家畜的出现，促使野生有蹄类动物和狼的数量发生变化。无论如何，尽管狼在异教徒斯堪的纳维亚范式中是令人印象深刻的掠食者，但实际上它并不存在于以狮子、龙和鲸鱼为代表的基督教吞食一列。人类对现实中狼的反应（和缺乏反应）为这一假设提供了进一步的证据，下一章将对此进行阐述。

第五章

狼与人类:猎杀捕猎者

当人们寻找这些年轻人时,他们发现了散落在地上的残骸、痕迹和血迹。人们认为孩子们被狼吃掉了。[1]

引言

早在人们知道《小红帽》之前,就明确知道狼对人类有潜在威胁,这可能是现代人恐惧狼的原因。据报道,在围绕近期挪威猎狼事件的对话中,有几位农民表示,他们不仅担心自己的牲畜,而且担心自己的孩子。[2] 这种恐惧来源于童话中的狼带来的巨大而持久的影响,也有一定的生态现实基础。[3] 最近对欧亚大陆18至20世纪狼袭击人类的记录进行了调查,得出以下结论:不论患有狂犬病的狼,还是健康的狼,都曾袭击并杀害过人类。[4] 调查确定了可能导致狼袭击人类的特定事件的关键环境因素:野生猎物的稀缺或缺乏、林地清理和密集放牧。这样做的总体效果(以及其他因素,如习惯、挑衅和狗的存在)使人类在事实上更接近狼,从而增加了被攻击的机会,反之亦然。近年来,人类与狼的接触越来越多,一些胆大的、离群的狼接近人类的居住地和人类活动区,在某些情

① Saxo Granunaticusz Gesta Dtinorum VIL Davidson and Fisher 1999;202.

② Treneman 2001.

③ Pluskowski 2005.

④ Linneil et al. 2002.

况下,这些动物会变得具有攻击性和伤害性。在发生攻击的情况下,在攻击发生之前的几周或几个月内,人们会发现攻击性的狼变得更加大胆,通常在问题进一步发展前,这些离群狼就被人类杀死了。[1] 因此,如果我们认为狼在某些生态环境中可能捕食人类,这是否有助于揭示中世纪英国和斯堪的纳维亚半岛人类遭遇狼的经历?

察觉到的威胁

在中世纪的英国和斯堪的纳维亚,普遍缺乏狼袭击人类的证据。现存的少数证据太含糊不清,没有任何用处,比如1156年,柯南伯爵在访问里士满时,对该地区众多的狼"伤害人和动物"感到愤怒。[2] 在英国和斯堪的纳维亚,狼攻击人类(或与人类搏斗)的现象同样罕见,而且模棱两可。在伊拉姆(斯塔福德郡)的圣十字山上,一个12世纪的圣洗池似乎描绘了圣伯特伦的生活场景:他的妻子和孩子被狼吃掉,在两个仓库里,一只凶猛的四足动物用嘴咬住了一个人的头。[3] 一些14世纪的短剑(misericords)上也可以发现狼群;波士顿(林肯郡)的圣博托尔夫,一个狼群正在撕扯一个人,而在温彻斯特大教堂,有两个人们与潜在的狼群搏斗的场景。[4] 很少有证据表明,人们使用保护装置来对付狼,可能因为难以保存,或者出处未行记录。艾尔伯塔斯·马格努斯描述了如何在农场入口处掩埋狼的尾巴,只要尾巴还在,就能防止狼(和苍蝇)的侵入;尽管根据他的观察"很少有狼吃人",这可能是为了保护牲畜。[5] 在后来的苏格兰和斯堪的那维亚资料中,有一些若有若无的例子,

---

① Boyd 2001.

② Clay 1942:25.

③ Baxter 2005.

④ Grössinger 1996:167; Wood 1999:35,150.

⑤ De Animalibus 22:114,117, Scanlan 1987:157,159.

提到了抵御狼的护身符和装置,一份可能是 16 世纪早期的盖尔语手稿就包含了一个"线咒",放在门或门槛下面,用来抵御狼。① 中世纪晚期和现代早期的记录表明,瑞典使用护身符来对付狼、熊和强盗,而直到 19 世纪,牲畜的铃铛则被认为可以抵御实际的和形而上学的掠食者。② 后中世纪苏格兰的宗教仪式和诗歌祈求上帝或圣人保护自己免受狼的伤害。③ 然而,这些不能直接投射到过去。例如,在 16 世纪和 17 世纪的苏格兰,18 和 19 世纪的瑞典,狼的种群变化,及其对变化的牲畜和野生有蹄类动物种群的不同影响,可能增加了当时流传的故事的数量和范围,尤其是人狼相遇主题的故事。④ 对于中世纪欧洲超自然保护的来源,现存证据大多是指圣徒的祈祷。在欧洲西北部,从 10 世纪开始,圣休伯特就被用来对付患有狂犬病的动物,⑤ 而其他一些圣徒,像圣沃尔夫冈和圣彼得可以被召唤来抵御狼的攻击。⑥ 中世纪英国和斯堪的纳维亚的庇护所的保护作用也提及了,但是当代没有证据表明这些庇护所是专门为保护旅行者免受狼的伤害而建造的。

另一方面,文献资料表明,狼是一种危险的动物。在宗教著作中,狼攻击人,代表神对罪人的惩罚,并不代表地狱的出现。在他的大祷文里,艾弗里克提到了在勃艮第的维也纳发生的一件事,在那里"野熊和狼来了,吃了很多人"⑦。在描述威尔士人的热情好客时,沃尔特·迈普提到了这样一件事:对客人的款待不周酿成悲剧而告终。⑧ 一个主人的妻子把一个客人搡进了暴风雪中,她的丈夫因她对客人的失礼感到愤怒,杀了她,并寻着客人的踪迹去追,然

---

① National Library of Scotland^ Adv. MS. 72.1.2 fol. 102b. 16.
② Karlsson 1988,1:252,310.
③ E. g. Pálsson and Edwards 1976:50 – 51.
④ Petersen 1995:360.
⑤ Dupont 1991:25 – 6.
⑥ Grimm 1882:12411
⑦ Homily 1.8, Swanton 1975:83.
⑧ De Nugis Curialtum 2:21, James 1914:185.

后他遇到了一头被杀的狼和许多断了的长矛,最后看到这个客人
受到了一头狼的威胁。主人乞求客人临终的原谅,主人用长矛杀
死了剩下的狼,并把客人的尸体带回埋葬。这一事件的最终结果
是一场旷日持久的争斗,但这种说法进一步印证了以下共识:狼是
北欧荒野地区的一种自然灾害。

狼群战斗消耗是古英语和古挪威文学中流行的一种文学论
调,14 世纪著名的猎人加斯顿·菲布斯将其作为狼攻击人类的一
个原因,以及老狼无法将平常猎物叼走会带来危险的原因。[1] 有些
人显然认为被狼咬是有毒的:8 世纪艾格伯特大主教的忏悔词是禁
止食用从狼撕碎的尸体上切下的肉,因为它有毒。[2] 这个例子是中
世纪早期田园文学中大约 220 个独立段落中的一个,涉及禁止取
用血液、腐肉和因意外、被其他动物杀死或啃咬死亡的动物,最终
都与圣经权威有关。[3] 但很明显,人们并不总是遵守这些规定,因
为拿走被狼杀死的鹿就会被罚款。[4] 狼咬有毒的想法是否反映了
人们对狂犬病的恐惧?对于古典主义、基督教和伊斯兰教作家来
说,狗和狼身上存在这种疾病的风险,是众所周知的。在英国最早
提到这种疾病是在 1026 年,[5]尽管 10 世纪的《伯德医书》提到了一
种治愈疯狗咬伤的方法。[6] 1166 年卡马森的袭击事件也有提及。
一头患狂犬病的狼一定是一个可怕的场景——具有狂犬病的狼可
能是最难以击退的野生动物,而且更有可能造成严重的伤害。[7] 动
物寓言中关于狼的条目表明它是贪婪的、嗜血的,可以剥夺人的语
言能力,但并未提及它的攻击性。[8] 狼对牲畜(尤其是羊)的潜在身

① *Le Livre de la Chasse* (*LC*), 10, Schlag 1998:27-28.
② Harting 1994:10.
③ E. g. Deuteronomy 14.21, Exodus 22.31; Filotas 2005:341-2.
④ 见第四章。
⑤ Steele and Fernandez 1991:3.
⑥ Swanton 1975:181.
⑦ Russell and Russell 1978:164.
⑧ 见第七章。

体威胁是许多寓言中的精神危险的基础,进而可能助长了狼会威胁人类的观念。

鉴于无法获得可量化的数据,可以认为,在英国和斯堪的纳维亚,狼袭击人的概率从中世纪早期到中世纪盛期有所上升,因为人们与狼的环境接触更加频繁和密切。土地的开发,使牲畜和牧羊人更接近狼,人口和定居点的增长使狼更接近人口稠密地区,[1]以及法律要求更多地参与(潜在危险的)猎狼活动。

猎狼

到了 16 世纪,狼在英格兰被猎杀至灭绝,但它们在苏格兰生存到 17 世纪,在斯堪的纳维亚半岛生存到 19 世纪,现在那里狼的数量已经恢复,特别是在瑞典,从几乎灭绝的边缘恢复过来。我们对法律文本、募捐奖金记录和狩猎条约进行了部分重建,并辅以最近的民族志中的类比,从中了解到了中世纪猎狼技术。[2] 偶尔也有关于猎狼的描述,主要是中世纪晚期英语和法语狩猎手册中的文字说明。在 16 世纪以前,会铸造专门的近战狩猎武器,用来杀死野猪和熊。在英国和斯堪的纳维亚半岛的许多挖掘中都发现了猎箭,可以通过宽刃进行辨认,但是没有证据表明猎箭会因猎物的种类不同而有所变化。有时会在陷坑中发现动物遗骸,这些陷坑被解释为陷阱,单独或成片存在,有些根据地名等补充资料被确定为狼陷阱。同样的狩猎技术也可以用来捕捉各种各样的动物——更确切的资料更能说明问题,即中世纪的狩猎手册等类似的东西。[3]在狩猎中普及火器之前,狼是极具挑战性的猎物,更流行的方法比借助辅助力量(骑马带着猎犬)更便宜,消耗能源更少,包括陷

---

① Wilson(1977:184),引用自 Albertus Magnus and *Piers Plowman*。
② E. g., Henriksson 1978; Mikkelsen 1993
③ Hooke(1998:180)用 15 世纪晚期的《圣奥尔本斯著作集》(BSA)与盎格鲁-撒克逊人的做法进行比较。

坑陷阱、毒饵和圈套。中世纪晚期资料中列出的这些方法为早期几个世纪的猎狼技术提供了一个清单,但不幸的是,在英国和斯堪的纳维亚,几乎没有描述猎狼技术的证据。加斯顿·菲布斯的《狩猎之书》描述了中世纪猎狼的最全面的方法。这本 14 世纪的资料很有用,因为它包含了贵族和农民的狩猎方法,代表了最详细的描述,最接近本研究所涵盖的地区和时期。我们将对此进行概述,并将对其在英国和斯堪的纳维亚半岛的应用做一个简短评论。

武力狩猎。这是典型的狩猎方式,带着成群的猎犬骑马猎取单个动物。[1] 这种方法是中世纪法国部分地区贵族猎人追逐狼的首选方法,但《狩猎大师》未描述这种方式的猎狼实用性,所以在英国可能并不常见。[2] 现存的中世纪早期英国对这种狩猎方式的唯一描述,包括一头狼和两只疑似幼崽,[3]出现在圣安德鲁斯石棺上,日期可能是 8 世纪末或 9 世纪初。[4] 描绘狼很不寻常,很可能是对东方猎狮延伸一个“本土”版本。[5] 除了典型的皮克特族骑马猎人外,最接近狼的人还手持长矛和盾牌,这表明多数狩猎可能是配备了马和猎犬的集体狩猎。由于缺乏合适的地形,斯堪的纳维亚半岛的武力狩猎可能是后来发展起来的,[6]尽管维京时代的石碑上就出现了带有猎犬和猛禽的骑手,例如上文提到的博克斯塔符文石上,其中包括一种猎物动物,灵厄里克(挪威)的阿尔斯塔德石,它展示了猛禽、马和狗,还有一些哥得兰岛的画像石。瑞典的斯帕洛萨石刻描绘了一个场景,包括两只狗和一只更大的四足动物,还有一个骑马持剑的人。虽然四足动物——基本上是被捕食的动

---

① LC, 55, Schlag 1998:59–60; 亦见 BSA。

② Cummins 1988:137.

③ Henderson 1998a: 26.

④ Henderson 1998b:156; Edwards 1998:238.

⑤ Henderson 1998b:113,144.

⑥ Brusewitz 1969:108,121.

物——不能肯定就是狼,但通过类比 19 世纪俄罗斯猎狼,结合动物考古中关于狗类型的数据,[①]中世纪早期斯堪的纳维亚半岛狩猎捕获中已出现一系列品种的狗。[②]

毒饵。这种方法被认为是控制或消灭狼的最有效和最高效的方法,[③]尽管在北美成功使用,[④]但在斯堪的纳维亚北部,由于狼学会忽视尸体,这种方法很少被使用。在波兰,也是因为这种方法的无效,仅在 19 世纪末和 20 世纪末短暂使用过。[⑤]

陷阱。这包括将腐肉扔进一个坑里,并对其进行隐匿,但要留有足够大的空隙让狼的头通过;然后被困的狼可以被杀死或被束缚。[⑥] 13 世纪挪威的弗洛斯特辛法提到了陷阱的广泛使用:

> 想给公共野生动物设陷阱的,可以设置陷阱,不能破坏他人获取猎物的机会……如果一个猎物陷阱坑闲置了超过二十个冬天,其他人只要保持它的形状,就可以修理和使用它。长矛篱笆的使用寿命不得超过十个冬天。[⑦]

随后在马格努斯·哈肯森国王的土地法中发现了对狼坑陷阱的具体资料。[⑧] 在斯堪的纳维亚,对狼坑陷阱的发掘表明,一些陷阱中有尖刺,从大埃尔夫达尔的一个坑中挖出的刺杆,根据放射性碳可以追溯到 1400 年到 1640 年。[⑨] 在挪威发掘出中世纪晚期/后中世纪的疑似狼陷阱中存在各种设计。其中一个狼陷阱涉及使用

---

① Okarma 1996:72.

② Norr 1998:211.

③ Mech 1970:330—331; Fritts et al. 2003; Boitani 2003.

④ Jdrzejewska etal. 1996:27; Mech 1970:331.

⑤ Okarma 1996.

⑥ *LC*, 66, Schlag 1998:66.

⑦ Frostathing, no. 15.9, Larson 1935:396.

⑧ Walhovd 1984:278.

⑨ Barth and Barth 1986; Walhovd 1984.

活诱饵,把一只小羊固定在杆子的平台上,杆子位于陷阱中央,陷阱上有盖子,与地面平齐,引诱狼进去。① 这个设计的陷阱可能并不能彻底杀死狼;奥劳斯·马格努斯指出,陷阱中的狼可能会被饿死。② 从斯堪的纳维亚半岛的中部山区和林地到芬兰北部,已经发现了大量的陷阱网络,然而,尚不能推测这些陷阱是用于捕狼。在挪威南部的龙达讷山,人们在石砌坑的底部发现了一些造于13世纪中晚期的尖木杆,显然是为捕获麋鹿(在低海拔地区)和驯鹿(在高海拔地区)而设的陷阱,尽管尖刺和石墙与捕狼也有关联。③ 斯堪的纳维亚的坑捕行为可以追溯到史前时期,但是陷阱的技术和强度发生了明显改变,到了中世纪盛期,这些陷阱成为复杂的狩猎景观。④ 在挪威的多夫勒,第二个千年的头几个世纪里,由于当地人口规模的变化,陷阱的数量增加了。⑤ 需要相当大的努力建造和维持更适合有蹄类动物而非单匹狼的狩猎坑网络。⑥ 在中世纪的英国,无论是对带弓的猎人还是对使用陷阱的猎人,驱赶似乎是最常见的狩猎方法,可能还包括猎狼,那里18%与狼有关的地名都是指陷坑。⑦

跷跷板圈套。它被安置在一条小路中间,这样狼就无法避开它。圈套放置在被一根被绳子拴住的旋转杆的细端上。释放的旋转杆因绳子缠绕被猛拉上去。⑧ 亨利一世的一部法律(1118年)可以证实类似装置的存在:

因弓、弩的突然发射,为捕捉狼或其他动物而竖立

① Ibid:274.
② HGS 18:13, Fisher, Higgens and Foote 1998:894.
③ Barth 1983:112.
④ Svensson 1997:544-5,549.
⑤ Mikkelsen 1994:110.
⑥ Hillerström 1750; De la Myle 1863; Westbaum 1829.
⑦ Yalden 1999:152;见第一章。
⑧ LC, 63, Schlag 1998:65.

的捕捉器所损或所伤的,设置此类陷阱的人应赔偿
损失。[1]

同样,里瓦乌尔克斯修道院获得许可,可以设置陷阱捕猎狼,
并可以保留鹿以外的所有捕猎所得,这说明是一种无饵圈套,因为
鹿会避开用于捕狼的肉类(或活饵)诱饵。[2]

肉里藏针。针和马毛绑在一起,藏在小块的肉里,骑马沿着散
发着腐肉气味的小路扔下去。狼吞下这些碎片,展开的针刺穿它
们的肠子。[3] 没有证据证实中世纪的英国和斯堪的纳维亚半岛使
用过这种方法。

围栏陷阱。用密集的柳条编成两个高高的圆形围栏,将活的
羔羊或小山羊藏在最里面的围栏里。狼被小羊的咩咩声吸引,进
入外层的围栏,但通道狭窄,狼往外逃脱时会关闭围栏门。这种方
法可以用来活捉狼。[4] 在波兰和瑞典北部,[5]记载显示这种方法使
用很普遍,被称为典狱长、偷窃或盗窃。[6]

钳口陷阱。使用伪装的紧绷木板,当施加压力时,它会紧紧抓
住狼。[7] 奥劳斯·马格努斯说,人们把铁镰刀放在狼尸体旁的雪地
里,切断狼脚。[8]

捕猎网。将网放在诱饵的逆风方向,然后狼就会被引进去。[9]
有时在英语资料中会对捕猎网进行详细说明,例如理查德·塔尔
博特在迪恩森林狩猎狼的许可证,[10]而瑞典国王马格努斯·埃里克

---

① Downer 1972:279,90.2.

② Dent 1974:112.

③ Gaston ch.68, Schlag 1998:66.

④ LC, 68, Schlag 1998:67.

⑤ Okarma 1996:73.

⑥ Henriksen 1978:48.

⑦ LC, 69, Schlag 1998:67.

⑧ HGS 18.13, Fisher, Higgens and Foote 1998:894.

⑨ LC, 70, Schlag 1998:68.

⑩ Hart 1971:37.

森的定居法(1352 年)则提到了猎狼网的维护:

> 没有四臂等长猎狼网的自由人,将被罚款三欧尔,这
> 应该成为他们(村民)的财产。每个人都应对防狼围栏负
> 责。在圣灵降临节的第四天,所有村民都要检查猎狼网,
> 没有足量猎狼网的人,将被罚款三欧尔。[1]

兽穴。找到一个狼窝,并消灭所有发现的幼崽,有效中断繁殖周期。还应注意的是,杀死任何一头狼都可能会严重破坏狼群的社会结构,进而影响幼崽的成功养育。

这是一份全面的清单吗? 似乎不大可能。最近的狩猎文化民族志表明,可能存在更多的狩猎武器、方法和诱捕装置,它们是根据情况、季节和地形临时制作的。[2] 拉普兰人猎狼的方法包括使用毒药、笼子、陷阱和围栏以及各种各样的小陷阱,但并不是每个地区都采用所有的方法,包括普遍使用的陷阱。[3] 没有证据证实可以用 *fladre*(把破布结成网,这样狼就无法穿越,用网把狼拖进狭窄空间)来猎狼——这种方法特别适合林地,至少在 17 世纪的立陶宛、波兰,后来在俄罗斯都有记载。[4] 在中世纪期间,随着弩和火器的发展,[5]狩猎技术和方法发生了明显的变化。到了 16 世纪,弩是斯堪的纳维亚使用最普遍的对付狼的武器,尽管它的主要用途是防御。[6] 为应对当地存在的狼,社区设置了陷阱,除此之外,很明显,猎狼还需要大量的经验,以及对狼行为的相对成熟的知识。

---

[1] *The Law of Settlement XVⅢ* Donner 2000:54 – 55.
[2] E. g. Henriksson 1978.
[3] Ibid:48
[4] Hedemann 1939; Jdrzejewska et al. 1996:26; Okarma and Jdrzejewski 1997:79; Serafin 1998:152 – 155.
[5] Blackmore 1971.
[6] *HGS* 16, Fisher, Higgens and Foote 1998:791.

猎狼季节

　　精英群体的猎狼行动大概是季节性的。经常被引用的撒克逊人的"猎狼月",尽管对它是否存在还存疑(它是由理查德·维斯特根在 16 世纪首次提到),类似于中世纪晚期狩猎手册提出的"冬季"。[①] 在这段时间里,可以武力猎狼,因为它们的毛皮状态最好;事实上,冬季是诱捕所有毛皮兽的首选季节。[②] 带着猎犬的狩猎围绕着选择一个特定的猎物而展开;就狼而言,是指毛皮特别好的狼。但是由于狼的皮毛在中世纪西欧并没有被纳入奢侈的等级制度中,所以与其他毛皮兽相比,狼并不是可比的激励动物,当然,它通常被认为是不可食用的。冬季,其他种类猎物稀少,而且武力猎捕是仅局限于精英阶层的奢侈活动,狼就填补了狩猎日历上的空白。[③] 在这个季节,人们似乎特别担心狼袭击人的可能性会增加,因为猎物已经枯竭,牲畜等替代食物来源也离定居点更近。[④] 事实上,有人认为这是冬季捕猎狼的主要动机。[⑤] 奥劳斯·马格努斯在描述 16 世纪的斯堪的纳维亚半岛时写道,当时狼仍然存在,寒冷使它们变得更加凶猛,促使它们成群结队地捕猎,并寻找人类的住所。[⑥] 他描述了 1 月到 3 月间去遥远的教堂时携带弩的重要性,可以保护自己免受熊和狼的攻击。现代对狼的研究表明,冬季、猎物的可获得性和相关的猎狼模式之间存在一定的联系;冬季是成年鹿最容易受到狼攻击的季节。[⑦] 但是狼全年都有可能被猎杀,春

[①] Harting 1994:9;Rowlands 1979:59。根据 BSA 的说法,这段时间圣母诞生(9 月 8 日)到圣母报(3 月 25 日),而加斯顿·费布斯则宁愿在 2 月后不猎杀狼(Cummins 1988:135)。

[②] Ibid:136; Dent 1974:129; Henri ksson 1978:67.

[③] Cummins 1988:136.

[④] Harting 1994 and Rowlands 1979:9.

[⑤] Rowlands 1979:59.

[⑥] HGS 1:1,16:20, Fisher, Higgens and Foote 1998:47.

[⑦] Hoskinson and Mech 1976.

季和夏季,狼的幼崽会成为猎杀目标。一个 13 世纪末的森林法院裁定,每年的 3 月和 9 月,猎狼者应该穿越森林,在猎犬发现狼的地方设陷阱,如果猎犬找不到狼的气味,就应该在夏天的圣巴尔纳伯日采取行动去寻找狼,如果狼有了幼崽,他们应该带上一个配备了合适武器的男孩和一只训练有素的獒犬。[1] 事实上,查理曼大帝下令每年春季猎杀狼,[2]而在中世纪晚期在诺曼底被农民杀死的狼,大部分都是在 4 月至 6 月之间被捕杀的。[3] 有组织、有管制和持续的猎狼似乎是该地区狼的数量骤减的关键原因,战争和政治不稳定导致有组织、持续的狩猎活动崩溃,狼的数量得以恢复。[4]

英国猎狼行为

公元 957 年,埃德加国王在收到包括其他物件在内的 300 张狼皮的贡品(或者作为部分罚款)后,重申了与北威尔士和南威尔士王国的条约。[5] 这是中世纪英国最常被引用的猎狼事件,它最早出现在 12 世纪早期马姆斯伯里的威廉所写的一篇文章中。[6] 这项贡品持续缴纳了三年,但后来停止了,因为据威廉说,已经找不到狼皮了。这一事件已成为传奇,是早期学术研究流传下来的故事,未经证实,但持续存在,根据霍林希德的说法,威尔士狼的尸体被埋葬在剑桥郡的沃尔夫皮特,而鲍威尔则表示,两年后英格兰或威尔士已经没有狼了,这就是暂停缴纳狼皮的原因。最后,博恩在 1851 年的文章中描述了位于萨默塞特的一座房子,埃德加国王在那里

---

[1] Cox 1905:33 - 34.

[2] Capitulare de Villis, 69.58, Goetz 1993:148.

[3] Halard 1983:194 - 5.

[4] Okarma and Jdrzejweski 1996:20.

[5] Harting 1994:16.

[6] *Gesta Regum Anglarum* 2:155, Mynors, Thomson and Win terbottom 1998:255.

收集狼皮贡品,还有两个木制狼头作为证据。不幸的是,这所房子没有出现在遗址和纪念碑记录中,也没有列入建筑名录。① 没有足够的证据来支持中世纪早期威尔士甚至苏格兰狩猎狼的细节,苏格兰只有有限的图像证据表明皮克特族人对狼和猎狼很熟悉。② 事实上,最早关于英国猎狼的记载之一出现在艾弗里克的《密谈》一书中,该书写于 11 世纪初。虽然这是为学生准备的教育文本,但它们包含了当代实践的偶然细节。在谈到"国王和伟人"的狩猎活动时,艾弗里克说,他们的猎犬不能自由地追逐鹿,而是"追逐凶猛的公牛、可怕的熊和勇敢的狼"③。如果狼是在 11 世纪末被赶出英格兰南部的,那么几乎没有直接的证据表明,这是由政府资助或鼓励的有系统的迫害。在征服之后,土地成为猎狼的杂役保有地,一直持续到 15 世纪。④ 到了 12 世纪,只有王室官员才被法律允许在森林范围内捕猎狼,但这与其说是为了保护狼,不如说是为了保护森林法的完整性,正如亨利一世的《森林宪章》所述:

> 狼既不是森林野兽,也不是狩猎对象,因此,无论谁杀死它们,都不会有被没收的危险——然而,在森林范围内猎杀狼侵犯皇家捕猎权,违反者应给予赔偿。⑤

因此,沃尔特·德·比彻姆不得不获得皇室的许可,以便在费克纳姆(伍斯特郡)的森林里猎杀狼,⑥而卡图拉里瓦乌尔克斯修道院 1241 年左右的一个特许状,授予了在斯瓦莱代尔牧场的猎狼权。⑦ 这一原则也适用于私人林地:布列塔尼公爵柯南把约克郡里

---

① Bohun 1851:83
② Henderson 1998b:112 – 113.
③ *Colloquy* 28, Gwara and Porter 1997:195.
④ Dent 1974:101;Harting 1994:22 – 31;本书第一章已讨论过这个问题。
⑤ Dent 1974:111.
⑥ Wilson 2004:8.
⑦ Atkinson 1889:304.

士满森林里的牧场给文斯利代尔的福尔斯修道院（约 1160—1171
年）交换牛时，禁止他们使用任何獒犬将狼赶出牧场。[①] 从 12 世纪
到 14 世纪，狼作为高贵猎物的地位并不完全明确。中世纪英国狩
猎文学中几乎不存在狼，只有一个奇怪的例外，比如《帕勒恩的威
廉传奇》。[②] 另一方面，皇家猎人威廉特维的《狩猎的艺术》（约
1327 年）将狼定义为四种被追捕的野兽之一，而《圣奥尔本斯著作
集》（1486 年）将狼与雄赤鹿和野兔一起列入狩猎野兽名单。[③]《狩
猎大师》详细描述了狼的本性，借鉴了加斯顿·菲布斯有影响力的
作品，虽然它没有明确指出狼是可以被追捕的野兽，但手稿的一个
版本中的一幅插图描绘了一座有雉堞的城堡，城堡围住很多动物，
其中包括一头狼，这似乎是在一个程式化的公园里。[④] 除此之外，
大部分文献资料中，狼被归为有害动物之列。[⑤] 但是，与其他被归
类为"害兽"的动物一样，这并不意味着每个人都在猎杀它们。如
第四章所述，国王的侍从们最常在南部、西部和威尔士边境郡县的
皇家狩猎场收集猎狼的赏金，[⑥]成功的猎狼者成为专家；对 1130 年
代王室的描述表明，国王的猎狼者或皇室猎狼人需要马、成群的狗
和随从为他们工作。[⑦] 资料里经常提到专门用来猎狼的狗。[⑧] 亨利
二世 1167—1168 年的卷轴描述了专业猎人的价值，其中列出了 10
先令的费用，用来支付两个从山顶来的猎狼人横渡大海去诺曼底
抓狼的旅费。事实上，在 15 世纪中叶英国占领诺曼底期间，成立
了专门的猎狼办公室（基本无效）。[⑨] 在 12 世纪 80 年代，系统化的
猎狼被分配给骑士阶层的成员，比如理查德·塔尔博特和彼得·

---

① Clay 1942：no. 67.
② Rooney 1993：3.
③ Danielsson 1977：31
④ MS Bodley 146，f.3v.
⑤ Dent 1974；Harting 1994；Fisher 1880：187 - 188；Owen 1831：358.
⑥ 见第一章。
⑦ Bartlett 2000：671.
⑧ Harting（1994）引用了一些例子。
⑨ Cox 1905：33；Halard 1983：195.

科比特。[①] 在苏格兰,皇家也采取了类似的猎狼方法。除了贵族猎狼外,陷阱捕狼似乎特别受欢迎。在其他类型的狩猎不被允许的情况下,[②]比如在埃斯克代尔和普鲁斯卡登,[③]猎狼是被允许的,并且任命了专业的猎狼者,例如 1288—1290 年的斯特灵。[④] 中世纪英国持续的猎狼活动主要是由王室官员和机会主义的猎户进行的。无法估量当地社区捕猎狼的数量——可能认为数量不多,不足以记录在官方文件中[⑤]——但这是零星的活动,与有组织的活动相比,基本上没有效果。这与诺曼底形成鲜明对比,14 和 15 世纪诺曼底的农民定期收取到大部分的猎狼赏金,[⑥]而后中世纪时期,斯堪的纳维亚半岛的猎狼赏金似乎很少,而且是机会主义的。

斯堪的纳维亚的猎狼行为

考古学上发现的零星犬齿狼疮遗迹证实,从 8 世纪到 15 世纪,斯堪的纳维亚半岛南部存在猎狼活动。[⑦] 相对可靠的狼毛皮供应可能来自瑞典北部,来自诺尔兰,当地毛皮巨头或个体企业家对毛皮出口提供了解释。[⑧] 狼的残骸表示比尔卡和赫德比地区加工毛皮,很可能是从内陆林区进口的,是交换系统的一部分。[⑨]

人们使用了各种各样的狩猎技术,但最早的可能是陷阱。在北欧维京时代末期,作为一种狩猎机制,陷阱的使用越来越多,在中世纪盛期达到顶峰。[⑩] 14 世纪末斯堪的纳维亚半岛南部似乎已

---

① Chancery Papers, Patent Rolls, (C66), 1272 - 81,435;见第一章。

② Gilbert 1979:57.

③ 1165 - 69, Innes 1837:39 specifying traps; 1230; Macphail 1881:69,199.

④ Stuart and Burnett 1878:38.

⑤ Pollard 1991:84.

⑥ Halard 1983:192

⑦ 见第一章。

⑧ Petre1980; Mogren 1997:219.

⑨ Back 1997:156.

⑩ Mikkelsen 1994:110 - 111.

经不存在大规模的诱捕获得，部分原因是黑死病，但也因为汉萨
同盟的影响越来越大，而且毛皮市场也发生了变化。[①] 除了陷阱
之外，还使用了射弹；光滑的石头以及弩张紧机制的零星发掘表
明，猎狼活动与毛皮生产有关，[②]尽管弩直到 15 世纪才被广泛使
用，而且，如上所述，奥劳斯·马格努斯指出，在 16 世纪的斯堪的
纳维亚北部，弩才成为对付狼的普遍武器。[③] 在瑞典/芬兰北部，长
矛是最重要的狩猎武器之一，而狗则在 16 世纪的狩猎活动中才被
提及。[④] 如前所述，在中世纪的斯堪的纳维亚半岛，武力狩猎不常
见——与欧洲类似的大规模狩猎活动发生在厄兰岛或斯德哥尔摩
郊外的杰尔斯登，[⑤]尽管监管法提过猎犬猎鹿活动，[⑥]而 13 世纪的
弗洛斯特辛法则描述了不同种类的狗的价值，包括猎狗。[⑦] 此法也
表明，在促进捕猎掠食动物方面，需要进一步协调各方，古拉特什
法律剥夺了"各处"熊和狼的合法地位[⑧]，后来的《萨克森明镜》的
规定也与此类似，允许对这些动物随意捕猎，[⑨]而弗洛斯特辛法
规定：

> 任何人不得在别人的林中设置陷阱，为捕获狼、狐狸
> 和水獭除外；除非主人准许，否则任何人不得在别人的地
> 里挖洞或打碎成堆的岩石。[⑩]

这些法律(仅适用于瑞典/芬兰的农村省份)基本上是建立在

---

① Mikkelsen 1994:110 – 111.

② Svensson 1998b:103.

③ *HGS* 16:20, Fisher, Higgens and Foote 1998:791.

④ Talve 1997:74.

⑤ Brusewitz 1969:108.

⑥ No. 95, Larson 1935:104.

⑦ No. 10.24 Larson 1935:369.

⑧ No. 94, Larson 1935:103.

⑨ Ch. 1235, Von Repgow 1999:111.

⑩ No. 8.7, Larson 1935:380 – 1.

旧的省级法律基础上的,似乎是对当时社会和政治要求的评估。[①]
14世纪中叶,马格努斯·埃里克森国王法重申了捕食者的地位,其
中规定"任何人不得在别人的林中设置陷阱,为捕获狼、狐狸和水
獭除外;任何人都可以杀死这些动物,免受惩罚",并详细说明了猎
网的使用情况(如上所述)。14世纪,有关有组织的猎狼的提法越
来越多:《塞克汀斯克编年史》提到1357年有一次猎狼,同年丹麦
国王瓦尔德马尔引入了狼税。[②] 在中世纪的丹麦,岛上的公园里养
着很多动物,包括熊和猿,而在斯科讷地区的狼可能是为狩猎而饲
养的。[③] 在斯堪的纳维亚半岛南部,偶尔猎杀狼作为一项精英运动
一直延续到现代早期:查尔斯十世(1655—1697年)的日记记录了
在瑞典中部结冰的梅拉伦湖上捕获并饿死活狼的情况。[④]

结论:在中世纪北欧体验狼

在中世纪的英国和斯堪的纳维亚,尽管很少有记录在案的袭
击事件,但是狼被认为是对人类的威胁。这两个地区之间有许多
不同之处。在英国,人类对狼的反应主要是机会主义的捕猎,从12
世纪开始,由专业猎人和皇室官员持续诱捕。在斯堪的纳维亚半
岛,北欧海盗时期,狼似乎被捕猎者机会主义地猎杀,13世纪和14
世纪中世纪盛期,定居点扩张到内地,却没有猎狼的法律义务。造
成这种差异的一个原因在于地形。中世纪盛期,在英国和斯堪的
纳维亚半岛南部,越来越多的人类进入狼群栖息地。在斯堪的纳
维亚半岛南部,直到19世纪,证实了狼群栖息地的适宜性和进入
通道的畅通性,是人类猎杀加剧的背景下,狼数量保持不变的重要
因素。但一个主要因素是诺曼英格兰的王权狩猎文化的发展,那

---

① Tötterman 2000:x - xi.
② Laursen 1989:18.
③ Andrén 1997:473 - 4,485.
④ Brusewitz 1969:108.

里受控制的狩猎空间的密度明显高于斯堪的纳维亚南部。一些猎人显然喜欢捕猎这些狼，但在充满野生有蹄类动物的理想狩猎天堂里，狼通常被视为不受欢迎的捕食者。现代狩猎研究注意到这一区别，尽管在现代生物背景下，狩猎者经常将猎物与野生动物区分开来，但在这一分类中也包含了可食用性的概念。[①] 上文所述的中世纪苏格兰和瑞典法律给人的印象是，猎狼对大多数人来说并不是一项特别热衷的活动。造成这种情况的原因可能是多种多样的——猎狼需要时间、装备、耐力，在有组织的狩猎中，"杀狼行为"仅限精英猎人来执行。尽管狩猎手册的作者声称，猎狼有益于公共利益，但权力关系也发挥了作用，控制被狼杀死的猎物和偶尔禁止猎狼即是证明。当然，丹麦早期的现代猎狼行为是社会纪律的一种形式，是精英控制的再次确认；[②]历史背景是不同的，但是在斯堪的纳维亚半岛，伴随着皇室主权的巩固和欧洲贵族理想的被采纳，有组织的猎狼的方向似乎可以追溯到中世纪的鼎盛时期。

猎狼（而不是诱捕）也有潜在的危险，特别是在枪支普及之前。现代狼已经有好几代经历过人类的火器，它们普遍的胆怯可能与此有关。[③] 但这种胆怯是有条件的，众所周知，狼在许多情况下克服了对人的恐惧，在欧洲和北美，[④]狼接近了开发的景观，甚至进入了建筑密集的地区，而中世纪北欧的狼可能更无所畏惧。话虽如此，中世纪和现代斯堪的纳维亚半岛的相对人口规模、城市空间广度和相关通讯的范围是无可比拟的，人与狼之间的偶然邂逅最有可能发生在荒野——在季节性迁移放牧的路线上，在夏季牧场或狩猎探险中。对人的袭击将是机会主义事件，没有证据表明曾发生过类似 18 世纪的法国或现代印度发生的掠夺事件。[⑤] 即使是中

---

① Dahles 1993.

② Rheinheimer 1995：291.

③ Russeu and Russell 1978：158.

④ Fritts et al. 2001

⑤ Linnell et al. 2002.

世纪法国的袭击事件也仅限于单一事件,有时归咎于同一动物或群体,没有人类被纳入长期捕食策略的例子。[1] 狼可能已经吃了战场(或被处死)的尸体,但所有英国和斯堪的纳维亚半岛的证据都来自文学传统主题,即使这类事件确实发生过——加斯顿描述了狼是如何跟踪军队的——吃尸体不太可能引发对人的攻击;狼对活猎物的感知可能与对尸体的感知大不相同。[2]

① Linnell et al. 2002.

② Ibid:37; Cummins 1988:132-3.

第六章

肢解狼的身体：作为商品的狼

引言

在中世纪的北欧，对狼的身体进行处理可能会受到破坏和塑造其他动物身体的这一相同过程的影响，这一过程将其他动物转化为可食和不可食的物品。我们已经说过，在中世纪考古环境中，狼的遗骸稀少，而且如前一章所述，部分原因可能与狩猎/诱捕的性质和目的有关——16世纪至18世纪斯堪的纳维亚的猎狼描述表明，狼的尸体不总是或通常并不能被从陷坑中复原，尽管在已发掘的少数猎狼陷阱里没有发现狼的遗骸。另一方面，甚至在16世纪的战利品和动物标本制作盛行之前，在英格兰、苏格兰和诺曼底等地，只能根据整具或部分的狼尸，有时还指定需要提供狼头，才能获取猎狼奖金。考古和书面资料表明，英国和斯堪的纳维亚发现的狼的尸体似乎都被肢解并加工成三种物品：骨头（尤其是牙齿）、毛皮和肉。

狼骨

大多数来自北欧中世纪的狼遗骸都有下肢骨骼，这表明狼通常是在猎杀地被屠宰的,而它们的毛皮(带有爪子)被带回加工。[1] 偶尔在赫德比和普莱塞堡等地也发现了其他身体部位,[2]这表明有时整具尸体都被带回了定居点。也许它们是作为战利品被暂时展出;12世纪的第二季度,一个与圣阿尔本斯学院有联系,并可以绘制海象牙的绘图员,描绘了两个男人把一只动物倒立着,这只动物具有狼的特征,这可能是中世纪为数不多的战利品展示之一。[3] 在北欧前基督教和基督教时期,从狼的尸体中剥离的一系列骨骼可能随后被用于军事、医学和/或魔法。不幸的是,这方面的考古证据非常有限,而且难以对文献中关于狼骨的使用的描述是否属于实际操作而进行验证。英格兰和欧洲大陆的一些移民时期的坟墓中发现了犬科牙齿,特别是穿孔犬齿,可能来自狼,狗或狐狸。[4] 许多是在19世纪被发掘和记录的,后来又丢失了,所以身份识别几乎不可能被证实。无论何种物种,它们的使用似乎仅限于6、7世纪的英格兰,而在斯堪的纳维亚半岛没有此类记录,尽管在这里,熊爪和野猪獠牙等其他野生物种的骨头被穿孔,制作成手工制品,最终成为陪葬品。很少有证据表明,狼被专门猎杀,用作给死者陪葬,就像铁器时代背景下狼牙作为陪葬品使用一样,[5]但它们是对异教徒盎格鲁-撒克逊和斯堪的纳维亚墓地中狗的葬礼的一个有趣补充。[6] 偶尔在魔法和医学文献中提及狼骨,例如,狼的左下颚和牙齿被列为10世纪中叶的一则丹毒(皮肤急性感染)防治处方的关键成分。[7] 一份更晚的资料可能提及狼爪具有魔法作用。在《带来胜利之人》一书中,战士西格德被建议在狼爪等物上

---

① 见第一章。
② 见下文;Schoon 1999:78。
③ Dalton 1909:no. 237, cat. 136.
④ Meaney 1981.
⑤ Green 1992:54; 关于战利品,见 Pluskowski 2006.
⑥ 见第四章。
⑦ Storms 1948:85.

划下咒语。① 很难估计狼骨的这种感官用途的范围和流行程度,医学和魔法资料对狼骨的描述可能是隐喻性的。

狼皮

狼的毛由长而粗的外部毛和较短、较软的底毛组成,它们的颜色范围遍及整个黑白光谱,大多数狼毛颜色趋向于杂斑灰色,肩部毛具有对比斑纹。② 像其他毛皮动物一样,狼在冬天会长出更厚的毛,正如前一章所述,狼可能在这个季节被猎杀,部分原因就在于此。中世纪的欧洲文献中很少提到狼的皮毛,这些文献大部分来自法国和德国。③ 北欧和南欧的主要贸易中心可以买到毛皮,佛罗伦萨商人弗朗西斯科·佩戈洛蒂在 14 世纪中叶写道,可以从西西里和马约卡获得狼皮。④ 在北部,考古遗址中的狼骸通常表明,狼已被肢解——尽管在赫德比港发现了至少两头成年狼的一些骨骼元素(两个下颌骨、一个肩胛骨、肱骨和尺骨以及两个桡骨),但还没有找到整狼的骨头;估计从内陆或其他更远的地方运来已在猎杀地加工过的尸体。⑤ 从 9 世纪的比尔卡贸易定居点中发现的狼爪与剥皮活动有关,其他的兽类遗骸也在其中。这表明,在中世纪早期的斯堪的纳维亚半岛,狼毛皮具有商业价值,随着中世纪泛欧毛皮贸易的发展,对其他动物毛皮(尤其是白色貂皮、紫貂皮和白鼬皮)的需求最终会使其黯然失色。⑥

然而,早在 9 世纪和 10 世纪,狼的毛皮还不经常供应,市场似乎也很有限,当时对豪华毛皮的最高需求来自哈里发的辖地。⑦ 如

① Larrington 1996;169.

② Mech and Boitani 2003;xv.

③ Listed in Delorl 1978;128, note 91.

④ Evans 1936;109 – 124.

⑤ Reichstein 1991;37 – 39.

⑥ See Delort 1978; Martin 1986; Howard-Johnston 1988;67 – 69.

⑦ Ibid;72

前一章所述,狼被追捕的频率相对较低,许多捕猎和诱捕技术可能
会损坏它的皮毛;也许甚至狼的负面声誉限制了它在中世纪盛期
的吸引力。[①] 但即使是在中世纪早期的北方,也很难找到利用狼皮
毛的证据。奥瑟罗描述了萨米人的贡品,包括一系列动物(证明驯
鹿的重要性),但没有提到狼。[②] 另一方面,后来的《挪威历史》
(1170—1790 年)指出,芬纳尔人(萨米人)也狩猎其他动物,包括
狼,并以动物皮的形式向挪威国王缴税。[③] 人种学证据表明,在萨
米文化中,狼和它的皮毛特别贬值,因为捕食者对狼的态度与驯鹿
的重要性和脆弱性有关。[④] 与狐狸、松貂和熊不同,狼毛被用于制
作雪橇,很少出售。[⑤] 有趣的是,当提到在特别寒冷的冬天,牧师们
庆祝弥撒仪式,包括向教堂提供熊皮的习俗时,奥劳斯·马格努斯
说,狼皮、山猫皮或狐狸皮不作此用,而是被卖出去,为教堂购买蜡
烛。[⑥] 尽管自第一个千年后半叶以来,萨米文化中对狼的看法可能
没有改变,但鉴于中世纪和现代萨米人之间的差异,我们不应夸大
这一消极印象。狼与萨米巫师一起出现,狼显然是巫师精神范式
中的一个重要元素——狼是萨米南部鼓上出现的较为常见的主题
之一。[⑦] 在北欧维京时代,欧亚萨满教军事传统中使用兽皮,类似
于斯堪的纳维亚半岛南部部分地区的做法。[⑧]

这里的文学和图像证据证明,狼皮可以作为一种仪式性服装
使用。首先,盎格鲁-斯堪的纳维亚狼人的服饰包括狼皮;毛皮的
穿着,无论是物理的还是隐喻的,都与狼狗和乌尔法默有关。[⑨] 撒
克逊语语法学家在 13 世纪早期写的关于早期猎狼活动的文章描

---

① Delort 1978:128.
② Lund and Fell 1984:20.
③ Zachrisson 1991:193; Phelpstead and Kunin 2001:5.
④ Kjellström 1991:123.
⑤ Henriksson 1978:66,72.
⑥ *HGS* 16:20, Fisher, Foote and Higgens 1998:791.
⑦ Ibid.
⑧ Price 2002:377.
⑨ 见第十章。

述了"勇敢的战士经常把自己藏在野兽的毛皮下"①，冰岛语也有类
似的说法："有男子气概的手可能常常藏在狼皮之下。"②实际上，动
物毛皮是装饰性的，而不是保护性的，尽管在哈拉尔德斯克韦迪这
样的资料来源中，穿上兽皮似乎已经变得无坚不摧，而萨米人则认
为狼对武器造成的伤害具有神奇的复原力。③ 在其他地方，狼的皮
毛与更一般的魔法属性有关；在赫罗夫斯的传奇《克拉卡》中，女巫
用她的狼皮手套将比约恩（恰当地）变成了一只洞穴熊。④

　　随着对基督教范式的接受，社会宗教对皮草的使用让位给了
它们在世俗社会中的使用。有关皮毛使用和贸易的纪录片和考古
资料主要涉及黄鼠狼、马貂、水獭、松鼠和猫。⑤ 在挪威，狼只在中
世纪的奥斯陆被发现；猞猁在奥斯陆和特隆赫姆均有发现；熊在奥
斯陆、特隆赫姆和卑尔根均有发现；狐狸在以上所有地方以及斯塔
万格均有发现。⑥ 只有在不列颠群岛的沃特福德和费里卡里这样
的爱尔兰遗址上才有类似的现象，在那里发现的狼骨头上的切痕
被认为是剥皮的证据。⑦ 要么是狼皮太普遍了，以至于没有必要在
文件中提及，要么是它们很少被使用或难以获取到。后一种解释
更容易得到考古和书面证据的支持。与其他毛皮一样，狼皮可以
提供比其他材料更好的绝缘性，也更美观。⑧ 就像豹的皮毛，也不
被纳入北欧的皮毛等级，狼皮毛的应用是功能性的。伦德大主教
阿布萨隆的遗嘱（写于 1201 年 3 月 21 日之前），提到一种用狼皮
制成的罩子，可能盖在床或箱子上。⑨ 与豹皮不同，狼皮并没有传
达出一种久负盛名的异国情调，尽管中世纪早期英国诱人的纪录

---

① *Gesta Dunoriun* 1.14, Davidson and Fisher 1999:16.

② Stephanius 1978:34.

③ Breen 1999:44,55.

④ Byock 1998:37.

⑤ Howard-Johnston 1998:67.

⑥ Mikkelsen 1994:143.

⑦ McCormick 1997:837; McCormick unpublished.

⑧ Howard-Johnston 1998:69.

⑨ *Diplomatarium Danicum* 1:4, nr. 32.

片资料可以让我们一瞥它的潜在价值。威尔士的海韦尔·达法律在中世纪晚期的手稿有所记录,是基于 10 世纪中期的一个法典,其规定狼和狐狸没有法律价值,任何人都可以捕猎它们,后来的欧洲和斯堪的纳维亚法律也有类似规定。[①] 然而,13 世纪威尼斯人的法典将狼皮估价为 8 便士(与水獭、狐狸、雄赤鹿和公牛的皮价值相当),[②]而 14 世纪中期的格温提安法典则规定,狼没有价值。[③] 在英国,从亨利二世统治时期开始,猎狼赏金增加,当时一个狼头只值几个便士;到约翰国王时期,如果猎人在多塞特猎出两匹狼,他会获得 15 先令赏金。[④] 虽然狼皮不是典型的商业毛皮,但北约克郡里瓦克斯和惠特比等修道院的土地上都设置了狼陷阱,以支持当地制革工人,促进毛皮出口。[⑤] 有确凿的证据表明东爱尔兰和布里斯托之间有狼皮贸易。[⑥] 中世纪爱尔兰遗址中的狼遗骸数量有限,但在沃特福德发现了狼的下肢骨骼,这表明狼毛皮是从内地被运到城市中心,进行加工处理,并运往英国,当时的贸易清单也说明了这一点。[⑦] 总的来说,英国、法国和德国的交易文件很少提到狼的皮毛,这表明在中世纪的北欧,狼没有标准化的商业价值。在东欧,狼毛皮似乎相对丰富,事实上,从波兰考古环境中发现的狼遗骸比英国多,文献中提到它们用于制作大衣和雪橇毯子。[⑧] 另一方面,在斯堪的纳维亚半岛,难以见到对狼毛使用的详细描述。有个例外,很有趣,奥劳斯·马格努斯提到士兵在战争和胜利游行中把狼尾巴绑在长矛上的做法,以此表示对敌人的蔑视。[⑨]

---

① Jenkins 1986:xi; Gwentian Code, Owen 1841:358.
② Venedotian Code Ibid:137,141.
③ Ibid:358.
④ Yalden 1999:168.
⑤ Waites 1997:159.
⑥ Carus-Wllson 1967:24.
⑦ McCormick 1997:837.
⑧ Mugurvis 2002:179.
⑨ *HGS* 8:14, Fisher, Foote and Higgens 1998:365.

从中世纪城市环境中复原的少数狼遗迹，可以假定与狼尸体的加工有关，尽管这些遗迹并没有表明加工过程的规模或时间动态。这一证据仅仅证实，在整个中世纪时期（或至少是断断续续地），狼皮被带到英国和斯堪的纳维亚南部的城市中心。除了上面提到的例外，在英国和斯堪的纳维亚半岛南部主要贸易中心发现的动物群中，尽管有狐狸等其他毛皮动物，但通常并没有狼。在中世纪后期，有证据表明，农民和贵族都会猎杀有价值的毛皮动物；在达拉纳这样的省份，可以用松鼠皮和貂皮支付税收，博尔干纳斯城堡不仅接收这些毛皮，其本身也是毛皮加工的地点，在这个例子中，主要是松鼠，占动物遗迹复原中毛皮物种的90%，遗迹复原动物还包括貂和狐狸。[①]

从9世纪到14世纪，对小型林地哺乳动物毛皮的需求，对斯堪的纳维亚半岛和俄罗斯产生了重大的经济和社会影响。除了从文献资料中普遍缺乏关于狼毛皮价值的信息之外，我们可以得出结论，狼皮贸易绝非久负盛名的毛皮贸易的一部分——这并不是说狼皮没有如何价值。需要注意的是，古斯堪的纳维亚文学中关于穿狼皮的记载，可能有助于理解中世纪早期斯堪的纳维亚半岛的习俗，但必须考虑当代语境中：11世纪到13世纪由基督教徒所写，为基督徒而写。因此，动物伪装和形状变化之间的联系在中世纪的斯堪的纳维亚半岛得到了认可，而类似的信仰在后来的几个世纪也有记载。[②]

狼肉：不宜食用的肉？

在中世纪基督教里，很多动物的肉都被归类为不宜食用，尤其

---

① Mogren and Svensson 1992:342 - 3.
② 见第十章。

是食肉动物的肉。[1] 这种态度是在一个更广泛的动物价值观的范围内设定的,与异教徒的名称截然不同,动物埋葬行为的变化和图像研究表明了这一点。然而,禁忌物品似乎已经变成,或偶尔作为医药和魔法成分。在这些背景下,有文学证据表明,早期和晚期中世纪,在异教徒和基督教的范式中都使用过狼肉。在许多盎格鲁-撒克逊文献资料来源中,狼的身体部位具有神奇的医学用途。[2] 在普莱西佗的古英语翻译中,狼肉是用来治疗"魔鬼病"和"视力不好"的,而狼血可以去除脸上的痕迹。[3] 斯卡迪克的诗句描述了狼肉的各种用途:在《沃尔松格传说》半虚构的叙述背景下,冈纳和霍尼给古托姆煮过蛇肉和狼肉。[4] 这里的"狼肉"是从 Geri 一词翻译而来,这是奥丁的一只狼的名字。[5] 盎格鲁-撒克逊和斯堪的纳维亚魔法的性质可能反映了中世纪早期社会的萨满教元素,但事实并非如此,"魔法"的实践并不取决于宗教范式的类型,[6]尽管萨满教个别元素对应于特殊的世界观的细节,难以对这种魔法的流行程度进行评估,但越来越多的证据表明,许多盎格鲁-撒克逊人和斯堪的纳维亚人都知道魔法,并在日常生活和战斗中用作实用工具。[7] 在斯堪的纳维亚的语境中,狼肉的消费可能与喝猎物血的主题有关,这是挪威东南部最近记录的一种习俗,猎人会在熊的尸体还未冷透的时候吮吸它的血。在古斯堪的纳维亚诗歌中,饮龙血可获得智慧;饮熊血或狼血可获得力量;吃狼肉会使人好斗,变得邪恶。在后期文学作品中,这一主题呈现出负面内涵,部分是由于基督教宗教情绪的影响。[8]

---

① Salisbury 1994; Filotas 2005:341 - 2.

② Meaney 1981:19 - 20

③ Solomon 1912:61.

④ Byock 1993b:89 - 90,亦见埃迪有关西格德的一首诗;Larrington 1996:174.

⑤ Byock 1993b:120J note 95.

⑥ Hutton 2000.

⑦ Glosecki 2000ci95; Price 2002.

⑧ Hollander 1919:223 - 5.

1300 年,英国海关官员发现了一批非法运输的木桶,里面装着四头腐烂的狼。它们的主人,洛茨伯里圣玛格丽特教堂的牧师,被一个教会法庭谴责为欺诈,尽管牧师抗议这些尸体是公认的治疗"勒卢"(可能是一种"吞噬性皮肤病")的处方。[1] 与其他动物一样,狼也被认为具有魔法作用,能够疾病治疗。在文学著作中描述了狼的治疗作用,与人类对动物的宇宙地位的不同感知密切相关。[2] 许多文学资源提到,狼的身体部位是作为各种魔法宗教治疗或有效果的成分。然而,与狗和狐狸等其他动物相比,狼在这些文本中的出现频率相对较少。艾尔伯塔斯·马格努斯在 13 世纪写的《动物论》中指出,可以加工狼的某些部位,以刺激或禁止性欲:例如,以男人或女人之名,将狼的阴茎做成一条系带,在解开阴茎之前,他们将无法进行性交。[3] 狼,无论真实的或隐喻的,在中世纪的斯堪的纳维亚魔法中也扮演了一个角色,gondols 即是 14 世纪的挪威咒语,意思是"魔法狼"。[4]

结论：狼商品概述

在北欧中世纪的文字、考古或艺术资料中很少见到狼制品,而从其他野生物种(尤其是鼬鼠和松鼠)身上获取非食用制品的证据很丰富,与此相比,凸显了狼制品用途和意义的局限性。在中世纪早期的英国和斯堪的纳维亚半岛,以及欧洲其他地区,猎狼频率相对较少,导致不能定期供应狼制品。在英国、斯堪的纳维亚半岛和北欧大陆,熊、海狸和野猪的牙齿等其他野生动物遗骸被改造成艺术品,并被列为陪葬品,这暗示着中世纪早期北欧的狼商品市场已经很有限。如果特定的社会身份或形而上学的身份与拥有或穿戴

---

① Rawdiffe 1999：138.

② Page 2002：83

③ (22) Scanlan 1987：157－159

④ Ohrt 1935－6.

狼皮有关,那么狼皮的使用可能仅限于斯堪的纳维亚社会中的特定群体。[①] 在斯堪的纳维亚半岛的文德尔时期和北欧维京时期的墓穴中很少出现山猫皮,这同样表明这种大型食肉动物的市场是有限的——关于人类对中世纪北欧山猫的反应,可获得的资料很少。这与中世纪考古环境中丰富的熊遗骸形成鲜明对比,在斯堪的纳维亚半岛北部,熊的遗骸被当作祭品,而在半岛南部,熊的遗骸被纳入个人展示和葬礼表演中。熊皮在火葬墓和土葬墓中都能找到,如果大家承认英国的熊类种群在铁器时代已经灭绝,那么早期盎格鲁-撒克逊时期的熊皮,可能是从斯堪的纳维亚半岛或欧洲大陆进口的。也许第二个千年时期,苏格兰的偏远地区还有熊。[②]

比尔卡和赫德比等北欧的原始城市中心促进了皮毛贸易在9世纪的发展,因为在那里发现了狼遗骸,还发现了其他毛皮动物的遗骸。然而,像熊皮一样,狼皮也并不被认为是一种赫赫有名的毛皮,可能是因为它们的尺寸、质地甚至是颜色。体型较小的动物的皮毛更细、更柔软,占据了欧洲贵族所采用的毛皮等级的主导地位。至少从12世纪开始,银鼠皮就被用在了服装上,它和貂皮一起被用在纹章上,同时在西方发展成为贵族身份的视觉表达,这都说明,使用小型动物毛皮是主导。[③]

① 见第十章。
② Yalden 1999:144.
③ Pastoureau 1993.

第七章

贪婪与轻信：中世纪野兽文学中的狼

引言

　　狼是中世纪"野兽文学"中的重要角色，野兽文学是包含汇编、寓言和诗歌的术语，后两种里的野兽都是拟人化的动物，它们的思维、行为和说话方式都与人类相似。在当代作家和读者的心中不会对这些小类进行区分；当面对动物主角，当代作者和读者会自然而然地倾向于考虑其他类型的关于动物的文学，而不考虑其体裁。[①] 野兽寓言和《怪物图鉴》的主要内容已经在古代流传，并且在中世纪的欧洲为人所知，而野兽史诗在 12 世纪才随着《伊森格里姆传》的出现而发展，同时从《怪物图鉴》发展而来的第一批动物寓言集也被写出来了，但动物寓言集扩大了动物的种类，包括狼和其他动物。

　　尽管如此，这些文学类别之间还是有区别的：寓言是由一个个虚构事件组成的，其中至少有一个角色是动物，前面或后面是明确的道德说教，而动物寓言集是关于解释真实（不说话）动物行为的道德论著，而野兽诗则是围绕说话的动物的虚构叙事，没有明确的道德规范。此外，除了《伊森格里姆传》和《斯库伦·斯图鲁姆》，拉

---

① Ziolkowski 1993:1.

丁野兽诗中的动物从未被命名,这是继《列那狐传奇》出现的白话野兽诗的一个特点。各种形式的野兽文学,为不同的场合和受众而写,借鉴了各种书面和口头传统,并通过使用一种共同的动物词汇,在中世纪西欧社会的各个社会阶层中广为传播。[①] 寓言被用作初级阅读的读本,并作为重述和作文练习的材料,由于寓言涉及道德纠正,因此被演说家和传教士采用,成为中世纪范例文学的主要内容。[②] 通过当代社会框架的重铸,这些文学传达的信息变得有意义;野兽寓言和诗歌可以被放在一个模仿人类社会甚至天堂秩序的背景中,用作社会批评的安全载体。一些寓言家的作品针对特定的受众,比如玛丽亚·德·弗朗斯为盎格鲁-诺曼宫廷写作,但他们都借鉴了现存的大量动物意象和象征手法,艺术家们也借鉴了这些东西,在野兽文学作品的装饰图案内和外描绘了动物。在整个中世纪,野兽寓言和野兽民间故事不断地相互作用,而野兽文学的各个小类又通过共同的叙事母题和动物原型相互联系。因此,在野兽文学中发现的狼的特征很可能与民间传说中的狼的特征有密切的联系。以下调查研究的目的不是为列举全面或详细的资料,而是强调最有影响力的资料,这些资料可以说包含了中世纪西方文化中,当然包括英格兰,也许还有斯堪的纳维亚南部,广泛使用和公认的狼的原型。

狼

在 11 世纪的英格兰,一位用拉丁文写作的匿名诗人,借用了狼作为修道士角色的主题,将狼作为故事的中心人物,描写了狼夸张地模仿修道士生活的故事。在故事中,一位牧羊人发现一匹狼被他的陷阱困住了,牧羊人用石头没能把它打死,之后试图用棍子

---

① Ziolkowski 1993:28,32.

② Ibid:23 – 24.

打死它。狼乞求怜悯，并以四倍的赔款来偿还它所抓的羊，并在留下它的幼崽以示诚意后，被释放了。紧接着，狼找到了一个修道士，学得了他的音调和习惯后，又回到牧羊人那里，狼要求代替它的幼崽留下，因为它说自己在精神上已经重生了，不能遵守早先的誓言。牧羊人被狼的虔诚感动了，放走了狼和它的幼崽。不久之后，狼又恢复了吃羊的习惯，这使牧羊人大为震惊，狼用轻蔑的口吻解释说，有时它是一个修道士，有时是一个教士。进入修道院的狼修道士是为了物质上的舒适，而不是精神上的原因。这一主题在 11 世纪的大量文学作品中都可以找到，比如列日《多彩的小舟》里的爱格伯特和《埃克巴斯·卡普里》，以及 12 世纪初在佛兰德斯和法国北部流传的诗歌《奥维迪·德·卢波》。① 它很可能是受到新约寓言中狼和羊的隐喻的启发，并被广泛地纳入中世纪基督教符号学。② 然而，狼修道士不仅仅比喻修道士，它实际上就是一个修道士，圣经中的比喻将披着羊皮的狼和穿着羊毛外套的修道士联系起来。③《狼》和其他确立了 11 世纪狼修道士性格的作品，使诗人无需写明确的道德评论，可以毫不停顿地讲述几个故事。这预示着《伊森格里姆传》的成就，这是一部以狼修道士为中心的长篇叙事小说，在 11 世纪和 12 世纪期间，狼修道士获得了一个绰号。

《伊森格里姆传》

　　《伊森格里姆传》是现存最早的中世纪"野兽史诗"，也是拉丁野兽诗歌中最长的史诗，创作于 12 世纪中期根特的牧师背景。《伊森格里姆传》的故事发生在一个由狮子王统治的"封建"等级制

---

① Mann 1987：11 – 12.
② 见第四章。
③ Ziolkowski 1993：206.

度的动物王国。^① 在这里,动物个体第一次被命名:特别是强壮而
愚蠢的狼伊森格里姆和他的小而狡猾的狐狸侄子莱纳杜斯。^② 这
也是文学史上第一次狐狸和狼之间的对立,推动了伊森格里姆的
故事发展(尽管有几段,狐狸缺席了),故事以狼被一群猪吃掉而告
终。^③ 这些名字可能并不是诗人发明的,但已经流传开来了——早
在 1112 年,拉昂的神职人员就把狼称为伊森格林,这表明伊森格
林通常被用作狼的名称,并与滑稽和神职人员联系在一起。^④ 伊森
格里姆这个名字的由来至今还不清楚,但组合起来的元素 isen ~
和 -grijm 可能最初指的是战士戴的一种铁面具,或者是一种用于蒙
面表演或祭祀活动的动物,当然符合前基督教与狼之间的社会形
而上学的表达方式,这种表达方式在斯堪的纳维亚和其他日耳曼
军事背景中都有发现。^⑤《伊森格里姆传》的作者曾两次提到狼面
具,除了中世纪欧洲的各种滑稽戏和哑剧传统中可能出现狼的角
色之外,^⑥也许以这种或那种形式在最近几个世纪保存下来,12 世
纪的文学人物伊森格里姆或他后来的化身中没有强调这一点。这
首诗的重点是狼盲目的掠夺性贪婪,作者不断地提到和描述伊森
格里姆的下巴是巨大的和可怕的,以至于它们似乎具备了自己的
生活。^⑦ 在《伊森格里姆传》的第一卷中,狼试图引诱莱纳杜斯进入
它的嘴里,此时,这本书的基调就已经定下了:

于是它把上下牙齿碰了四下,牙齿一碰就响了,就像
在铁砧上敲打金属环。"别害怕!"你看到我嘴里的锄头

---

① Varty 2000:xiv.本节的大部分内容都是以《伊森格里姆传》为基础的。这方面最详尽的著作是 Mann 1987;2000。
② Charbonnier 1983,1991; Mann 1987.
③ Ibid:2.
④ Lodge and Varty 2001:xxvii; Ziolkowski 1993:209.
⑤ Bonafin 1996:5; see chapter 8.
⑥ Ziolkowski 1993:147 – 151.
⑦ Mann 1987:30.

由于年岁和使用而变得钝了,什么也割不了。你为什么
犹豫不决?也许大门不会永远敞开着。现在你看到它们
被扔回去了,所以请你来吧!进来,探索!你为什么一动
不动,疯子?你为什么一动不动?门开着的时候一定要
赶快进去。那么,赶快跳到这里来吧,免得你尝到这些欢
乐的滋味时,抱怨进来太晚了。如果你聪明,你会阻止我
所担心的事情发生:让别人来夺取给你的好处。①

伊森格里姆的胃也同样可怕。在第四卷(79—94)中,狼的胃
口大开,它的胃被撑大,垂到它脚底的地面,完全包裹了它的四肢,
使狼完全呈球形,所以它只能通过滚动来移动。狼贪婪的主题在
中世纪的文学作品中很常见,但在《伊森格里姆传》中,这是一种特
殊的贪婪类型——修道士式的贪婪,因为狼总是扮演修道士的角
色。在这里,《伊森格里姆传》的作家借鉴了一个现存的文学母题,
但在早期的化身中,狼修道士主题关注的是个人的虚伪,而不是修
道士的贪婪。《伊森格里姆传》用典型的修道士用语定义了狼的角
色:它是一个修道士,但同时也是一位修道院院长,它热衷于建立
一种以吃羊和废除烹饪为基础的新的修道院秩序——靠出售兄弟
会无用的圣器来筹集资金——它甚至有两次被嘲弄地提升为主
教。《伊森格里姆传》的作者选择用狼作为讽刺攻击升到主教职位
的修道士的主要工具,至少在一个例子中攻击了教会的整个等级
制度。② 作家讽刺的目标是尤金三世,他是西托克斯的前修道士,
他在被选为罗马教皇前不久,曾是罗马圣徒阿纳斯塔修斯和文森
特修道院的院长。③ 除了对修道院和反教皇的讽刺,狼在诗中经常
被称为"男爵",它滑稽地提及它的血统,对血统表示轻蔑,这是对

---

① I:79 – 90,Mann 1987:210 – 211.

② Ibid:15 – 16.

③ Mann 2000:6.

当代贵族的模仿,尤其是佛兰德伯爵。①《伊森格里姆传》的世界是
"颠倒的",捕食者变成了受害者,受害者变成了胜利者;狼不仅通
过狐狸的阴谋屡屡受到惩罚,而且还受到了它的猎物——绵羊和
山羊的惩罚,在那里,作为掠食者的狼反复地被它打算吞食的食物
殴打。在这本书的最后一卷中,世界的颠倒代表了上帝的愤怒,这
是末日审判的前兆,将带来对所有的狼修道士的惩罚。在它死前,
伊森格里姆请求短暂的喘息,这样它就可以说出预言,有效地扮演
了一个"虚假先知"的角色,预言了世界末日。《伊森格里姆传》的
小说结构围绕着狼展开,并赋予它一个特定的讽刺角色,但后来狐
狸窃取并留在了中世纪野兽文学的中心舞台位置。

《列那狐传奇》

　　狡猾的莱纳杜斯是《列那狐传奇》中的狐狸原型,该书创作于
11世纪70年代的法国,在《伊森格里姆传》出现后的几十年内成
书。在一系列联系松散的叙事诗中,狐狸列那狐和狼伊森格林之
间的竞争表现在对宫廷社会的文学模仿方面。② 在最早的一个系
列中,狼的妻子赫森特勾引了列那狐,在伊森格林发现他们的奸情
后,赫森特被狐狸强奸了,于是狼开始了对列那狐无情的仇恨。到
12世纪40年代,列那狐已经有26个系列,随后列那狐文学在现在
的法国北部、比利时、荷兰和德国北部直到石勒苏益格-荷尔斯泰
因繁荣起来,向南通过阿尔萨斯传播到意大利北部。在这里,狐狸
的化身在海因里希·德·格里切萨埃约写于1191年的《莱茵哈特
福斯》中大量出现,是13世纪佛兰芒野兽史诗《范登沃斯·雷纳尔
德》中的莱茵哈特,同时也是意大利小史诗《雷纳尔多·莱森格里
诺》中的雷纳尔多。列那狐直到16世纪才出现在斯堪的纳维亚文

---

① Mann 1987:100-1.

② Subrenat 2000.

学作品中,尽管中世纪晚期的挪威和丹麦教会艺术中,描述了一些狐狸在"乱七八糟"的世界中的一些功绩,①而且狐狸在 15 世纪之前只在两首英国叙事诗中出现过,与狼的竞争仅体现在成书于 13 世纪晚期或 14 世纪早期的匿名作品《狐狸与狼》中。在那里,一只名叫瑞纽德的狐狸被困在井底,被狼西格林发现。狐狸假装自己已经死了,它是一个被带到充满美味食物的天堂的精灵。狐狸告诉狼,如果它忏悔所有的罪,并跳进它面前的水桶,就可以加入它的行列。狼跳了进去,它的重量使水桶下沉,同时把另一个装有狐狸的桶顶上来,使狐狸得以逃脱。当一个口渴的修道士把水桶拉出来时,发现并击败了狼。在这样的故事中,狼的命运通常如此,但在这种情况下,这种结局带有消除罪恶诱惑的寓意。② 这个故事在《列那狐传奇》系列中出现过两次,可以追溯到 11 世纪末和 12 世纪初的犹太范例,以及《伊索寓言》。③ 但在其中世纪英国的变体中,这个寓言被重新塑造,以警惕人们警惕欲望、诱惑和语言的欺骗,堕落的狼代表了被魔鬼欺骗的人的堕落。它也强调了教会对于保护基督徒灵魂的重要性。

　　《狐狸和狼》和乔叟的《修女的牧师科钦和狐狸的故事》是唯一一首以狐狸的功绩为特征的中世纪英国诗歌,但有充分的证据表明,列那狐(以及它的狼对手)在英国很有名。英格兰南部诺曼底的纪尧姆·勒·克拉克创作于 1210 年或 1211 年的《贝斯蒂埃神甫》中重述了《列那狐传奇》最早的系列中的故事,1225 年后创作的《切诺顿的奥多》中有三个极为流行的寓言,都提到了莱纳杜斯和伊森格里姆,其中包括井中狼的故事。这些寓言在 14 世纪由尼古拉斯·博松重述,到 14 世纪末,《列那狐传奇》在英国已经有了完整的版本。此外,很可能英格兰讲法语和盎格鲁-诺曼语的精英

---

① Variy 1999:169 – 70.

② Honegger 1996:70; Le Saux 1990:78.

③ Bodleian Digby 86; Honegger 1996:60; Varty 1999:163 – 170.

和他们的艺人在更早的时候已经熟知至少《列那狐传奇》的一些系列,然后其修改版以口语形式在英国得以传播。① 仅仅对伊森格林的各种情节和化身的综合研究就构成了一篇完整的论文。② 然而,几乎在每一种情况下,狐狸都比狼聪明。在一集里,狐狸领着狼穿过一条狭窄的隧道,进入一位富有的牧师家,并鼓励它多吃,狼因太胖而无法通过隧道返回。狐狸发现神父在餐桌边吃东西,于是偷了一顶帽子跑开了,并把追赶它的人拉到狼跟前,狼被狠狠地揍了一顿,狐狸逃跑了。在这里,就像在《列那狐传奇》的其他情节以及寓言中一样,狼的愚蠢削弱了它优越的力量。狐狸的最终胜利和狼的失败说明了《列那狐传奇》普遍而唯一的寓意:机智战胜权力。③

在中世纪艺术中,狐狸的表现形式层出不穷,但《列那狐传奇》中似乎只描绘了几个情节。将焦点从狐狸转移到狼身上时,可以发现,可辨认的伊森格林的显著表现形式比较少。伍斯特郡马尔迪教区教堂圣坛东墙上的一幅壁画描绘了一只狐狸、一头狼和一群其他动物;狐狸和狼的联系唤起了人们所熟知的竞争。在狐狸的出殡和葬礼上,狼的表现形式都很有特色,比如在一本约写于1300 年的英文书《小时》的下页空白处,它穿着主教的服装;在格洛斯特大教堂的院长法衣室的彩绘木板上,一只红袍狼坐在狐狸的审判席上,后来参加了它的葬礼,此描绘可以追溯到 13 世纪 70 年代末或 13 世纪 80 年代初。这都可以作为对各自背景的滑稽评注:其出现在边缘位置可能与对它装饰的葬礼服务形成了对比,而且彩绘模板,可以被沿着爱德华二世陵墓之路的朝圣者清楚地看到,这很容易成为对已故国王的一种评注。在他有生之年,他可能在某些方面被比作列那狐。④ 除此之外,狼很少出现在描述狐狸功绩

① Varty 1999:285.
② 关于名字的分析,见 Bonafin 1996:4 - 9,伊森格里姆见比利 1985。
③ Salisbury 1994:124
④ Varty 1999:139,143,152 - 5.

的场景中。在 14 世纪布洛克瑟姆的长条横幅图画中以及后来的一些免戒室里，可能有狐狸和狼对弈的图画。[①] 在中世纪英国建筑中，出现狐狸的场景有 300 多个，其中伊森格林出现的总数还不到几个。当然，要将狐狸或狼的个体表现形式与《伊森格里姆传》或《列那狐传奇》的具体文学版本联系起来并非易事，因为绘画工匠们似乎已经熟知这些作品和其他动物寓言，并对它们的野兽小插图进行了合并、省略和即兴创作。例如，在《史密斯菲尔德法令》（约 1335 年）中，一系列图画描绘了一位治疗狼的狐狸医生，以及给狼剥皮的狐狸，这让人想起了《伊森格里姆传》和《列那狐传奇》的元素。[②] 这让我们回到中世纪西欧流传的狼（实际上还有狐狸）的意象。狐狸的对手当然是众所周知的，和其他文学中的狼一样贪婪和狡诈，因此在很多情况下可以作为一个灵活的比喻使用。它在寓言故事中相对频繁地出现更是突出了这一点。

寓言

《列那狐传奇》最终植根于野兽寓言。这些包含启发性信息的简短虚构的故事，被用作学校练习、布道、娱乐和教化的说明性材料。许多故事是从古典文学中衍生出来的。在 11 世纪和 12 世纪，改写了 5 世纪散文《斐德罗篇》（其最初的 1 世纪拉丁语的翻译版本源于伊索寓言），新版本被称为《罗穆卢斯》，重新铸造了新的基督教重点，12 世纪期间，鸟类寓言成为教科书的标准组成部分。这两个寓言故事集在中世纪都具有极强的影响力，都包含了以狼为主角的故事。[③] 英国创作的最早的寓言是阿尔昆的《公鸡和狼》，可追溯到 8 世纪末 9 世纪初，它影响了后来的《狐狸

---

① Varty 1967：no. 142.
② Varty 1999：182 - 188.
③ Salisbury 1994：107

和公鸡》。① 它讲述了一只公鸡因为骄傲而被狼抓住,但通过聪明才智,公鸡得以逃脱。《公鸡和狼》是中世纪第一首拉丁野兽诗,它在结尾加入了基督教的寓意,从而背离了传统的寓言传统。

在玛丽亚·德·弗朗斯创作的一系列寓言中,狼比任何其他动物都要频繁出现,她在 12 世纪后半叶为盎格鲁-诺曼宫廷听众写作(她的寓言一直在贵族圈子里流传到 15 世纪)。② 13 世纪早期,广泛流传的《切里顿的奥多》系列作品,后来被神职人员和修道士采用。两位作者的故事都用动物作为隐喻,寓意人类对道德和正确社会秩序的评论。像玛丽亚一样,奥多用他的寓言来评论贵族,像《鹳与狼》中的贫富关系,但他的动物经常扮演传教士的角色,表明他寓言中的道德教诲是针对修道士和神职人员的。例如,《狼照顾羊》这则寓言结尾是:

> 基督也将他的羊交给牧师保管。但许多牧师,或因作恶,或因疏忽,最终把他的羊养没了。③

寓言和它比喻的指导目的是明确的。玛丽亚的寓言集中于贫富之间的关系,贵族和农民之间的关系,后者以强大的、独立的食肉动物——狼、狮子和狐狸为代表。狼是贪婪、欺骗性和压迫性统治的典范——是暴君的统治,它的贪婪扰乱了社会秩序。这是用动物来代表乌托邦式的自由,即正确的社会秩序,在《列那狐传奇》中也很明显。④ 在这里,文本讽刺了"真实的"中世纪社会的仪式,滑稽地模仿了那些坚守其价值的文学,但很少有证据表明,《列那狐传奇》是严肃的或精确的政治讽刺。⑤ 事实上,就像玛丽亚的寓

---

① Salisbury 1994;33.

② Jambeck 1992;94-5.

③ Jacobs 1985;94-5.

④ Zemmour 1998.

⑤ Owen 1994;xii.

言一样，列那狐系列故事是在宫廷背景里写的，并且服务于既定的秩序。① 它的狼和其他动物形象代表的是人类整体而不是个体，它的拟人化程度远远超过寓言。例如，当决斗时，列那狐和伊森格林都分别穿上黄色和红色的盔甲，拿上盾牌，它俩都挥舞着棍棒，尽管在决斗结束时，这两个食肉动物不得不使用它们的天然武器——牙齿。②

在 12 世纪，动物作为人类的榜样越来越流行，在这个背景下，狼被列为最重要的人物之一。到了 13 世纪，以寓言、动物寓言集和野兽史诗为基础的范例越来越多地被用来说明布道——在 13 和 14 世纪，它们在整个欧洲被广泛使用。③ 不同的图像语境中都有传说中的"狼"的表现形式，进一步支持了它的广泛流行。"狼和鹤"的故事似乎是最受欢迎的。一头狼的喉咙里卡住了一根骨头，于是请其他所有的动物帮忙把它取下来。只有长着长脖子和长嘴的鹤才有能力这么做，狼答应它，如果它能让自己恢复健康，会给它一大笔报酬。鹤把头伸进狼的喉咙里，把骨头拔了出来。然后，鹤要求得到奖励，狼愤怒地回答说，已经"奖励"了它，让它活下来，然后责备自己失去了咬掉鹤头的机会。这则寓言最初由伊索写成，但在 12 世纪中叶，玛丽亚用它来评论社会不公：

> 邪恶的贵族就是这样，
> 可怜的人敬献了他的敬意，
> 要求得到奖励。
> 他不会从贵族那里得到的！
> 但穷人必须感谢他，
> 感谢贵族让他活下来。④

---

① Salisbury 1994:124.
② Branch VI, Owen 1994:119 - 126.
③ Salisbury 1994:126,133 - 4.
④ 'The Wolf and the Crane', lines 33 - 38, Spiegel 1994:49.

一系列的公共和私人背景都描绘了这个寓言,它出现在巴约挂毯的边缘,其中包含了狼和鹤、狼和驴的两种表现;[1]出现在教堂雕塑中,例如肯特郡巴弗雷斯顿教堂的 12 世纪圆形建筑(图5);也许还出现在威尔斯大教堂的 13 世纪的拱肩上(尽管这很可能是一只狐狸);[2]还出现在手稿艺术方面,如剑桥大学圣体学院 MS 4, f. 239(图6)的一封装饰性信件的下半部分;[3]出现在桌游器具上,如 11 世纪的格洛斯特桌子套件。其他的寓言则很少被提及,比如在西敏寺大厅的宝石塔上雕刻的"狼和羊"的故事,可以追溯到 11 世纪的最后十年。[4] 鉴于狼和羊的母题在中世纪基督教符号学中的泛滥,它在英国艺术中的普遍缺失是令人费解的。

图 5　肯特郡巴弗雷斯顿教堂的一个 12 世纪圆形建筑上描绘的狼和鹤的寓言

---

① Wilson 1985:plate 27.

② Sampson 2001:423.

③ Dodwell 1954:70.

④ Zarnecki, Holt and Holland 1984:155; Zamecki 1992:335.

图6　在剑桥圣体学院 MS 4,f. 239r 的字母"S"的
下半部分代表了狼和鹤的寓言。该图已获
得剑桥圣体学院许可

　　"学校里的狼"主题出现在拉丁语、德语、法语和英语的寓言和
非寓言的动物故事中,以及在欧洲大陆的图画中,在英国和斯堪的
纳维亚艺术中几乎没有,尽管作为一个谚语它可能已经广为人
知。① 这种表现方式的作用是什么? 在宗教背景下,它们可能是语
言范例的视觉辅助工具。在某些情况下,可以用寓言作为投射隐
喻的基础,在特定的描述中展示多重解读的潜力。贝叶挂毯上描
绘的狼和鹤,被解释为是对所代表的事件和人物进行了微妙的道
德评论,本质上为盎格鲁-撒克逊和诺曼的观众提供了不同的版
本。② 如果说有什么区别的话,狐狸和数量较少的狼可能是中世纪
英格兰最容易辨认的边缘形象之一。

---

① Ziolkowski 1993;207-8; Bagley 1993; Panzer 1906;15-20.
② Bernstein 1986;131-2.

动物寓言集

被称为"动物寓言集"的主体手稿写于 12 世纪的英国和法国，但在欧洲其他地区也有发现。它们似乎有两个功能：一是选择性地描述"自然"世界，其中包含一系列复合生物；二是作为说教文本，通过具有可能的记忆功能的动物类比，来展示善恶行为。[①] 早期的动物寓言集松散地基于曾被译为古英语的《怪物图鉴》，[②]他们最初的"信息"似乎是针对修道士社区的新手。[③] 但他们吸收了现有资料，并融入其他形式的中世纪野兽文学，所以最终信息被广泛传播。现存最早的英国拉丁语动物寓言集是《博德利·劳德杂项.247》（约 1110—1130 年），它包含了伊西多尔《语源学》的段落，重点从道德教化转变为百科全书式的创世描述。[④] 虽然《怪物图鉴》没有将狼列入其条目，但对于北欧的动物寓言制作者来说，他们明显借鉴了《怪物图鉴》的内容。[⑤] 狼并没有出现在英格兰最早的拉丁动物寓言中，而是早在 12 世纪前三分之一的时候就和鳄鱼、野山羊、狗一起，出现在了 BL MS Stowe 1067 中。[⑥] 随后，与狼条目相关的阐释在动物寓言集中各不相同，尽管所有例子都与公式化的准则有关。[⑦]

这个词条以狼这一名字的词源开始，并指出拉丁语 *lupes* 源自希腊语 *lupus*，意为"咬伤"，而这又与狼群无比贪婪的个性有关，正是这种贪婪导致狼捕杀它们所发现的任何东西。[⑧] 另一个词源将

[①] Rowland 1989.

[②] Squires 198S.

[③] Baxter 1998.

[④] Ibid:83 – 5

[⑤] George and Yapp 1991:50.

[⑥] Baxter 1998:88.

[⑦] 以下均引自 Baxter:147 – 8。

[⑧] 此条目基于阿伯丁大学图书馆。MS 24,ff.16v – 18r 是最长和最详细的来源之一。

lupus 与 *leo pos* 联系起来,因为就像狮子一样,狼的力量就在它们的爪子里,它们抓住的任何东西都无法生存。后来,条目指出,狼的力量来自它的胸部而不是腿。最后,妓女被称为狼,因为狼很贪婪,而她们剥夺了情人的财富。词条重申了狼是一种贪婪的野兽,渴求鲜血,并继续描述了它的习性;它不能扭头,有时以猎物为生,有时以土为生,甚至以风为生。母狼只有在五月打雷的时候才生幼崽,但狼很狡猾,不在巢穴附近为孩子捕食。如果它必须在晚上打猎,它会像一只驯服的狗一样靠近羊圈,并逆风而行,以免吵醒牧羊人或让牧羊犬闻到它的气味。如果它踩到树枝或别的什么东西发出声响,它就会咬住爪子。它的眼睛像夜间的灯一样发亮,如果它先看见一个人,它就使这个人无法发声;否则,如果有人先看见它,它就失去了凶猛,不能逃跑。根据索林纳斯的说法,狼的尾巴上有一小团毛,这是一种爱情符咒,如果狼害怕被抓住,它会用牙齿撕掉这团毛,除非是从活狼身上取下来,否则这种咒语没有任何力量。

然后词条开始了它的道德解读。狼代表着魔鬼,因为它一直用邪恶的眼睛注视着人类,围着虔诚的基督徒的羊圈转,试图腐化和毁灭他们的灵魂。五月里,母狼一听到雷声就生下幼崽,象征着第一次展示它的骄傲时,魔鬼就从天上掉下来。事实上,狼的力量在于它的前躯而不是后躯,这也象征着魔鬼,以前是天堂里的天使,现在是地狱里的叛教者。狼的眼睛在黑夜里像灯一样发光,因为魔鬼的工作在盲目愚蠢的人看来是美好而有益的。母狼在离巢穴很远的地方为它的幼崽捕食,因为魔鬼肯定会把他的财产提供给那些在地狱里受惩罚的人。他常常追杀那些以善行疏远他的人。不转动全身就不能转动脖子,这说明魔鬼从不通过忏悔来改过自新。人若被狼夺去了说话的能力,就要脱下衣服,把衣服踩在脚下,手里拿两块石头,用一块打在另一块上,狼会被吓跑的。在精神上,狼代表魔鬼,人的罪和石头代表使徒或圣徒。脱衣服的动作意味着受洗,按照神的形象塑造新人,并取代老人和他的行为。

把石头打在一起会引起圣徒们的注意,以获得上帝对罪恶的宽恕。接着,该条目继续写道,狼一年中交配不超过 12 天,它们可以饿很长时间,然后大量进食。书的结尾是对埃塞俄比亚狼的注解:它们有鬃毛,五颜六色,能跳得很高,在一系列跳跃中动作迅速,就像奔跑一样,从不攻击人,冬天长着长毛,而在夏天它们是无毛的。

　　虽然关于狼的条目最长,但它并不比其他许多条目更具折衷性。它的来源似乎包括古典文学(亚里士多德、普林尼、索林纳斯)、早期基督教权威(安布罗斯、伊西多)和当地信仰的呼应元素,以及上文和前几章已经讨论过的更广泛的主题,例如与羊相关的食肉性。在贝叶挂毯的边缘舔着爪子的狼,装饰坎特伯雷大教堂柱顶的狼,伊夫利教堂浮雕和跳棋上的狼,都来自于这些主题。[①] 一些中世纪百科全书也有类似的说明,例如亚历山大·内克姆的《自然之王》(1198 年)、巴塞洛缪的《自然之物》(1230—1240 年)和文森特的博韦的《自然鉴》(1240—1260 年),这些文献可能来源于相似的资料,也可能来源于动物寓言集。但是,尽管有关狼的动物寓言集条目充满了信息,但插图画家只选择关注一些细节。具有装饰画的动物寓言集是一种特别的英国现象,在 13 世纪上半叶达到了顶峰。唯一已知的斯堪的纳维亚"动物寓言集"是一本可以追溯到 13 世纪初冰岛语的《怪物图鉴》;它不包括关于狼的条目,[②]这也许并不奇怪,因为冰岛没有狼。然而,英国和欧洲大陆动物寓言集的特征材料很可能在斯堪的纳维亚南部为人所知。在达德斯乔教堂(瑞典斯莫兰)的北屋檐板上可以找到一头狼咬后爪的例子,尽管这也可能来源于流传的寓言和民间传说,这些传说本身就是动物狼的来源。[③]

　　在现存的英国原稿中最常出现的插图是狼接近它的猎物,如博德利 764(约 1240—1260 年),伦敦 BM Add. 11283, f. 9r,博德

---

① Wilson 1985:plate 3; Kahn 1991:fig. 90; Tisdall 1998:261; Dalton 1909:plate LI, 200.

② Hermannsson 1938.

③ Karlsson 1976:no. 128.

利 533(约 1275—1300 年),以及牛津,圣约翰 178(约 1275—1300
年)。[①] 在 BM Royal 12,f. 19v(约 1200—1210 年)中,一头狼向一个
围着羊的编制围栏走去。这一幕与阿尼克 447,f. 18v(约 1250—1250
年)中的场景类似。在圣约翰,牛津 61,f. 22(约 1210—1230 年),一
头狼从山上爬下来,走向一群羊,其中一只羊正在睡觉;而在菲茨威
廉 MS 254,f. 19v(约 1220—1230 年),一只看门狗在狼靠近时睡着
了。还有更进一步的变化:在 BM Stowe 1067(约 1120—1240 年)中,
狼踩碎了一根树枝并咬它的爪子;在阿伯丁 24,f. 16v(约 1200—1210
年)中,狼在牧羊人睡觉时惊醒了一只看门狗;在 BM Sloane 3544(约
1240—1260 年)中,狼惊醒了狗和牧羊人。在 BM Harley 3244(约
1255—1265 年)中,狼嘴里叼着一只羊奔跑,坎特伯雷大教堂图书馆
MS Lit D. 10,f. 4v(约 1275—1300 年)也描绘了这一场景(图 7)。

图 7 坎特伯雷大教堂图书馆 MS Lit D. 10,f. 4v 的狼。经坎特伯雷院
　　长和分会许可复制

---

① George and Yapp 1991:51

在皇家博物馆 2，f. 7（约 1220—1240 年）中，狼被牧羊人和狗追赶。在哈佛鸟类饲养场（101 型，约 1230—1240 年代）的兽场中发现了一个有趣的变化，羊栏上绘制了一头狼，咬住了睡着的牧羊人的腿（f. 10）。① 在 BM Royal 2（约 1200—1225 年）中，出现了一个相对罕见的描述，狼从一个人身边跑开，使另一个人说不出话来。② 在 Royal 12F. XIII（约 1220—1240 年）中，看到狼后，一个赤裸的男人站在他的衬衫上，双手各拿着一块石头。Cambridge UL MS Kk4. 25，f. 65（约 1220—1240 年）描绘了未参与任何行动的狼，这极为少见。

从阿尼克 447 号和皇家 BM12 号的深扁面四足动物，到阿伯丁 24 号的毛发蓬松的动物，再到圣约翰、牛津 61 号和博德利 764 号的瘦削尖头狼，狼的个体各有不同。很明显，我们引用了大量的例子，尽管这些描绘也反映出，狼的行为具有一定程度的相近性；对其两腿之间夹紧尾巴的描绘，是狼接近猎物时采取的一种防御威胁姿势。③ 颜色从灰色、蓝色到粉色各不相同，可能有助于对狼的记忆。④ 而在博德利 764 中，这些颜色（与另一种动物放在一起时，本例中是豹子）被赋予了更微妙的象征功能；狼和它的猎物的姿势和颜色反映了一种邪恶的、暴力的关系，而豹子和它周围的动物类似的特征，表现出的是潜在精神交流，这二者之间存在区别。⑤ 总而言之，在动物寓言集中，狼的表现形式集中在它的捕食行为上。这表明，文本中提到狼是尾随基督教信徒的恶魔，可能是关于狼最重要的道德陈述，契合中世纪基督教文学和艺术中其他地方的隐喻表达。⑥

---

① Dated by Clark 1989.
② George and Yapp 1991：51
③ Ibid；Muratova 1989：58.
④ Rowland 1989：16.
⑤ Syme 1999：166.
⑥ 见第三章。

结论

在中世纪西欧流传的各种书面故事,无疑还有口头故事中,都使用了狼的原型,其特点是它的贪婪造成的肆无忌惮的残忍、凶残的兽性以及毫不夸张的执着和轻信,总的来说,它是邪恶的化身。[1]狼可以根据环境进行重塑;在《伊森格里姆传》中,狼扮演了一个修道士的角色,对修道士和修道士制度进行了评论;在有关社会关系和等级制度的玛丽亚·德·弗朗斯寓言中,狼是不公和专制压迫的典型。这是不是也在评论真正的狼对贵族社会狩猎文化的破坏呢?这是不可能的,因为在野兽文学中,大多数狼的受害者是被驯化的,代表着社会底层,而不是狩猎动物——评论关注的是人类社会内部的关系,而不是人与其他物种之间的关系。然而,狼的拟人形象中保留了一些动物的特征。狼的饥饿是典型的兽性特征,在寓言和野兽史诗中,狼一直把森林作为它休息和避难的地方。切里顿的寓言《渴望出家的狼》中有这样一句英国谚语:"虽然狼应该成为一名牧师,应该送去从书中学习圣歌,但他的眼睛总是转向树林。"[2]正如第一章已经讨论过的,很难将这个概念上的联系与任何历史现实联系起来,毕竟狼作为一种荒野生物在古典文学中已经确立,而且中世纪的寓言中还有骆驼和狮子——这些是在西欧皇室和贵族的"动物园"之外没有遇到过的动物。虽然狐狸在中世纪英国文化中的流行,可能归因于个人经历和观察,至少一些插画中很明显,[3]但没有足够的证据表明,这种借鉴与对狼经历的借鉴一样——至少在英国没有。事实上,尽管北欧把异教徒比作狼,[4]但它们在这种环境中的出现频率相对低于狐狸(包括在文学和图像

[1] Rakusan 2003:176 – 8; Ziolkowski 1993:196.

[2] Ibid:31; see also Jacob5 1985:92 – 3.

[3] Varty 1999:172 – 5.

[4] E. g. in the sermons of Caesar of Heisterbach, *Dist* Ⅲ, Cap. XVII; Drst V, Cap. XVIII.

方面)。① 像列那狐一样,伊森格林一定是中世纪社会中"熟悉和显赫"的一员,当然是在英格兰,而不是在斯堪的纳维亚半岛。在斯堪的纳维亚半岛,1555 年,《列那狐传奇》的第一集以赫尔曼·韦格尔丹麦语的《拉维波格》的形式出现。

但与狡猾的狐狸不同,易上当的狼远不值得尊重。② 在野兽史诗和寓言中,狼是一个被嘲讽的角色,它经常遭受严厉的殴打,这很滑稽,并以此娱乐观众。在宗教范例中,无论是在动物寓言集、寓言还是诗歌中,狼都扮演了一个更邪恶的角色,隐喻恶魔。③ 但狼并不总是魔鬼,在野兽文学中也不一定是地狱的明确象征,对于《列那狐传奇》和玛丽亚寓言的贵族观众来说,狼是堕落贵族的隐喻——是对人类易犯错性的一种评论,尤其是贵族。另一方面,对于内克姆的亚历山大来说,狼已经成为教士社会所有罪恶的化身。与此同时,在英国和斯堪的纳维亚,甚至欧洲其他地区,贵族和教会团体将狼作为他们个人或机构身份的积极象征。这将在下一章探讨这种艺术借鉴。

---

① Mandonnet 1948.

② Owen 1994:xvi.

③ 例如:在 14 世纪早期的《晨曦丛生》,Wenzel 1989:339,607。

第八章

狼的身份：象征性的狼

引言

在中世纪野兽文学中，狼被用来评论教会和贵族的缺点，同时也是一个闹剧角色。在其他地方，狼被用作个人和群体身份的象征。12世纪期间，作为一种视觉形式，纹章作为表达个人和机构权威身份的手段，在西欧发展起来，在这一背景下，狼在后来的几个世纪里被英国和斯堪的纳维亚的少数民族所采用。同时，古挪威语（主要是冰岛语）文学中的狼角色，在一定程度上，是前基督教时代斯堪的纳维亚半岛精英群体所采用的早期动物主义身份的残余回响，它在古英语文学中的作用，可能表达了早期盎格鲁-撒克逊社会的象征性用法。本章将考察狼在英国和斯堪的纳维亚半岛在身份建构中的各种用途，重点关注中世纪早期狼与战士之间的联系，狼在个人名字中的图腾使用，罗马"狼和双胞胎"主题的变化，以及狼在纹章中的作用。在这种情况下，选择将他人或自己与狼联系起来，通常具有积极意义，这与野兽文学中对狼的使用以及第十章讨论的罪犯和狼之间的联系不同。在前基督时代的斯堪的纳维亚半岛，这种对动物身份的积极使用包括那些被认为与狼有着更紧密、形而上学关系的个体，也就是北方最早记录的"狼人"。在英国，对基督教的广泛接受，阻止了斯堪的纳维亚殖民者在9世纪和 10 世纪重新建立异教徒的邪教体系,在世俗和宗教环境中使用狼的积极意义,也很容易契合狼的消极意义。

狼与勇士

在中世纪的英国和斯堪的纳维亚半岛,狼与战争之间的联系主要表现在文学上,也体现在物质文化上。在古英语诗歌中,狼与乌鸦和鹰并肩出现,是战争叙事的基本元素之一。然而,在这种情况下,使用狼的形象是为了预测冲突,以产生迫在眉睫的杀戮,而不是在一场战斗之后或在战斗中消耗阵亡者,以庆祝单个战士的英勇,[1]例如在《芬斯堡战役》之前:

> ……但现在发动战争,食腐鹫将歌唱。灰蒙蒙的狼
> 会嚎叫,长矛会回响。[2]

确实会消费阵亡之人,比如在布鲁南布尔的战斗中,在战斗结束后,军队:

> 他们离开,身后留下尸体供它们享受,
> 身披黑色外衣的,黑色的乌鸦,
> 长着角喙的鹰,披着茶色外衣的,
> 老鹰,和跟在后面的,享受腐肉,
> 有贪婪的战争鸟,以及灰色的动物,
> 森林里的狼。[3]

---

① Griffith 1993:184.
② Hamer 1970:26 - 37.
③ Treharne 2000:32 - 33.

但并没有像古挪威文学那样赞美勇士"喂狼"。相反，用"战兽"来强调屠杀悲剧，它们往往反映了失败方的观点，正如《朱迪思》中所写，哀悼阵亡者，"被刀剑砍倒，成为狼的盛宴"[1]。有时也将战士描述为狼，或与狼相提并论，如《贝奥武夫》中的狼獾，[2]但在古挪威语文学和古威尔士语文学中却没有发现，这可能是因为古英语诗歌与异教徒武士文化相距甚远，后者建立了军事团体和掠食动物之间的关系。

在盎格鲁-撒克逊时期的英格兰，对等级观念的明显意识在6世纪后半叶发展起来，这源于越来越多的证据表明的社会分层的存在，这种现象在7世纪变得更加明显，特别是在个人古墓墓葬中，约翰·莫兰将这种社会分化的出现与独特的地域性物质文化的建构联系在一起——也就是表达对区域贵族精英的依附和效忠。[3] 在英格兰东部，这还包括重申与斯堪的纳维亚半岛的文化联系——在这里，盎格鲁-撒克逊精英是文德尔文化所表达的超区域精英文化的最明显的一部分。[4] 这也涉及对军事地位看法的改变，从五六世纪的男性人口的广泛纳入，到7世纪和8世纪早期，更多地有选择地让少数人参与进来，这反映了军队服役的筛选性程度越来越高，而有序作战的重要性也越来越高，贵族作为领导者和组织者在这类战争中的重要性也越来越大。[5] 这些发展与掠夺性插图的采用不谋而合；猛禽是最常见的鸟类之一，与斯堪的纳维亚半岛的鸟类最为相似，并作为装饰性配件，出现在与精英身份相关的盾牌、头盔和角制酒杯顶端和竖琴架等工艺品上——包括宴会和战斗场景。[6] 已经复原的少数头盔可与斯堪的纳维亚防护装备相

---

① Treharne 2000:208-9.
② Beowulf line 3027, Mitchell and Robinson 1998:155; Bodvarsdottir 1989.
③ Moreland 2000.
④ Carver 1998.
⑤ Halsall 2003.
⑥ Speake 1980; Dickinson 2002.

媲美,上面绘制了野猪、猛禽、龙和/或狼等表现形式。从狼的牙齿和狼的重复出现可以看出,狼被认为是日耳曼装饰风格 II 中的一个流行的动物图案,狼与其他动物如野猪和猛禽组合时被重复使用,但它的物种身份似乎只有斯堪的纳维亚的工匠才了解。① 在盎格鲁-撒克逊英格兰,风格 II 装饰中狼表现形式的多样,似乎在很大程度上是基于斯堪的纳维亚"狼"的图案,这表明工匠们对图案的身份不是很清楚。② 的确,除了萨顿胡的手工艺品中的狼装饰(见下文),狼很少出现在早期盎格鲁-撒克逊物质文化中。仅凭在盎格鲁-撒克逊人 6 世纪到 7 世纪的坟墓中发现的几只爪子和牙齿,很难将它们归为一个物种,尤其是狗、狐狸或狼等犬齿动物。③ 但是盎格鲁-撒克逊人并没有发展出在斯堪的纳维亚半岛第一个千年后几个世纪出现的复杂的葬礼仪式或宇宙哲学表达方式。最明显的原因是他们没有得到机会——到了 8 世纪,他们选择了一种新的宗教范式,同时,对精英投资进行新的关注。随着基督教的广泛采用,狼(和其他动物)和战争之间的联系已经失去了它形而上学的意义,但似乎在后来的诗歌中得到了保留。④

在这一点上,把勇士比作狼并不是特别的恭维,盎格鲁-撒克逊人对维京人军队的描述经常使用狼的意象,⑤例如,阿瑟在《阅读》中这样描述维京人,"他们像狼一样冲出所有的大门,全力以赴地参与战斗",诗歌中这些动物预示即将到来的屠杀,但也可能在这本书中提到的熟悉的符号系统内,将异教徒的狼与基督教的绵羊进行对比。⑥ 继圣康坦的杜多之后,这似乎正是乌托里克·维塔利斯的想法,当他描述维京人的领袖罗洛打算将巴黎洗劫一空时,

---

① Nielsen 2002:205 – 210.

② Ibid.

③ 见第六章。

④ Glosecki 1989.

⑤ Price 2002:370.

⑥ *Assess Life of Alfred*, Keynes and Lapidge 1983:78.

写道"一个内心的异教徒，他像狼一样渴望基督徒的鲜血"①。

　　零碎的证据表明，在中世纪的威尔士和苏格兰，战士、战斗和狼之间的联系延伸到了军事团体。在塔利辛和阿内林的作品中都出现了狼群在战场上大快朵颐，这些场景最先出现在 13 世纪的记录里，但据说反映了 6 世纪以来很长一段时间的口头传播的内容，②狼和战士之间的比较也间接地体现了这一点："奥温对待他们的厄运就像狼吞食绵羊一样。"③直接地说，这个例子来自 12 世纪的一篇作文："他剑刃众多，全副武装，狼群中的冠军狼！"④塔利辛作品中对狼的类似描写可见于《赞美黑格尔》《奥温·阿乌连的挽歌》和《塔利辛的战利品》。⑤ 阿内林的《戈多丁》是庆祝和赞美阵亡战士的，这场战争被称为"狼的盛宴"，战士们的领导能力可与狼媲美："他所在岗位上的战士是连队的狼，过去很快乐"，行为方面"惯于在狼一样的愤怒中杀人的人，站在队伍最前面，戴着黄金装饰物，⑥格弗弗法尔的儿子伊斯格伦'像狼一样愤怒'，而战士像各种野生动物一般'嚎叫'和行动"⑦。此外，正如在古英语和古挪威语诗歌中，屠杀被描述为喂养"战斗野兽"。但是，在古老的威尔士诗歌中，狼和勇士之间的联系与斯堪的纳维亚传统密切相关，因为两者都具有相似的文学功能，并且都表达了同样源于骑士文化的共同思想。⑧

　　在斯堪的纳维亚半岛，公元一千年后半叶，军事领域中的狼是一种象征性的动物。这一点在动物装饰的发展中是显而易见的，这是 6 世纪以来在武器和盔甲上发现的军事精英身份的表达方

① *Gesta Normannorum ducum* 11：4/10，Houts 1992：53.

② Lewis 1976：32 - 33.

③ Attributed to Taliesin，Conran 1992：112.

④ Gwalchmai ap Meilyr's *To Owain Gweynedd*，Conran 1992：144.

⑤ Clancy 1998：85 - 90.

⑥ Jackson（1969：19,25）讨论了英格兰背景下的描写。

⑦ Ibid：57.

⑧ Jesch 2002：59 - 60.

式。一群凡人战斗精英群体反映了一个掠夺性的神,或一群掠夺性的神与战场之间的联系。在研究这个群体是如何通过物质文化来识别自己之前,先浏览一下文献是很有用的。斯卡尔德人用掠夺性的复合比喻来代表战士、他们的行为和装备,将这些与物质的表达方式相比较是很有趣的。10 到 12 世纪,剑的复合比喻最多,其中仅有 20% 以上跟与战斗、武器、盔甲、鲜血、伤痕和尸体同时出现的狼、狗、熊、蛇和鱼有关,但也以嘴或舌头与武器和盔甲相结合的方式出现,而 12 世纪的 *leggbiti*(咬腿者)是特定身体部位的一个例子。[①] 尽管只有两个斧的比喻复合表达方式将狼与伤口结合在一起,但诗歌和比喻的复合表达方式中,大多数女巨人和巨魔女性都与狼坐骑有关。[②] 例如,韩国石上的符文铭文提到了狼的这种角色:

> 我要讲的第十二件事是狼(冈恩的马)在战场上看到
> 食物的地方,二十个国王躺在那里。[③]

　　古挪威语文学作品中出现的狼经常作为巨魔、女巨人或女巫的坐骑,都是可互换的。[④] 这种联系可能位于印欧文化的大背景下,将"死亡"描绘成一个吞食者。[⑤] 但对这种图案唯一清晰可辨的描绘出现在斯科讷(瑞典)的亨内斯塔德石(Ⅲ)上。一个雌雄同体的人挥舞着一条蛇,骑在最有可能是狼的坐骑上,以蛇为缰绳。它可能与特定的神话故事情节有关——参加巴尔德葬礼的女巨人希尔金——整个作品都是纪念一个刚纳之子,在此背景下,表达方式

---

① Meissner 1921:150 - 164.
② Ibid:124 - 126,147 - 9.
③ Kratz 1978 - 79:15.
④ E. g. *Eiríksdrápa*, Whitelock 1979:335.
⑤ Grundy 1995:49.

中对上帝葬礼的映射既恰当又体面。① 这将狼作为天堂坐骑，而且
吞吃战死者，是一种出现较晚的表达方式，可以追溯到早期斯堪的
纳维亚社会的符号系统。在第一个千年中期，在常规和仪式性的
高级军事装备上出现了许多掠夺性角色。然而，与后来出现在头
盔和盾牌等防护装备的比喻复合表达方式相比，武器上的掠食性
角色相对有限。事实上，文德尔时期或维京时代的剑很少有被精
心装饰过，动物性图案更多地出现在盾牌、头盔和马术装备上，包
括野猪、狼、龙和猛禽的图案，有时组合在一起出现，比如瓦尔斯高
7 号盾牌 II 的手柄延伸部分。② 事实上，凯伦·海伦德·尼尔森最
近的研究表明，在斯堪的纳维亚半岛、盎格鲁-撒克逊时期的英格
兰和欧洲大陆，狼是风格 II 装饰中最常见的可辨认动物。③ 野猪，
不是掠食性动物，也不是概念化的掠食性动物，只是头盔的比喻复
合表达方式，已复原的野猪装饰头盔和对戴着这种头盔的战士的
当代绘画与此相契合。④ 野猪并不仅仅与头盔有关，但不会出现在
武器上，这或许支持了华纳神族(Vanir)相关的保护功能的假设。⑤
从同样的角度来看，掠夺性动物可能代表了掠夺性的神。⑥ "野兽
中的人"的主题不能轻易理解为掠夺性插图；无论传播者对其传播
的解释如何，它在整个北欧地区以不同的形式存在，其含义也相当
广。在斯堪的纳维亚半岛，胸针上出现了这一主题，它也与防护设
备和马的饰物有关。⑦

　　利用掠食者和掠食行为来指代精英的军事身份体现在一系列
的来源上。斯堪的纳维亚包括动物名称(在北欧古铭文和后来的
文献中)的人的名字，几乎无一例外地来自野生物种，其中许多是

① Price 2002：120－1.
② Arwidsson 1977：Abb. 146
③ Nielsen 2002.
④ Meissner 1921：164.
⑤ Davidson 1990：99
⑥ Ambrosiani 1983：26.
⑦ Schute 2001：211.

掠食性陆地动物和鸟类。[1] 然而,这些名字并非战士专属,亦非战士的强制性名字,可能类似于 7 世纪以来的一系列装饰性工艺品上的掠夺性图案的作用,这些装饰性工艺品在男性和女性墓穴都有发现,但通常出现在高等级背景中,[2]并且这些图案结合了人和动物的形象,可能不仅反映了人与动物之间不存在明确的界限,[3]而且反映出人与某些物种有着密切的形而上学的关系。[4] 与战士的复合性隐喻表达方式联系更为密切,在这些表达方式中把他们称为乌鸦、狼和鹰的饲养者(例如"狼群舌头的染红物"),[5]其中121 个不同的表达方式可溯及 10 世纪到 12 世纪,这段时间里,阵亡者被 32 种方式描述成不同的食物。[6] 斯诺里·斯特鲁森在他的《斯卡尔德斯卡帕克》中记录了一系列战狼的名字:

> 荒原居民的饥饿得到了满足,灰色的嚎叫者以伤者
> 为食,王子染红了芬里斯的下巴,狼去喝伤口里的血。[7]

当然,奥丁是狼群食物的最终提供者,不仅是象征性的格瑞和弗雷基的喂食者,也是战争大屠杀的监督人。[8] 在《雷金之歌》里,听到狼的嚎叫可能会为战斗带来好运。[9] 但与古英语诗歌不同的是,斯卡尔德人用"战兽"来颂扬胜利的战士,而不是唤起人们对屠杀的残酷预期;这些差异与不同的文学和文化传统有关。[10] 在吟唱诗歌中,战兽享受着它们的美食!

---

① Jennbert 2003:219 - 223
② Pedersen 1999/2001.
③ Jennbert 2003:216.
④ Kristoffersen 1995:13.
⑤ Turville-Petre 1976:75.
⑥ Meissner 1921:202 - 204,283 - 350.
⑦ Faulkes 1995:136.
⑧ 见第九章。
⑨ Larrington 1996:169,155.
⑩ Jesch 2002:254.

这种关系在斯堪的纳维亚半岛的物质文化中可能有不同的表达方式。斯堪的纳维亚半岛晚期移民时期相对抽象的插画包括动物形态的生物，它们有着巨大的张开的嘴，随时准备吞食其他生物，然而，这些动物很可能，如果不是更多的话，是与人或神相关的身份表达方式——而不是对特定神话情节的描述。[1] 详细阐述的例子是一枚 6 世纪早期埃克比（瑞典乌普兰斯）的平等武装浮雕装饰的胸针。它包括一个叼着人头的狼头，动物形迷宫盘绕边缘，"吞噬"彼此，而胸针的中间部分则填满了人类的胳膊和腿。这些图案具有暗示性，但很难确定。然而，暗示动物以死者为食的表象艺术可能代表了这一主题后来的区域性变体。在丹格尔格尔达 1 号画像石（哥特兰岛，拉布罗，日期为 700—800 年）上，最上面的区域描绘了一个有三只猛禽的战场，其中一只猛禽从阵亡者身上抓取内脏。[2] 来自通博（瑞典南曼兰省西部）的 10 世纪北欧古文印刻是用于纪念希腊一位名叫弗罗斯滕的人的死亡，周围是一个尖牙四足动物的画像（图 8）。单词"死亡"直接刻在这只动物的颚前，暗指阵亡者和吞噬它们的食腐动物之间的掠食性联系，以及确认该动物是狼和弗罗斯滕在战斗中的死亡。[3] 最后一个例子出现在丹麦索尔莱斯特一座墓穴中装饰青铜马具弓的浮雕上，该浮雕可上溯至 10 世纪第三个 15 年，描绘了一个蛇形生物，嘴上伸出两条人类的腿。[4] 龙或蛇与人类的表象表达主要是对抗性的——除此之外，没有其他例子可以描述为掠夺性的。这三种类型都可能与地位较高的个人或团体有关，这些石碑纪念死者，虽然不能对马具的图像进行简洁的解释，但它既可以指吃死人，也可以指吃具体的人。

---

① 见 Magnus 1997：201，204 – 5。

② Nylén and Peder 1988：67.

③ Andrén 2000：18 – 19.

④ Näsmart 1991：228，fig. 15.

弗罗斯滕

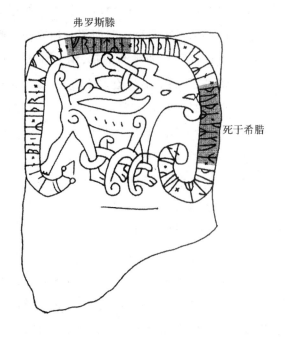

死于希腊

图 8　10 世纪北欧古文印刻。来自瑞典南曼兰省西
部通博,So 82(aft Andrén 2000:19)

　　捕食的物质表现的选择范围,他们与高地位的个体的联系,以及埋葬仪式的多样性,鉴于以上三点,对奥丁神的崇拜,瓦尔哈拉的概念,甚至是在拉格纳罗克彻底毁灭的想法,都可能是有限的和排他的。[1] 无论是个人还是通过神灵,将自己等同于狼和熊等野生动物,战士们实际上把自己变成了掠食者,把他们的敌人变成了自然猎物,或者像基督教作者描述的那样,反过来又转变成残忍的掠食者,屠杀无辜(和驯养的)猎物。也可以从其他层面解读这些信仰的含义——例如,是对高度机动的军事机构自我形象的确切描述,因此,可以将其活动概念化为在补给地上的四处漫游。敌人的

———————————

[1] Christiansen 2002:295.

死亡可能代表了他们的仪式性消耗。^① 在这一范式中,神和战士是掠食者,但他们也是猎物,这种掠夺的概念与拉格纳德克所感知到的完全毁灭的必然性是一致的。^② 鉴于狼与战争之间的联系在 10 到 13 世纪的古挪威文学中一直存在,而且它很可能起源于基督教前的北欧社会,虽然形式不同,但在信仰转换时期,每一方都在一直使用狼的特殊象征性意义。不管狼和战争之间的这种持续联系是否与真正的狼在尸体中觅食的行为有关,^③它的起源似乎与前基督教的死亡观念、与之相关的神以及公元 1000 年后半叶军事精英群体的概念化有关。在这段时间里,战士和狼之间的社会——形而上学的联系通过在人名中普遍使用"狼"而延伸到更广泛的社会,也许是为了在萨满教范式的背景下,将狼已知的身体或心理属性与人类个体联系起来。

狼的名字和个人身份

以动物名称命名人名可能源于史前时期,^④但在北欧,它们的形式可能在迁徙时期就已经形成了,当时野生动物和家畜在装饰、葬礼和符号学方面扮演着相对不同的角色。^⑤ 很明显,这其中最流行的名字是基于熊和狼的名字(例如:Ulf, Kveldulf, Biorn, Arnbiorn),而且有很多古英语和古挪威语人的名字中包含"wolf"的变体。^⑥ 在使用掠夺性动物作为护身符的更广泛的文化背景中,以特定动物命名个体,可能既反映了对其属性的认同,也反映了通过以动物为代表的萨满教媒介对其进行保护的渴望。^⑦ 斯蒂

---

① Price 2002:382.

② Ibid:53.

③ Rackham 1998:35; Linnell et al, 2002.

④ Müller 1970; Beck 1965.

⑤ Glosecki 2000a:14.

⑥ Davidson 1978:148; Feilitzen 1937:398 – 402,418 – 128.

⑦ Glosecki 1989:188 – 9.

芬·格洛塞基为前基督教时期的盎格鲁-撒克逊社会提出了一种
萨满教结构,而最近尼尔·普莱斯则主张对中世纪早期斯堪的纳
维亚社会做出类似的解释。① 但是,即使这两个地区广泛接受基
督教世界观之后,仍然承认动物名称的重要性。例如,伍尔夫斯
坦直到 1014 年仍继续以 *Lupus*(狼)作为签名。他显然知道他的
犬科名祖,而且,正如格洛塞基所说,"可能急于在他的布道中唤
起它顽强的毅力。从某种意义上说,他是一个基督教狼战士"②。
然而,还不能确定在名字中使用"wulf"是否直接指代狼的模式
化特征,例如盎格鲁-撒克逊埃塞伍尔夫国王和艾德伍尔夫
国王。③

　　狼的名字和特征与个别的异教神灵有关:埃吉尔的狼人血统
可能代表与奥丁特有的联系,④诗人甚至可能重新演绎了奥丁在
"狼嘴里"的死亡,作为他们个人认同上帝的一部分。⑤ 在中世纪早
期的英国和斯堪的纳维亚半岛,血统似乎特别重要,对于复合的狂
战士角色(尤其是乌尔菲德纳尔)来说,狼的名字很常见,但是除了
来自《埃吉尔传奇》中的科菲尔德伍尔夫之外,它们在这些文学背
景中几乎没有或根本没有明显的意义。⑥ 对德国和斯堪的纳维亚
的战士而言,使用动物名字似乎特别重要,而且,中世纪文学作品
中,因为在高贵的家族血统中加入了变形者,造成图腾祖先和狼人
之间的界限很模糊。⑦ 在一系列有半人半兽血统的家族(主要是带
有狼和熊的名字的家族)中,有两个"皇家"异教徒家族被广泛提
及,其在古英语和古斯堪的那维亚语中有零星文献记载,主要与狼
有关。其中第一个是乌芬伽,由南尼厄斯记录,并在圣埃佩尔伯特

---

① Glosecki 1989;Price 2002.
② 最常被引用的例子是 Wulfstan's, *Sermo Lupi ad Anglos*(狼对英国人的布道)。
③ Harting 1994;10.
④ Finlay 2000;90.
⑤ Harris 1999;Price 2002.
⑥ Breen 1999a;23;Egil's *Saga* 1, Pálsson and Edwards 1976;21.
⑦ Davidson 1978;132;Russell and Russell 1978;175.

的《受难史》中引用。①

　　在东英吉利和前基督教时期,狼通常被认为是一种相对流行的象征,可能与盎格鲁王室的伍芬家族有关。萨姆·牛顿详尽地描述了乌芬家族可能的起源和身份。② 在某种程度上,物质文化支持了东英吉利王室与狼之间的联系。一组盎格鲁货币(Z 系列,66型)描绘了四足动物,尾巴卷曲,耳朵尖尖,鼻子突出,有时有毛茸茸的脚。这些动物可能是狼,可能是根据早期来自诺福克的铁器时代的金币上的描绘,金币上清楚地描绘了一头狼,其最突出的判断特征是毛茸茸的脊柱;③它的制造集中在东英吉利。在这种情况下,有一个合理的论据认为,这些硬币与狼在这一地区的流行有关,伍芬王朝情况也是如此。Wuffing 这个名字似乎是 Wulf 的一个变体小词,可以翻译为小狼,并在狼金币之后标注日期;尽管如此,这可能仅仅代表,东英吉利从铁器时代到接受基督教之后一直使用狼标志的传统。④ 反对的论据是,个体狼的符号消失,并被"狼和双胞胎"(见下文)的符号所取代,它们来自不同的来源,很可能有不同的含义,主要集中在英格兰其他地方——在东肯特郡。⑤ 萨顿胡最令人印象深刻的 7 世纪墓葬中包含了与伍芬家族相对更稳定的图像关联。从 1 号土墩的墓葬中发现的最丰富的物品之一是一个钱包盖,里面有两块饰板,上面刻有"野兽中的人"图案的变体;在这种情况下,"野兽"可以识别为狼,或类似狼。⑥ 人们对狼的解释围绕着盎格鲁-撒克逊人狼的身份而展开,等同于斯堪的那维亚人的上帝,即战神。但是,无论钱包盖上描绘的是沃登与狼伙伴,⑦

---

① British History, Morris 1980:36.

② Newton 1993.

③ Gannon 2001:207 – 8.

④ Newton 1993:106.

⑤ Gannon 2001:208.

⑥ Hicks 1993:68, Glosecki 2000a; Newton 1993:108; Bruce-Mitford 1978:512.

⑦ Glosecki 1989.

被狼吞食的上帝,[①]或是一个不太具体的图腾解释,[②]它肯定是一个
与托斯伦达相似的图画。[③] 钱包上的狼图案与东英吉利王权联系
在一起,[④]尽管从在同一背景下发掘的其他工艺品上也使用了猛
禽和野猪,这表明,埋葬在萨顿胡的贵族是北欧超区域精英文化
的一部分,这种文化使用掠夺和强大的野生动物图像来建构身
份。这些例子并不像其他局部象征性狼的例子那样集中,比如在
锡耶纳市,尽管上一任东英吉利国王圣埃德蒙和反叛者赫里沃德
的故事可能暗示,在东英吉利,对象征性狼的广泛使用得以
延续。[⑤]

　　狼把东英吉利的伍芬人和沃尔松格人联系在一起。古冰岛
诗集《海尔加克维达·亨丁斯班纳二世》的散文导言指出,西格
蒙德·沃尔松格国王的男性后代被称为沃尔松格人或伊尔芬格
斯人—狼崽,后者是由于西格蒙德和新菲特利之间存在与狼有关
的联系。[⑥] Wylfingas(怀尔芬加斯)这个名字出现在《贝奥武夫》
(Beowulf)和《西格德富马尔》(Sigrdrtfumal)中。沃尔松格人和狼
之间的详细关系,特别是形状变化,在13世纪末匿名作者撰写的
《沃尔松格传说》中有记载,但其中显然包含了早期的材料。不
幸的是,没有进一步的证据证明这一群体的存在;他们是真实的
还是虚构的也并非无关紧要。有证据表明,在整个中世纪时期,
个别家庭都使用狼作为象征,沃尔松格家族之所以更突出,是因
为有文献提供了他们的血统和相关的故事。一些插画与这个家
族有关,例如,温彻斯特11世纪的"西格蒙德石头"被认为是在
树林里撕开狼舌头的西格蒙德。[⑦] 这是一个非常具试探性的联

① Branston 1993:81.
② Newton 1993:108.
③ Bruce-Mitford 1974:214 – 222.
④ Storms 1978:332 – 4; Newton 1993:108 – 109.
⑤ Newton 1993:109;见第九章和第十章。
⑥ Orchard 1998:182.
⑦ Biddle 1981:168; Byock 1993b:4I.

想，但如果我们接受它，在它最初的背景下，这块石头可能是为了颂扬韦塞克斯和丹麦王室的共同祖先。这是一个有趣的假设，但不幸的是，已经有人提出，我们不可能有进一步的其他解释，首先与早期对流行的动物寓言的描述有关。[①] 因此，在这种情况下，这种动物可能是一只狗，而这种背景会改变它的社会功能和意义。其他描绘沃尔松格家族故事情节的插画并不包括狼的意象。

蒙茅斯郡的杰弗里在梅林的预言中用来代表人的一个来源是威尔士血统中的动物称谓语，如 Rhirid Blaidd（狼）和 Cillin Y Blaidd Rhudd（红/血狼）。[②] 在苏格兰，有些人把皮克特族石上的动物表达解释为重要人物的个人名字，[③]另一些人则将其解释为与领土有关的精英权威的标志。[④] 无论如何，在第一类皮克特族石头（始于 6 世纪）上，可以辨认出只有四个可能是狼的例证：阿尔罗斯的石头可能描绘的是狗或狼，[⑤]而基督教纪念碑戈尔斯比石描绘的更可能是狗，从尾巴的位置可以辨别，[⑥]在加斯克之石上描绘的可能是狼，而加斯克之石本身就描绘了一系列真实而奇妙的动物，守护在十字架两侧，基勒之石可能也代表一只狼。[⑦] 证据极为有限，不能用来衡量特定动物名称在中世纪早期苏格兰的流行程度，但插图主题被用来表达制度、群体和个人身份。这一点在盎格鲁-撒克逊-基督教背景下的异教罗马"狼和双胞胎"主题的重复使用中表现得很明显。

---

① 见第七章。

② Bartrum 1966；Curley 1989：155.

③ Cummins 1999.

④ Ritchie and Ritchie 1981：161 - 2，1992：23 - 5，Sutherland 1997：11.

⑤ Mack 1997：109，Nicoll 1995：107.

⑥ Mack 1997：12 - 4.

⑦ Nicoll 1995.

英格兰的狼和双胞胎

罗穆卢斯和雷姆斯被母狼哺育的传说被罗马人带到不列颠群岛,作为罗马帝国和罗马的既定象征。狼在罗马艺术中起着各种象征作用,主要是战神马尔斯的象征,这种联系也出现在罗穆卢斯和雷姆斯的故事中。故事的基本元素——弃婴和母狼——出现在一系列古典和波斯文献中,最终在盎格鲁-诺曼的圣徒传记中被合理化了。[①] 作为罗马货币上的一种象征,它存在于多种情况下,例如公元前 3 世纪中期的迪拉赫马银币和约公元 71 年的维斯帕西亚货币上。它随后被用于君士坦丁的罗马城类型造币上,并在整个英格兰广泛流传。在这种情况下,狼与双胞胎的装饰图的含义将保留 imperium 的内涵——即统治权。这个符合在中世纪早期的英格兰广为人知,例如,在恩德利苞装饰片(约 475 年)上就有。[②] 这枚苞状饰片可能是东英吉利而非欧洲大陆制造的,而且很明显是从罗马城类型的硬币中衍生出来的。[③] 没有证据表明这一主题延续到盎格鲁-撒克逊时期;相反,它似乎被周期性地重新引入,在 8 世纪早期的弗兰克斯棺材中,又被重塑了。[④]

在早期的盎格鲁-撒克逊人时期,狼和双胞胎的图案再次出现在罕见而独特的中等系列五 BMC 第七类货币上,这是由于其局部分布而归属于东肯特郡。东英吉利版本的三个例子,埃佩尔伯赫特的便士、肯特郡和盎格鲁人的钱可能都是模仿罗马城类型。埃佩尔伯赫特的便士上的狼有一个稍微不同的姿势:它的头向下倾斜(就像在咬它的爪子),与后来的动物寓言集描绘的狼一致,这是

---

① Douglas 1992:195 - 197.

② Archibald, Brown and Webster 1997, Vegvar 1999:259.

③ Hills 1991 认为是东英吉利人的起源;Hines 和 Odenstedt 1987 认为是大陆起源。

④ Vegvar 1999:259;见下文。

从经典来源衍生的特殊元素。[①] 然而，这种比较是不恰当的：狼是低下头，舔舐双胞胎中的一个，而不是咬自己的爪子。这种姿势本身并不是狼特有的，在中世纪早期的装饰画中，各种动物（如狮子和狗）都会有这种姿势。当埃佩尔伯特开始独立于奥法（Offa）铸造时，这种对罗马图像的特殊运用，不同于南部斯卡塔斯货币的清晰描绘，再加上 REX 一词，可能是为了表达政治上独立于梅西亚的挑衅姿态，以及对"wufingas"（或 Wuffings）这一词的双关意义。[②] 最后一种解释是可行的，但即便如此，8 世纪晚期的拉林牌匾是在一座纪念圣埃佩尔伯特的教堂附近发现的，但这可能是偶然的。[③] 埃佩尔伯特便士可能只是对偶然发现的一枚罗马硬币的虔诚和热情的回应。[④] 另一方面，狼和双胞胎的使用可能是东英吉利皇家血统属于罗马血统的一种表达，尽管其他皇室王朝也提出了类似的主张，但并没有使用这种图案。[⑤]

弗兰克斯棺材由诺森布里亚的鲸骨雕刻而成，在棺材的面板和盖子上描绘了各种各样的场景，左手边的面板似乎描绘了母狼喂养罗穆卢斯和雷姆斯的故事，尤其是牧羊人发现男孩的故事。背景是一片茂密的树林，还有另外一头狼。相关碑文如下：

> 罗穆卢斯和雷姆斯，是两兄弟，一头母狼在罗马城喂
> 养他们，他们远离了自己的家乡。[⑥]

这一场景被解读为罗马本身的至高无上的象征，也是基督教会的象征。[⑦] 此外，林地场景和场景周围文字的安排暗示了"放逐"

---

① 见下文。
② Vegvar 1999：258.
③ Webster and Backhouse 1991.
④ Gannon 2001.
⑤ Newton 1993：109.
⑥ Webster 1999：239.
⑦ Ibid.

的主题。这可能反映了一个当代的政治信息：警告将教会的权力与合法的世俗权威联系起来的行为。然而，维格瓦尔对场景的图像进行了更详细的研究，注意到构图与经典模型在几个方面的不同之处。[1] 这一场景很可能受到一个独立的文本的影响：牧羊人表现出对双胞胎的某种崇敬，这可能源自早期盎格鲁-撒克逊英格兰独立的罗穆卢斯和雷姆斯口头故事系列，[2]或源自 7 世纪和 8 世纪狄俄墨德斯《关于语法艺术的三本书》的副本。[3] 然而，场景中的其他特征，如第二头狼的出现、手持长矛而非曲柄杖的"牧羊人"以及将"婴儿"描绘成成年人，呈现了一种北欧对罗马主题不同寻常的再创造。

维格瓦尔将携带长矛的牧羊人等同于 8 世纪盎格鲁-撒克逊人——牧羊人用长矛保护自己的羊群免受狼的伤害。[4] 第二头狼被解释为牧羊犬，[5]或母狼的配偶。[6] 维格瓦尔对这些观点的驳斥令人信服，他主张在一个更世俗的背景下对其进行解释。[7] 在图像学上，这对双胞胎与流亡有关，如上所述，相关的北欧古文印刻明确地说明了这一点。狼被解释为代表暂时被抛弃的战士身份（意味着狼人），以及胜利的命运和双胞胎的统治。[8] 这一解释并非毫无疑问，但弗兰克斯棺材确实表明了一种不同寻常却并不令人惊讶地对罗马主题的挪用，这与当地盎格鲁-撒克逊的背景是一致的。

在意大利，狼和双胞胎的符号已经被传给了罗马教会，并继续代表在罗马的权力，但在这个新的背景下，它代表了教会。这一点

---

① Vegvar 1999：256.
② Hunter 1974：40.
③ Vegvar 1999：261.
④ Ibid：262.
⑤ Holthausen 1900：210.
⑥ Goldschmidt 1975：57.
⑦ Vegvar 1999：263.
⑧ Ibid：264 – 5.

从各种中世纪欧洲大陆背景下的图案使用中就可以明显看出,比如龙巴纳的双联画(约 900 年)。① 在其多重意义中,喂养双胞胎的狼喻义教会滋养信徒。这个符号也出现在中世纪早期的宇宙结构学里,其中一个由本尼迪克特·比斯科普从罗马带回,并被诺森伯兰国王艾德菲斯收购。② 总而言之,盎格鲁-撒克逊人对罗马狼的使用源于硬币上的图案,源于比德及其同时代的维吉尔和狄俄墨得斯等古典文学作品中出现的罗马狼。在大多数情况下,这一主题似乎反映了罗马人,即罗马基督徒的理想,③尽管一些例子,如弗兰克斯棺材和埃佩尔伯特对这一符号的使用可能反映了本地化的挪用和修改,并表明狼的特殊重要性并没有在整个符号组合中消失。

在维京时代的斯堪的纳维亚没有发现这一主题,大概是因为它与基督教有联系。在意大利,这种图案被继续使用,例如在锡耶纳的盾徽上,并在整个中世纪时期和文艺复兴时期的艺术中得以复兴。

在整个中世纪,狼和双胞胎的主题继续代表着罗马教会,但很容易被批评家们所利用。但丁《神曲·地狱篇》(1314 年)的第一章将母狼比喻为腐败的教会,而朗格多克省的宗教调查记录显示,卡特尔人经常把罗马教会的官员称为狼,基本上颠倒了上述比喻。一位经验丰富、有影响力的询问者伯纳德·居伊甚至抱怨说,异教徒敢于将教会与狼联系在一起。④ 在 13 世纪末的沃尔特斯时代(102 年),有一幅罕见图画,描绘了罗穆卢斯和雷姆斯被母狼哺乳的画面。这可以被解释为对教会的暗喻,植根于动物寓言集传说。⑤ 被舔舐的双胞胎之一可能是罗穆卢斯(杀害雷姆斯的凶手,

① Gannon 2001:212.
② Plummer 1896:380.
③ Gannon 2001:279.
④ Burr 1996:5.
⑤ Randall 1989:114-15.

因此等同于该隐),因此母狼正在培养其邪恶的能力。根据动物寓言集传说(而不是中世纪早期的原始图案),这不是一个积极的暗喻。在斯堪的纳维亚文学中,《沃尔松格传奇》中西格德杀死母狼也可以看作是对日耳曼人战胜罗马的比喻。① 然而,弃婴和母狼之间的联系在凯尔特语的圣徒传记中也有发现,象征罗马和凯尔特传统的正面和解。② 狼和双胞胎的图案,在英国比在斯堪的纳维亚半岛更为常见,它代表了一个有趣而罕见的例子,说明早期人们将狼作为教会的正面象征,教会将自己和它的会众比作牧羊人和羊,在中世纪基督教符号学中,恶魔以狼的形式持续威胁着这一象征。

中世纪英国和斯堪的纳维亚的纹章狼

大多数现存的证据表明,狼在欧洲纹章中的使用可以追溯到中世纪晚期和现代早期——15 世纪及以后。③ 一些纹章狼的使用显然与个人或家庭的名字有关,但并非所有情况都是如此。

英国

在英国,有一些现存的中世纪高级纹章狼的例子。休·卢普斯,是阿夫朗什子爵和第一个诺曼切斯特伯爵,据说他带来了一个狼头图案,它出现在柴郡伯爵精选的(但不是全部)武器上。④ 爱德华一世统治时期的武器名册上,尼科尔·勒卢(1266 年)的武器包含向前走的两头狼。⑤ 早期纹章狼的大部分来自 14 世纪的纹章,并用于视觉展示,如釉瓷玻璃(图 9)和印章,例如在沃尔弗顿的罗

---

① Thundy 2000.
② Douglas 1992:197.
③ Williams 199340,48,56,57 – 58.
④ 由 13 世纪早期的 Ranulf Earl of Chester's;狼农夫的故事,Chesshyre and Woodcock 1992:207。
⑤ E. g. Brault 1997:98, Fitzwilliam Museum, Cambridge MS 297.

杰·洛思(1361 年)、罗杰·德·沃尔弗斯通(1367 年)、约翰·米德尔顿(1377 年)和豪厄尔家族(约 1300—1320 年)的武器上。

图 9 玻璃烧杯和彩色珐琅狼
出土于伦敦福斯特巷,13
世纪末/14 世纪初(aft.
泰森 2000:92)

在他们对纹章学的研究中,伍德沃德和伯内特断言,狼在英国纹章学中是一个出现非常频繁的角色,无论是在武器上还是在支托上,狼头特别常见,特别是在苏格兰纹章学中。[1] 1300 年以前,这种频率还无从求证,在此之后,在以狮子和鹰为主的绘画动物集合里,带有狼图像的武器的数量就相对有限了。

在威尔士,13 世纪的卢维尔印章是存留下来的狼的最早象征性用途之一,这些印章没有纹章,只有狼的图像,暗指名字。[2] 纹章通过与英格兰的接触,间接到达威尔士,并且传播缓慢;因此,现存的封印都没有 1300 年以前的纹章。布莱肯的统治者布莱迪恩·阿普·梅耶奇(卒于 1093 年)与纹章狼(被银色箭头刺穿嘴)的联

---

① Woodword 1896.中世纪英国纹章学中狼的完整名单可以在 Chesshyre and Woodcook(1992:207, 268–269, 296)中找到。
② Siddons 1991–93:260.

系是 16 世纪创建的, 这是一个可追溯的例子, 而 1326 年记录的彭布罗克郡狼堡似乎与一个姓氏有关。① 与英格兰情况相同, 威尔士盾徽上的所有动物中, 狮子占据最重要的位置, 这种情况在动物盾徽中占比 52%(动物盾徽在威尔士所有盾徽中占比 69%)。② 但狼的出现似乎非常频繁, 特别是在后来的盾徽中。其中一个例子是在叶延·温(1365 年)的印章上发现的, 他的武器上有一个狼头顶饰, 同时也是武器支托。另一个例子出现在拉纽赫林马多格之柳安格拉法德的狮子和(约 1395 年)的纪念碑上。③ 巴斯克维尔武器以有着狼头顶饰而闻名, 通俗意义上与行军中的猎狼有关, 似乎是一个现代的可追溯的补充:威廉·费洛斯在 1530 年《对南威尔士和赫里福德郡的访问记》中记录了熊头顶饰。

在中世纪盛期的苏格兰, 没有尚存的狼印章的痕迹, 但是狼元素确实出现在中世纪晚期的苏格兰纹章中。④ 一个特别有趣的例子是 17 世纪初出现在斯特灵镇第二区武器上的蹲着的狼。⑤ 经常被记载的(在民间传说中)是指 9 世纪的传说, 也出现在 1457 年的"斯特灵壶"上。⑥

斯堪的纳维亚

尽管狼出现在中世纪晚期和现代早期的斯堪的纳维亚纹章中, 但在中世纪盛期的徽章背景中, 狼的数量很容易被狮子和龙超越。中世纪盛期, 一枚为乌尔夫·法西·贾尔铸造的硬币上出现了一个可能是狼的符号, 而不是狼纹章(因为它没有出现在盾牌中)。⑦ 这枚硬币描绘了一只犬科动物, 它的头扭向一颗造型独特

---

① Spurgeon 1987:32.

② Siddons 1991 - 93:215 - 17.

③ 其他例子见 Siddons 1991: II, 10 - 32,112,140,155 - 6.

④ Woodward 1896:240 - 1.

⑤ Urquhart 1973:135 - 6.

⑥ 斯特灵的史密斯美术馆和博物馆。

⑦ 1230 - 40s, Group VI, Uppsala; Lagerqvist 1970:55.

的星星,如果能被识别为一头狼,那么它将是"乌尔夫"名字上的一个"画谜"。其他现存的硬币和印章表明,至少直到中世纪晚期,在斯堪的纳维亚半岛南部出现的这种个人名字和特定动物之间的象征关系才特别普遍,然而即使在这个时候,狼也被限制在数量有限的盾徽上,而不是只用于人名。[1]

在中世纪的挪威,除了加尔德家族(1400 年以后),几乎没有纹章会使用狼的符号。在瑞典,乌尔夫·卡尔松(1281 年)和他的家族(13 世纪,菲利普·乌尔松 1296—1333 年,英格堡 1296—1307 年)武器上发现了最早的对纹章狼的使用。[2] 一只有趣的"狼鸟"与斯特兰奇(1186 年)、他的后代佩德·奇兰森(1193—1267 年)及其后代有关。[3] 正如北欧其他地方一样,直到 14 世纪,瑞典军队才开始使用狼,例如乌尔夫·德·诺普(1322 年)和卡塔琳娜·霍姆尔格斯多特(1371—1390 年)的武器。[4] 瑞典纹章狼的分布与丹麦相当。[5] 在这里,13 世纪就存在纹章狼,如在斯科尔(1259 年)、亨里克·戈多夫(1244 年)和佩特列夫·波格维奇(1298 年)的武器上。14 世纪,纹章狼出现的频率更高了,例如在阿诺德·冯·维岑(1336 年)和尼古拉斯·朗格洛韦(1326 年)的武器上。在中世纪后期和现代早期,纹章狼仍然相对流行。[6]

结 论

从名字到物质表征,与象征性狼相关的含义并不一致,可以根

---

[1] Woodcock and Robinson(1988:64)提出,"不要为了指控的原因而去看那些人的姓氏"。

[2] Raneke 1982:329.

[3] Raneke 1982:418.

[4] Ibid:326.

[5] 包含狼的中世纪晚期瑞典武器的完整清单可以在 Raneke I 326 – 336,II 708 – 709,717, III,329, 330 中找到。

[6] 完整列表见 Achen 1973:43 – 45, 65 – 67, 77 – 79,150 – 1;杂交狼鸟和狼鱼;197, 304,325,356, 382 – 3,429。另见 Petersen and Thiset 1977 年。

据相关个体的特定背景来加以解释。[①] 动物性的名字和昵称继续流行于整个中世纪，但是"动物"在人名中的含义并不完全清楚，在基督教之前的日耳曼文化中，对动物名称的使用也没有普遍的解释。然而，如果把狼的象征性用法重新解释为一种带有个体差异的基本符号，这就为一系列看似永恒的文化矛盾提供了一系列似乎可信的解释。

大量证据表明，狼被广泛认为是暴力和体力的基本象征，虽然对一些精英来说，狼可能是一个正面和适当的象征，在其他群体中，尤其是神职人员，狼被用来传达负面信息。因此，有时被等同于暴力的狼可以同时是鼓舞人心的象征，也可以是邪恶的化身，从现代的角度来看，这似乎是一个令人难以置信的矛盾。狼并不是唯一一种被如此使用的动物：像龙这种神奇动物既代表了中世纪盛期基督教艺术和文学中的恶魔动物集合，又代表了一群"正面"的纹章野兽，而狮子似乎是最受欢迎的基础动物暴力象征，个人可以赋予狮子正面价值和负面价值。这种象征范围否定了普遍概括的价值，比如中世纪的狼"象征着邪恶"，而狮子是"最高贵的野兽"。因此，把精神上的推理作为灭绝运动的唯一动机显然过于简单了。此外，这一解释也解决了纹章兽的含义分配困难，这一困难源于将动物寓言集与中世纪后期精英阶层专用的纹章评注之间做了狭义的联系。[②] 纹章学出现于 12 世纪的欧洲，似乎与个人身份展示和庆典有关，而不是战场上的一种标识形式，它的装饰用途至少在 13 世纪中期才开始变得明显。[③] 狼作为纹章元素出现在中世纪晚期和现代早期的欧洲，其在各时期的出现频率各不相同：尽管狼的主题出现在法国许多武器上，但除了野猪、雄鹿和熊之外，它在所有动物武器中的占比不足 5%。[④] 另一方面，狼在现存的封印

① Fumagalli 1995:142.
② Woodcock and Robinson 1988:64-5.
③ Ibid:1-3,172.
④ Pastoureau 1982:111.

上的表达形式，以及从附近纳瓦拉的彻底消失，其数量都超过了最受欢迎的纹章动物——狮子。[①] 在英国和斯堪的纳维亚半岛，通过原始纹章图案，狼作为个人标志的使用从中世纪早期开始延续，最终发展成为成熟的纹章学成就。无论如何，这种用法都与主人的个人身份有关，尽管主人的姓氏和他或她的象征性动物之间经常有联系，但在某些情况下，选择狼可能反映了其他意义，特别是军事意义。[②] 另一方面，狼和双胞胎的主题反映出，教会这一机构并不是中世纪的狼以正面形象出现的唯一背景，我们将在下一章中对此进行探讨。

---

① 见 Menendez Pidal de Navascufés 1995.
② Pastoureau(1982:111)认为纹章狼从来不是象征性的，而是寓言性的。

第九章

从奥丁到圣埃德蒙:异教徒宇宙观和基督教宇宙观中的狼

引言

北欧接受基督教导致了当地异教徒宇宙观的变化——关于宇宙的构建、维持和最终毁灭(或更新)的信仰。宇宙观重构与人类相对于其他动物及其共享环境的生态状态的认知变化密切相关,可以概括为从以动物为中心的世界观向以人类为中心的世界观的转变。我们对早期盎格鲁-撒克逊时期英国野生动物的宇宙学作用的理解极为有限,主要依赖于物质文化、葬礼仪式和图像学的推断,以及对后来书面资料的批判性研究。我们对英国其他地区前基督教范式中动物的使用知之甚少。在斯堪的纳维亚半岛,中世纪早期的物质文化元素,以及后来的书面资料表明,(至少)那些对奥丁神有关的信仰、对战争的社会宗教角色和对世界毁灭的认同,将宇宙学角色赋予了狼,这些狼通常代表着毁灭的力量。在斯堪的纳维亚,也许还有英国,土著异教徒范例承认存在对立的力量,但这些在道德上远比基督教宇宙学中的同等元素更模糊。[①] 基督教把"邪恶"的概念引入了一个存在对立力量

---

① Russell 1984:64.

的宇宙学框架。在英国，邪恶的概念通过魔鬼媒介被纳入盎格鲁－撒克逊基督教中，[1]当斯堪的纳维亚定居者开始在大西洋上殖民时，宇宙观的冲突导致了短暂的融合时期，随后基督教成功地以各种方式取代了异教徒。本章重点讨论狼是如何在异教徒和基督教的宇宙论中占有一席之地的。从斯堪的纳维亚半岛与奥丁神有关的狼的角色开始，尤其是芬利尔，在皈依时期，狼是如何作为异教徒和基督徒之间的宇宙界面的，以及在基督教被广泛接受之后，狼如何成为既是暗黑破坏神的象征又是上帝力量的象征的。

奥丁：狼神

奥丁神，乔装众多，是一个极其复杂的角色，但他与狼的联系，源于他是广义不变的死神。[2] 最早将奥丁与狼联系起来的文字来源是 8 世纪的北欧古文铭文；然而，这种联系可能更为久远，也许五六世纪的苞状饰片图像中已有所表现。[3] 直到 13 世纪早期，史洛里·斯图拉松才编撰了关于奥丁神与狼之间联系的最详细的文本，特别是关于奥丁神与其对手芬利尔。奥丁和芬利尔之间的联系在中世纪早期有着更清晰的前因后果（见下文），他与狼之间的普遍联系几乎肯定与异教徒的世界观而不是后来基督教的创造或阐述有关。很明显，基督教传教士在皈依时期赋予狼一个突出的宇宙角色几乎没有什么好处，早期的祭祀活动和信仰的替代导致狼作为一种宇宙力量而被抛弃，并将其简化为对地狱的隐喻，这是众多狼角色变化中的一种。

《假面者之歌》等文学资料表明，奥丁身边有两只狼——格瑞和弗雷基——意为"贪婪的狼"。[4] 这些名字的意思一目了然，表明

---

① Dendle 2001；Russell 1984：133－4.

② Grundy 1995；Price 2002.

③ Hauck 1978；Hedeager 1999；也可见 Motz（1994）的批评。

④ Larrington 1996：54.

它们最初的功能是描述性的,其作为专有名称的使用相对较晚。[①]
因此,格瑞和弗雷基被用作狼的神性原型,并作为神在文学作品中
的功能象征(在实际的邪教中,这一点似乎更为合理),同时也与奥
丁与芬利尔更密切的、更古老的联系产生共鸣。奥丁神当然与狼
有着共生的关系:无论是在瓦尔哈拉还是在米德加德,都是奥丁神
带走了被杀者的灵魂,狼得到了尸体。奥丁与狼的关系还得到了
乌鸦和老鹰的进一步补充。如前一章所述,这两种动物都与战争
中的死亡联系在一起,而且经常互相联系。此外,在他化身吊神
(绞刑台之王)时,奥丁绞死自己,审问自己,并通过献祭吊刑而受
到尊敬,这暗示着他与绞刑架上的罪犯有关,被设想为挂在瓦格特
里的狼(Hamdismál 17),进一步联系到瓦尔哈拉西门上的一头狼
(《假面者之歌》10)。[②] 这些与狼的各种概念的多重联系,以及与
战争、死亡和罪犯的联系,使得玛丽·格斯坦把奥丁称为日耳曼
"狼神"的一个侧面。通过她们与奥丁的关系,神话中的女强人呈
现出一种狼的面貌,也许类似于被称为"母狼"的狂战士的女性同
伴。[③] 奥丁和狼之间的联系已经扩展到对早期或原始的"野生狩
猎"的解释和重建,这种狩猎从 11 世纪开始越来越标准化,以及早
期在狩猎中的狼而不是狗的重要性,与印欧武士崇拜中的狼主题
有关,[④]而在盎格鲁-斯堪的纳维亚语中,有人认为奥丁与狩猎之间
有着更具体的联系,狼是奥丁神的伙伴,吞食被杀死的人。[⑤] 不幸
的是,在第一个千年的后几个世纪里,几乎没有任何证据能够使我
们衡量奥丁神与这些个体之间的相关性和他们的作用。另一方
面,异教徒和基督教群体区分并理解芬利尔和奥丁之间的关系。

[①] Grundy 1995:45.
[②] Larrington 1996:53,240。狼和罪犯之间的关系将在下一章进一步详细探讨。
[③] Breen 1999a.
[④] Lindow 2000:1036; Kershaw 2000.
[⑤] Grundy 1995:51.

奥丁和巨狼芬利尔

　　斯堪的纳维亚异教徒的宇宙观认识到一些超自然狼的存在。其中最重要的是芬利尔或芬里苏尔夫。在古挪威语文献中记载的挪威神话里，芬利尔也许是与异教徒的启示录，即诸神的黄昏，有关的最可怕的力量，它在 10 世纪末变得越来越重要。[①] 斯图拉松引用的有关芬利尔的故事可以简单地进行概括。巨狼，和他可怕的弟弟耶梦加德蛇，以及妹妹赫拉，出生于贾恩维斯尔，是洛基和女巨人安格博达（或者可能只是洛基）结合所生，有趣的是，在《希密尔之歌》[②]中巨狼被称为"海狼"。起初，众神接受了芬利尔幼崽并和它一起玩耍。当他开始长成一只怪兽时，众神很不安，决定把他捆住。捆芬利尔是一个反复出现的主题，与狼这个生物和提尔神有关。众神用很多方法都没能把狼绑起来，于是让小矮人锻造了魔法栅锁"格莱普尼尔"。芬利尔很怀疑，只有当其中一位神明把手伸进他的嘴里时，他才答应被捆绑起来。提尔自告奋勇，手中握着魔法锁链，芬利尔咬断了提尔的手——在埃达的诗《洛基的争论》中，提尔被洛基嘲笑失了一只手给狼。[③] 一把利剑被塞进了狼的嘴里，他一直被捆绑在一个岛上，直到诸神黄昏。此时，他挣脱栅锁，在最后一场战斗中面对众神。在这里，狼吞下众神之父奥丁，被他的儿子维达尔杀死，维达尔把他的靴子插进狼的嘴里，把它的上颚和下巴向后拉，将它撕成两半。史洛里在诸神黄昏的叙述中小心地将芬利尔与其他狼区别开来，让维达尔与芬利尔对决，提尔与加尼对峙。[④] 然而，在文学作品中给人的总体印象是，巨狼是一种强大的动物，是所有的狼的具体体现；它被称为"巨狼"而不

① Grundy 1995:30.

② Larrington 1996:81.

③ Ibid:91.

④ Faulkes 1995:54.

是如芬利尔埃达诗歌《女巫的预言》所说,所有的狼都是这个巨狼的后代。事实上,史洛里描述的各种狼可能是一个融合的超级捕食者的一个方面,而奥丁、洛基和芬利尔可能是一个融合的囚徒之神的不同方面:一个"捆绑狼神"。①

斯堪的纳维亚战神与超级捕食者之间联系密切,丹麦贸易遗址里伯的头骨碎片证实了这种联系的久远历史,该碎片可追溯到 8 世纪的前几十年,并刻有北欧古文铭文 Plfur/auk/upin/auk/hutiur'(狼、奥丁和高提尔)。② 尤其根据苞状饰片的证据,有些人把狼的起源日期推到五六世纪,认为狼是众神的对手。③ 芬利尔这个名字直到 10 世纪才出现,加上迂说式修辞暗指他的束缚,比如"斯帕里·瓦拉·芬利尔"(芬利尔嘴唇的支撑物)和"戈姆斯帕里·金达尔·吉尔迪斯"(狼的齿龈支撑物),而奥丁被称为"乌尔夫·巴吉"(狼的敌人),所有这些都强化了狼、奥丁和提尔之间早期的联系。芬利尔在非世界末日的背景下无法被肯定地识别,尽管它可能出现在前一章提到的图尔索普石(瑞典斯坎)和马门(丹麦)的马具上,但唯一相对确定的身份是在莱德堡(瑞典奥斯特格特兰)的一块石碑上发现的。这表明,在宗教信仰转换时期,狼作为一种宇宙力量的使用是有限的,而且具有特定的区域性,不列颠群岛北部斯堪的纳维亚殖民地的 10 世纪雕塑作品可以证实这一观点。

信仰转换期作为宇宙界面的狼

解开斯堪的纳维亚异教徒宇宙观和英国/欧洲大陆宇宙观的组成并不是特别容易,它不是一个完全封闭的、原始的范式,而且

---

① Gerstein 1974:144.

② Grønvik 1999.

③ Hauck 1978; Hedeager 1999:154; Motz 1994.

有证据表明,从公元第一个千年的早期几个世纪开始,斯堪的纳维亚异教徒宇宙观和英国/欧洲大陆宇宙观两者之间就有联系。除了罗马艺术广泛的插画影响外,基督教也影响了斯堪的纳维亚半岛最早的掠夺性艺术表达形式,例如 B 苞状饰片上的一个主题被解释为"奥丁被蛇吞没",这是受到古典晚期约拿描绘的影响。[1] 然而,即使早期的日耳曼艺术从罗马模型中衍生出一些主题,它的宇宙背景是非常不同的——后期文献有所证实。此外,考虑到斯堪的纳维亚对人物艺术的排斥以及随后动物造型装饰的发展,这些主题不能被解读为是基督教叙事,而且传教士不得不在皈依时期"重新引入"这些故事。[2] 此时,异教徒和基督教物质文化中表达的主题经常被解释为"融合",同时迎合异教徒和基督徒。这一现象的一个表现是一个全新的宇宙界面,由斯堪的纳维亚人发起,以狼的形态表现的宇宙掠夺为中心。

在这种情况下,有人对比了《启示录》中的野兽芬利尔、贝黑摩斯和隐喻为魔鬼的狼。当然,我们关于狼的许多详细信息都来自史洛里,他可能已经融入了基督教启示录的元素。然而,巴格更进一步指出,魔狼芬利尔是一个基督教概念——将这个名称与拉丁语 infenus lupe 联系起来,随后在古挪威语中从词源上改为指称低位碱沼(fen)、沼泽(swamp)或泥潭(mire)。[3] 更具体地说,巴格坚持认为,维达尔和芬利尔之间的战斗是在不列颠群岛的基督教影响下形成的,反过来,间接地受到了伪拜占庭传统的影响。然而,以狼的形式来构想世界末日的力量显然是异教和北方的——诸神黄昏反复出现的狼主题使它与最终源自中东传统的"启示的怪物"区分开来。在英格兰北部斯堪的纳维亚人聚居地的某些地区,在 10 世纪的雕塑上发现了许多与异教徒狼启示录有关的主题,这些

---

[1] Hauck 1976.

[2] Wicker 2003.

[3] Bugge 1889;6 – 7.

主题可细分为三类:奥丁被芬利尔吞下、维达尔撕开芬利尔的下巴和提尔牺牲了他的手来捆绑芬利尔。[1] 这些纪念碑已经被广泛地研究过,因此没有必要重复与它们的鉴定有关的各种论据。[2] 它们描绘了诸神黄昏故事中高潮点的各个方面,或相关的人物联想,尽管每一个在组成上都是独一无二的。[3] 例如,坎布里亚的戈斯福斯十字架上装饰着三个可以说是代表启示录的狼的场景(图10)。[4] 在受难场景的上方,一个人像向后撑开一个可怕的动物头的上颚,同时用脚压住了下颚——这个人物通常被解释为维达尔,这个可怕的动物被解释为芬利尔。[5] 在其融合的背景下,人物也可以是任意数量的角色,包括大天使迈克尔。在十字架的东侧,一个两头蛇形的生物,张大上下颚,面对一个类似的人物,他的长矛将怪物的上下颚张开,这可能再次代表了维达尔和/或胜利的基督。[6] 最后,在十字架的南面,一个手持长矛的骑马的人像,似乎在逃避束缚。

在十字架的这一边的顶端,一个交织出现的生物下巴似乎被绑住了,因此这整块面板都与提尔和被绑住的芬利尔联系在一起。[7]

索克本的卧式石碑上的浮雕场景(no.5),是哥斯福十字(Gosfurth cross)的另一种纪念碑,描绘了魔狼芬利咬断提尔手的故事。[8] 攻击人形之手的主导野兽似乎被一条穿过环状锁链的链带束缚住了。这一场景在卧式石碑的两侧都有复制,尽管受损侧的人影左手拿着匕首。这些都是相对"确定"的标识,但是至于芬利尔或他的后代的表现形式所反映的其他信息都无法保持不变,例

---

① McKinnell 2001:329.

② 见 Martin 1972; Bailey 1980:135 – 5, 2000。

③ Bailey 2000:18.

④ Ibid:19.

⑤ Bailey 2000:19 – 20; Martin 1972:73.

⑥ Dronke 1996,II:13.

⑦ Bailey 2000:20.

⑧ Lang 1984:164.

如教堂的十字架上的一系列咬人的四足动物，以及一只可能是"被束缚"在阿斯帕特里亚十字架的底部的四足动物。[①] 在切斯特勒街（达勒姆）的 10 世纪浮雕上可以找到一个更可能的标识，它将芬利尔捆绑在镶板底部，被解释为（从一些不太可能的可能性中）对苦难的综合描绘。[②] 同样似是而非的解释可以在斯基普维思石上的"吞噬"场景中找到，[③]奥文厄姆（Ovingham）的一个十字轴初步辨认出吞食太阳的狼，这是诸神黄昏故事的主题，那里可能有海姆达尔和一只吞日狼的表达形式；[④]还有苏格兰东洛锡安的泰宁安的卧式石碑上，描绘了太阳两侧有可能是狼的形象。[⑤]

这些纪念碑是受当地贵族委托，在斯堪的纳维亚人的定居点建造的，在世俗而非修道士的赞助下，雕塑活动呈爆炸式增长。[⑥]此外，他们是在一个非对抗性的大气候下创作的；使用当地已有的工匠，采用基督教的插画表达手法。有趣的是，10 世纪后半叶，英国的修道院复兴与地狱之口的视觉表现的发展密切相关，地狱之口的形象是一个掠食性动物的头。[⑦] 在这个时候，地狱之口起到了虔诚的作用，主要出现在温切斯特和坎特伯雷的手稿中。在盎格鲁-斯堪的纳维亚纪念碑中，使用类似兽性地狱之口的掠食性图案，可能表明这些图案具有转换信仰的功能。但是，尽管盎格鲁-撒克逊人的地狱之口是一个相对简单的形象，但对于一些更复杂的盎格鲁-斯堪的纳维亚作品，我们需要具备解释复杂的并列意义的能力——无论是贝利所说的对戈斯福斯十字架反映的修道院式沉思技巧，[⑧]或者是安德烈所说的解释符石碑所需的理解水平。[⑨]

---

① Calverley 1899：11，107，115.

② Cramp 1984：58.

③ Hicks 1993：209.

④ Bailey 1980.

⑤ Stevenson 1958－9：49；Hicks 1993：220－1.

⑥ Bailey 1996：79.

⑦ Schmidt 1995：19－31，61－83.

⑧ Bailey 2000：20.

⑨ Andren 2000：26.

图 10　坎布里亚郡戈斯福斯十字架的两幅图。版
　　　权所有:盎格鲁-撒克逊石雕,摄影师 T. 米德
　　　尔马斯

此外,这些都是公共纪念碑,对它们的解释很可能是一种集体行
为,无论是异教徒还是基督徒。

　　除了一块可能是在 10 世纪的坎特伯雷建造的象牙板之外,直
到 11 世纪中期,没有证据表明在公共场合使用地狱之口。[1] 相比
之下,盎格鲁-斯堪的纳维亚掠夺性主题是为了公众展示,很可能
是为了表达宗教信仰。这一观点得到了他们相关的图像学的支
持。奥丁被描绘成狼的猎物,与他多元的宇宙角色是一致的,但是
在同样的背景下,基督被描绘成一个凯旋的姿态——他在戈斯福

① Schmidt 1995;82.

斯的受难暗示了他的复活，而下面的蛇强化了基督力量，可以与上面的维达尔战胜芬利尔相提并论。同样，在马恩岛上的柯克·安德烈亚斯——奥丁石板背面的人物手持一根棍子和一本书，脚下踩着蛇，很可能是胜利的基督（或主教或圣徒）流行图案的变体。[①]总的印象是两者并置的延续，在诸神黄昏不可避免的毁灭之后，是通过胜利的基督而延续的——诸神黄昏故事充满希望的结局很可能是在 11 世纪基督教影响下加入到故事循环中的，[②]可能是在这个时候，诸神黄昏怪兽被组织成一个连贯的末日论，与基督教的启示录并不矛盾。[③] 此外，可以将其视为从相对模糊的对立力量向具有更明确界定、两极分化作用的力量的过渡。[④] 这些表述不应被视为对抗性的，而应被视为不同范式之间的机会主义桥梁，在宗教皈依的气氛中，能够从一种模式顺利过渡到另一种模式。在千禧年之交，这头可怕的狼可能已经被纳入了一个"异教徒基督教世界末日论的背景"，写入了《贝奥武夫》。[⑤] 在这里，爱德华·里斯登将斯卡尔迪奇所指的世界末日狼与古英语叙事中的人物进行了比较。举个例子，在《贝奥武夫》中，狼在摧毁太阳的过程中，每一次格兰德斯的攻击都与夜幕降临同时发生。[⑥] 狼是厄运的象征（也是典型的战斗野兽），而里斯登甚至把狼坡描绘成与灾难有关。贝奥武夫的死意味着他的世界的终结，在这种情况下，他可以对应于奥丁或世界末日的狼。[⑦] 斯堪的纳维亚定居点，以及前维京人与英格兰的联系，影响了《贝奥武夫》的潜在分布（和起源），因此，其中一些联系是脆弱的，不一定是"世界末日"，但是，它们可能被如此解读过，特别是那些接受了皈依的地区，他们已接受了 9 世纪到 10 世纪的

---

① Margeson 1983.

② Price 2002：52.

③ Christiansen 2002：299.

④ Russell 1984：64.

⑤ Risden 1994.

⑥ Risden 1994：64.

⑦ Ibid：61，118－19.

二者融合的特征。

在斯堪的纳维亚,如上所述,在诸神黄昏的背景下,莱德伯格石碑上有描绘芬利尔战胜奥丁的唯一清晰的画面,这与柯克·安德里亚斯的作品惊人的相似。一面描绘了一个人踩在四足动物的嘴上——两者之间的关系表明前者是奥丁,后者是芬利尔,还有一个人伸手去够狼的后腿。石头的另一面更难理解,描绘了两个勇士,两个较小的四足动物和一艘有盾牌的船,但可能与诸神黄昏主题有关。尽管如此,在统计学意义上,它在宗教皈依过程中的作用是微不足道的——有更多的关于托尔之锤的雕刻品和挂件被证明在宗教皈依过程中发挥的作用极其有限。[1] 综合证据表明,狼启示录的视觉表达是有限的和短暂的,大概反映了特定的社会宇宙需要。毕竟,在他们已经建立的宇宙学中,基督徒认为狼的作用相对较小。

然而,来自考古和文献资料的证据表明,斯堪的纳维亚异教徒的世界观最终会在盎格鲁-撒克逊-基督教范式中被同化,而且,晚期撒克逊/诺曼基督教插图中没有一只被命名的魔狼,这表明芬利尔在基督教宇宙学中并不重要。另一方面,由于 13 世纪早期的斯特鲁森可能在挪威记录了芬利尔的故事,这表明芬利尔在斯堪的纳维亚的生存时间要晚得多,尽管我们在德国和法国也注意到存在狼作为末日力量主题的变体。[2] 芬利尔,可能出现在各种世界末日背景下的几个魔狼的综合体,或者是北欧一种独特的世界末日力量的有名称的例子。在其他地方,狼可能被贬为一种较小的超自然力量,并被保留在(毫无疑问进一步转化为)后期的民间传说中。民间传说中经常引用的关于狗的评论是它们与狼的互换性;在斯堪的纳维亚和欧洲的传统中,狼人偶尔被记录为狗的形状,反

---

① Staecker 1999:98.

② Grimm 1882:244-5.

映了本书第四章提到的狼和狗之间的概念变动性。① 从奥克尼到
康沃尔,英国的民间传说中都有幽灵狗。它们很可能与中世纪早
期(或更早)的动物精神传统有关,而不是"鬼魂"。② 它们通常是
黑色的,经常出没在道路上,与不幸联系在一起。有些人认为民间
传说中的黑狗和古挪威文献中记载的另一个世界的守护者之间有
联系,这是一个与死亡有关的通往地狱之旅的特征。③ 其他人则更
进一步,将黑狗的传说与斯堪的纳维亚人定居的地区联系起来,④
而萨姆·牛顿则尝试将格伦德尔和东英吉利的布莱克·舒克联系
起来。⑤ 在奥克尼岛上,比格犬是一种用最后一根切好的稻草制成
并吊在农舍顶部的狗,它的起源通常被认为是挪威人的习俗。比
格犬最初可能是一头狼,反映了一种经常被记录下来的民间人格
化,即把作物灵魂比作狼,⑥但是奥克尼没有狼,这种情况下,狼在
几代人的时间里就转变成了狗的形状。类似地,在中世纪的鼎盛
时期,围绕着地狱马这个中心形象发展起来的野生狩猎,可能根植
于印欧神话,但是地狱狗取代了可能存在于早期口头传说中的任
何狼。⑦

　　虽然上面提到的关于所有斯堪的纳维亚的联系都很有趣,但
幽灵狗和恶魔狗却出现在斯堪的纳维亚人没有定居的地区,这表
明了一个更复杂的起源。⑧ 此外,这些民俗传统很难确定溯源。北
欧民间传说中超自然黑狗的起源不得而知,学者们转向古典模型,
来解释它们的起源和功能。⑨ 有些人将幽灵与古挪威和凯尔特文

---

① Woods 1959:91 - 93.
② Brown 1958.
③ Davidson 1943; Trubshaw 1994.
④ Jennings pers. comm; Stubbs pers. comm.
⑤ Newton 1993:133 - 144; Trubshaw 1994.
⑥ Marwick 1975:69 - 70.
⑦ Lindow 2000:1037.
⑧ Green 1966:107 - 8; Tolkein 1983.
⑨ Brown 1978:47.

献中的个别"地狱"动物联系起来,[1]但这些联系是脆弱的,而且不应泛化其与其他超自然犬科动物(如精灵犬)的比较。也许应该去看看中世纪晚期的民间传说;在整个欧洲,黑狗经常与特定的地点或历史人物联系在一起。在中世纪西欧文学中,鬼魂有时呈现出动物的形状:大多数是鸟、狗、爬行动物或马,与死者的变形形象和基督教信仰相对应。[2] 除了在"最后一头狼被杀"的地点有无休止的变化外,在英国民间传说中,狼属动物明显不存在,但幽灵狗的数量却激增。在斯堪的纳维亚半岛,狼和狼人是民间故事的主角,黑狗也可以成为魔术师的熟人,[3]但对立问题也是存在的;狼在斯堪的纳维亚的存在贯穿了第二个千年,并根据社会和生态的变化,在民间传说中的角色一直在不断变化。鉴于此,19 世纪民间传说中的狼可能与中世纪人类对狼的体验没有什么关系,尽管在最近和早期的资料中可能都有一些可识别的主题。如前一章所述,在西欧,了解与狼有关的民俗,最可靠的途径是通过野兽文学,不幸的是,斯堪的纳维亚半岛没有野兽文学。

地狱之狼

"如果不是魔鬼,狼还能是什么?"[4]

上述对狼的隐喻用法,与在第七章所述之恶魔狼的用法相当,甚至因以下观点而更加突出,即恶魔的实体可以以狼的形式出现。魔鬼,被认为能够以几乎任何形式诱惑贤者,只是偶尔在最早的基督教经文中被称为狼,就像圣安东尼所说的一样。[5] 在古英语文本中,类似的参考文献同样也很少;古特拉克听到了沼泽里狼的嚎叫

---

[1] Stone 1994;Trubshaw 1994.
[2] Schmitt 1994:196.
[3] Kristensen 1936.
[4] Aberdeen University Library MS 24, f17v.
[5] Schaff and Wace 1892.

和乌鸦的呱呱声,[1]而布利克灵说教者则提到了一种更为熟悉的比喻用法,即恶魔像贪婪的狼一样抓住灵魂。[2] 在早期和晚期的中世纪文学作品中,狼的形式并不常见,也不为这两个时期专有;如果说有什么不同的话,那就是相反的了,因为恶魔最常出现的形式是狗、蛇/龙和山羊。[3] 例外情况包括马姆斯伯里的威廉对圣邓斯坦神奇力量的描述,其中包括用棍子驱赶以狼或熊的形式出现的魔鬼。[4] 威廉还提到了在比修道院发生的一件事,一个精神错乱的修道士,病得快要死了,他看到自己即将被巨大的狼吞食,他的尖叫声惊动了圣安瑟姆,他赶来驱散了恶魔狼。[5] 13世纪波旁的检察官斯蒂芬记录了一个更有趣的例子,他回顾了他对法国罗讷-阿尔卑斯大区的多姆贝斯的农民崇拜狗吉尼维尔的调查:

> 一个女人还告诉我,她召唤了农牧神后,正从场景中退出时,她看到一只狼从森林里出来,朝着婴儿走去。如果母爱没有让她感到怜悯,而是离开他的话,狼,或者她所说的,狼形魔鬼会吞食婴儿。[6]

在英国和斯堪的纳维亚半岛,这种情况并不常见,尽管有更多的资料提到人变成狼。[7] 在中世纪英国文学中,狼经常被用来表示魔鬼的一个方面,[8]更广泛地说,它被用来代表中世纪艺术和文学中的许多罪恶,从愤怒到贪婪。正如第七章所述,狼的隐喻性体现在它的贪婪,尽管狼与狮子和野猪一起时,它仅是许多矛盾的指称

---

[1] Swanton 1975:50.

[2] *Blickling Homily* 16, Bradley 1995:75.

[3] Russell 1984:67.

[4] *Gesfa Ponfificum Anglorum* 19, Preest 2002:21.

[5] *Gesia Pontificum Anglorum* 46, ibid:52.

[6] Schmitt 1983:6.

[7] 见第十章。

[8] Wilson 1977:232.

之一。[1] 毕竟,在动物寓言集中,除了狼,豹、猿、熊、狐狸、野猪和野驴都被比作恶魔——这是中世纪动物道德教育的范例。

各种动物的形式——一些可以辨认,另一些是合成的——出现在整个中世纪的北欧宗教艺术中。但是,并没有公然将芬利尔等异教徒的狼吸收到更广泛的"魔鬼文化"中;通过斯特鲁森的作品,中世纪盛期的斯堪的纳维亚观众可能已经熟悉了这种野兽,同时,从 12 世纪开始,公共和私人艺术中,掠夺性吞噬的主题不时在最广泛的观众面前,既表现了可怕的狼,又表现了熟悉的狼。但是宗教艺术中邪恶动物主要指的是圣经中的掠食者:狮子、龙和鱼。布道将狼作为邪恶的范例,例如托马斯·德·乔布姆(1160—1236年)的一篇布道中提到狼是贪婪的象征。[2] 教堂内的吞食图像可能可以证实此类布道中对狼的引用,因此根据引用情况,复合地狱口可能是狮子、鱼、龙或狼。但在英国和斯堪的纳维亚半岛,狼很少出现在教堂艺术中。已确定的少数几个例子充其量只是试探性的,在瑞典,它们包括一块可能描绘狼的哈加教堂(斯莫兰省)的装饰板,可能还有来自马隆教堂(达拉纳省)和圣塔克教堂(西哥得兰省)的狼头。[3] 虽然圣塔克的狼头有许多判断特征,但在挪威,这种类似特征更可能被解释为狮子或龙。[4] 可能的装饰性狼的更多的例子来自斯堪的纳维亚半岛南部教堂的罗马式枕梁和椽头,比如特隆赫姆大教堂,这也许是一个更大范围的图像计划的一部分,表达了地狱掠夺。但是,从对中世纪南部斯堪的纳维亚艺术的总体调查中可以清楚地看到,熊、狼和猞猁等本土动物很少出现——最受欢迎的动物是狮子和龙/蛇,它们与圣经和基督教出现前的传统有关。

在英国,除了一些与圣埃德蒙殉难有关的小插图,狼几乎不存

---

① O'Reilly 1988:70.

② Morenzoni 1993.

③ Karlsson 1976:99.

④ Hohler 1999a, b.

在——英格兰西部石碑上的罗马式圣水器上可能有一只狼，但这是例外。① 然而，一些四足动物被描绘得模棱两可，或者我们无法肯定地识别它们，但这都不应排除中世纪盛期斯堪的纳维亚和英国宗教艺术中使用狼作为装饰性动物的可能性。② 尽管霍勒认为议，挪威罗马式艺术中有一种强烈的装饰元素，但更恰当的解释应该包含对单个动物多重意义的潜在可能性的解读，即使这些图像对工匠而言意义不大或者没有任何意义，但根据特定观众的背景和知识，有些意义比其他意义更突出。我们可以得出这样的结论：从地狱的图像和文学插图的角度来看，狼要么太普通，要么太熟悉，无法激发出地狱般冥界的恐怖形象。

中世纪基督教中的"善狼"

在中世纪的基督教中，动物并不被视为具备天生的"善"，尽管它们可以隐喻地狱，但它们也可以寓言神圣和道德行为。此外，它们的行为可以被解释为受神力或恶魔力量的指引，至少从智力的角度来看是这样。所有与圣人有关的"善"狼的例子都可以被解释为是神力的展示——从典型的道德观点来看，是引导狼做出反常行为。威尔士的杰拉尔德用万能神性来解释人变狼事件：

> ……我们发现，在上帝的旨意下，为了展示上帝的力量和正义的审判，人类的本性侵占了狼的本性。③

尽管在 14 世纪，使人类变成狼的责任被从上帝身上重新分配给了魔鬼，④但神学家们仍然将普通狼的行为归因于善良与邪恶力

---

① Drake 2002:30 - 1.
② Hicks 1992:271.
③ *Tapographia Hibemiaet* 19, Forester and Wright 2000:46.
④ 见第十章。

量的影响。旧约中已经塑造了,通常通过圣人行为,代表或强调上帝力量的"善狼",早期沙漠教父们经常与狼和狮子分享他们的生活空间。① 在凯尔特语的圣徒传记中,狼和鹿的出现比其他动物更频繁。其中包含了一系列的主题;例如,在乔纳斯的《哥伦巴的生活》中,狼把圣人独自留在树林里的行为,就证明了上帝的力量。② 在中世纪早期的圣徒传记中,一个更流行的主题是诱导狼提供服务,这通常与狼的本性相反:阿班命令狼照看他的羊,科姆根命令一头狼扮演它杀死的小鹿,这样母鹿就可以继续提供奶。③ 圣徒们偶尔也会同情狼,并与它们建立友好的关系:弗恩斯的圣梅多克多次喂养饥饿的狼(还从猎人手中救出一头雄鹿),④而圣布里吉特则驯服了一头野狼。⑤ 这些行为可能有神学功能,反映了以赛亚预言的实现,并把圣徒们带到最初"自然"和谐的伊甸园(最终将被恢复),并引荐给上帝。12 世纪晚期的作品中,布拉克伦的乔斯林思考了,圣肯特根运动中以赛亚寓言的实现,以及"看到狼和羊羔躺在一起,或者看到狼和牡鹿一起耕地是否更美妙"的问题。⑥ 北欧流行驯服野生动物(如狼),可能是源于与这些动物有关的异教情感,⑦但也许更重要的是,森林、沼泽、狼和圣徒之间的联系反映了北欧适应了沙漠之父们的经历。北方早期的修道士经历,以某种形式与荒野有关,尽管后来修道院社区位置的选择与这一理想状态越来越相背离,但狼仍然被视为是上帝力量的反映,和以赛亚预言的先兆。⑧

  13 世纪方济各会会所的不断增加,继续传播着圣徒和狼的故

---

① 见第十章。

② Waddell 1995:46 – 8.

③ Plummer 1968: 2:5; 125.

④ Bratton 1989:11.

⑤ MacNickle 1934:149.

⑥ *Life of St. Kentigern*, 20, Forbes 1989:67.

⑦ Armstrong 1974:210.

⑧ 见第四章。

事。在斯堪的纳维亚南部,大部分方济各会会所是 13 世纪中后期在主要人口中心建立的,[1]而在英国,在 1224 年到 1300 年间,修道士们位于苏格兰东部、英格兰和威尔士的沿海边缘和马奇的城市中心。因此,古比奥之狼的故事在中世纪晚期的英国和斯堪的纳维亚广为人知,是代表圣方济各和上帝力量的典范故事。这个故事似乎是 14 世纪对圣方济各和狼的一个早期故事的阐述,这一故事记录在《利奥、鲁菲诺和安吉洛作品集》中,甚至在 13 世纪 40 年代还有更早的版本。[2] 它在北方的流行可能是因为上述之已存在的圣徒传记主题,甚至可能是更古老的异教徒情感。[3] 这些国际性的典范故事得到本体版本的补充。在 13 世纪末/14 世纪初的《马格努斯传奇》中,圣马格努斯在挪威复活了一个被狼吞食和反刍的人。这被解释为是本土传统蔓延至传奇的真正例子——很多资料中都有这个源自圣奥拉夫的关于狼的奇迹。[4] 吞噬与重生的主题贯穿于传奇故事中(并且在第 3 世纪到至少 13 世纪,基督教复活观念都很重要)。[5] 在这个特定的背景下,狼可以被解释为邪恶的传统表现,或是通过反刍行为创造生命的圣徒盟友。也许更重要的是,这个例子让我们得以一窥外野中圣徒通常的保护和救赎功能。在英国,可以从 10 世纪的狼与圣埃德蒙的联系中找到作为神的工具的狼最受欢迎和广泛认可的例子。

圣埃德蒙之狼

圣埃德蒙是东安格利亚的最后一位国王,据记载,他于 869 年被丹麦人处死,尽管最早的记载是 10 世纪弗勒里阿博的《圣徒行

---

① Roelvnik 1998:9 – 10.

② Brooke 1970:148 – 151.

③ Armstrong 1974:210.

④ Collinson 2000:40.

⑤ Bynum 1995.

经》。① 后来,艾弗里克在他的《圣埃德蒙、国王和殉道者的激情》一书中对这一事件进行了描述,这本书是基于阿博的作品用古英语写成,完成于1002年以前。② 在这些版本中,圣埃德蒙被杀死并斩首,但他的头被(森林中的)一头狼保护着,直到他的追随者能够找回它。阿博和艾弗里克都把狼的行为归因于上帝的指引,艾弗里克说,虽然狼饥肠辘辘,但在上帝的注视下,它不敢吃头。狼的异常行为与它更典型的特征相呼应,如艾弗里克描述的丹麦欣瓜尔人,"就像一头狼,在埃德蒙殉难前不久入侵了东英吉利"③。守护狼的主题并不是圣埃德蒙事件独有的——在13世纪中叶的《圣德传》彩图中,可以找到狼的类似用途,一只狼和一只鹰守卫着基督教殉道者的尸体。④ 盎格鲁-撒克逊晚期的英格兰流行崇拜圣埃德蒙,尽管圣人的赞美诗提到了"可怕的狼"⑤,但与圣埃德蒙早期崇拜相关的物质文化中缺乏狼元素。

整个中世纪,圣埃德蒙的崇拜在英格兰(尤其是在东英吉利)越来越受欢迎,在宗教改革前,有对圣埃德蒙的55次献祭,⑥他的纪念物在一些教会和皇家环境中均有分布,⑦而且,对他的崇拜蔓延到欧洲大陆的圣丹尼斯和图卢兹,以及挪威和冰岛。⑧ 崇拜中心是萨福克郡伯里圣埃德蒙修道院。除了地基、部分墙壁和大门外,今天没有任何东西幸存下来,人们只能猜测其墙壁内,尤其是教堂内狼图像的潜在价值。狼很可能是圣埃德蒙修道院的一个重要主题,在描绘14世纪初贝里圣埃德蒙兹的绘画和悬挂物的手稿中有一幅狼的画像,⑨而修道院中幸存下来的罗马式柱顶可能描绘了狼

① Cutler 1961.
② Trehame 2000:132 – 139.
③ Ibid:133.
④ Dublin, Trinity College, MS 177, f.42.
⑤ Milfull 1996:459.
⑥ Amold-Forster 1899, vol3:13.
⑦ Thomas 1974:390.
⑧ Fell 1981:101.
⑨ Tristram 1950:1,516

和圣埃德蒙头像。[1] 圣埃德蒙之狼也出现在各种象征性环境中。一些现存的圣埃德蒙小修道院的印章描绘了这一主题。[2] 15 世纪的威廉·柯蒂斯和克莱门特·登斯顿的印章显示,对埃德蒙之狼这一主题的使用一直延续到中世纪晚期。在伦敦出土的一些朝圣者徽章描绘了圣埃德蒙脚下的狼,[3]这表明,这一主题的流行与中世纪晚期的民族崇拜有关。然而,13 世纪至 14 世纪对殉难者的表达方式大多集中在对圣埃德蒙的屠杀上,只有少数现存的场景中出现了狼,比如贝里圣玛丽教堂的拱肩上,霍克斯内和哈德利(萨福克)的教堂长凳末端,格林斯特德(埃塞克斯)的横梁雕刻,弗里顿(诺福克)的壁画(图 2)、克利夫·胡悬崖(肯特郡)和帕德伯里(白金汉郡)的壁画,以及特克斯伯里修道院圣埃德蒙教堂的屋顶凸台。圣埃德蒙之狼是北欧最引人注目和最受欢迎的范例,它体现了中世纪基督教中掠夺性动物的宇宙角色,是上帝万能的表达方式。

结论

在斯堪的纳维亚半岛,食肉动物,尤其是狼,与前基督教的战神及其追随者之间似乎一直存在着联系,狼被概念化为一种宇宙对立和不稳定的力量。虽然看起来很排外,但狼在奥丁崇拜中的作用处于战场这一更广泛的背景下,狼和死亡之间的关系似乎已经被广泛理解。事实上,巫师到战士,男男女女,人和动物,一系列表演者,扮演了一系列的仪式,在此之下,对战争的实际控诉集中在狼神的多重属性上,狼神的名字中包括"战狼"和"滋养者"(食肉者)。[4] 战争是通过掠夺动物和掠夺行为来表达战争的仪式语

---

① Zarnecki 1992:362, Plate 1.
② Ellis 1986:15, no. M140 and 16, nos. M142-4.
③ Spencer 1998:182.
④ Price 2002:102.

言,可以通过召唤野兽出现达到冥界,在某些地区,表现为将动物的身体和形象融入葬礼表演。但是,狼是变化无常的死神众多信徒中最为珍贵的化身,因为它是终极捕食者,是战争中死亡的化身,是万物末日的化身,狼最终被揭开神秘面纱,成为文学主题。它最后一次被用作吞噬"万军之王"的宇宙力量是在 10 世纪短暂的一段时间。在那之后,又有了一个新的敌人,在上帝的帮助下,它将被战胜。随着基督教的广泛传播,狼从属于上帝,新宗教范式的边界观念对它的宇宙角色进行了重塑。基督徒将自己与掠食动物联系在一起,但却与动物行为保持距离——这也许在《贝奥武夫》这首诗中得到了体现,这首诗主要生动描述了格伦德尔和他母亲的掠夺,从某种意义上说,非人类和人类之间的区别,体现在掠食者和猎物/掠食行为以及激烈竞争上。[①]

由此,狼角色的转变是北欧宗教皈依期间人与动物关系变化的例证。

---

① Parks 1993.

第十章

超越野蛮暴力界限:人狼

引言

在中世纪的基督教中,人性堕落到兽性状态被认为是他者性,甚至是怪物的一种形式。[①] 12世纪末,一位奥古斯丁教士,纽堡的威廉在约克郡撰文,把苏格兰人描述成一个"不人道的民族,比野兽更野蛮";在后来的路德诗篇(约1340年)的边缘彩图中,苏格兰人黑暗的、威胁性的外表更强化了其刻板的他者性。[②] 同样,威尔士的杰拉尔德把威尔士比作"狼和鹰,它们靠掠夺而生存,很少满足"[③];而在《盖斯塔·斯蒂芬尼》的作者看来,苏格兰的居民是"野蛮和肮脏的",威尔士培育出"动物型的人",宣扬"未驯服的野蛮"。[④] 邻近的群体并不是动物化修辞的唯一使用目标;西方社会认为农民具有兽性,这隐晦地质疑了他们的人性,[⑤]而西方社会还存在更为明显的兽性怪物,如长着狗头的狗头人,他们通常位于已知世界的边缘,在遥远的异国国度。[⑥] 这种身体上的异常不仅仅是

---

① 见 Williams 1999。

② Camille 1998:286 - 7.

③ DescripKambriae, 2.5, Thorpe 1978:262.

④ Potter 1976:15,55,173.

⑤ Freedman 2002.

⑥ Ibid:1;Lindow 1995:8 - 18.

负面的,古英语的《圣克里斯托弗的激情》将圣徒描述为是起源于半狗人的种族,而半狗人的犬类特征在英国西部两幅画中的拜占庭艺术中得到进一步强化。^① 更典型的是,中世纪盛期的艺术和思想中赋予非基督教徒的野兽属性既不是纹章野兽的,也不是被人赞美的野兽的——撒拉逊人可以用犬头来表示,^②在这种情况下,头部是这种动物属性的一个指标,这种形象化对非理性进行了评论。^③ 在比较英国和斯堪的纳维亚半岛时,可以根据不同情况对个体进行兽化处理。《斯蒂芬传奇》的作者将斯蒂芬国王比作尼布甲尼撒二世,他虚弱不堪,堕落成"野兽的形状",古挪威文学中战士的动物性转变可与此相对照。^④ 之前基督教将维京人比作狼,以此类推,在北欧,狼(与"奴性"的狗一起)经常被挑出来,作为人类野蛮堕落的动物参照物。例如,圣肯蒂根对狼的身体控制反映了他精神上的成功:

> 在精神层面,他(圣肯蒂根)经常从狼的残忍和血腥的屠杀,动物的凶残和粗俗的生活中赢回信仰和神圣谈话之犁轭。^⑤

在隐喻和野兽文学的语境中,狼的思维行为和说话方式都像人一样,除此之外,把自己或他人与狼紧密联系在一起,导致对狼身份的暂时接纳,有时被认为是对狼形态的暂时接纳。在中世纪早期的基督教中,崇拜狼人是罪恶的,因为它与异教有联系,至少在圣卜尼法斯、伯查德和教皇格里高利 7 世等教会当局的头脑中

---

① Orchard 1995; Friedman 1981:73-74.
② Douglas 1992:109; Friedman 1981:67-69; Strickland 2003.
③ Williams 1999:140.
④ Potter 1976:115.
⑤ Jocelin of Brakelond, Life of St Kentigern 20, Forbes 1989:67-8.

是如此。① 在第一个千年结束时，伯查德驳斥了那些声称把人变成狼的人，认为只有上帝才能把一件事变成另一件事。② 阿兰·德·里尔（约 1175—1200 年）的悔罪也对这一做法做出了回应，③而《古拉特什法》规定，那些传播不可能的故事（比如狼人的存在）的人是违法的。④ 威尔士的杰拉尔德这次在他的《爱尔兰地理志》中评论了一个爱尔兰狼人的故事，对杀死狼人是否构成谋杀进行了辩论，并认为这是一个神圣的奇迹，值得钦佩，而不是争议。杰拉尔德同意奥古斯丁的观点：

> ……魔鬼和恶人都不能创造或真正改变他们的本性，但上帝所创造的人，在上帝的允许下，可以改变他们的外表，使他们看起来像非人类……具有不真实和虚构的形式。⑤

但是，一些教会似乎已经接受了人可以变成狼的观点，也接受了前基督教时期斯堪的纳维亚实行的模仿动物的活动；欧洲早期教会谴责异教徒伪装成动物的做法，尽管这在很大程度上是不成功的，因为动物伪装和假面哑剧仍然是中世纪民间文化的重要组成部分。⑥ 当然，在前基督教的斯堪的纳维亚半岛，在仪式模仿中使用动物伪装是《狂喜的战争》的一个重要元素，这种围绕着奥丁神的仪式体系，是一种社会-形而上学的状态，旨在提高战场上的战斗力。⑦ 从智力定义方面看，有一些证据表明，狼人是一种精神状态，但这些都伴随典型的身体形态变化，因此与《疾病》中的社会

---

① Russell and Russell 1978：175.
② Corrector seu medicu&；15lf McNeill and Gamer 1979：338.
③ Ibid：350.
④ No. 138，Larson 1935：123.
⑤ 19，Forester and Wright 2000：44.
⑥ Siefker 1997：66；Slupecki 1994：96.
⑦ Dinzelbacher 2001：271.

医学定义相去甚远,《疾病》中,19 世纪和 20 世纪的变狼狂患者精神失常,会将自称是狼人的人关在精神病院里。[1] 事实上,在英国和斯堪的纳维亚半岛似乎都存在着相反的情况,在那里某些人显然选择了狼身份,而另一些人则不由自主地被打上了狼的烙印。[2] 狼人信仰的分布经常与狼群的分布联系在一起,[3]而狼人在英国的灭绝可能与当代民间传说中狼人(而不是其他变形者)的普遍缺失有关。[4] 在斯堪的纳维亚半岛,狼人的信仰一直存在于半岛的最南端,这反过来又与狼的存在有关,或者至少与狼在这个地区持续到最近几个世纪的文化关联有关,[5]但是很难从现存的资料中量化中世纪北欧社会关于狼人的信仰。虽然这些资料有时声称记录了"大众信仰",但它们最终都是极少数人的陈述:都是关于转变的神学讨论、为宫廷观众撰写的世俗传奇故事和个人编年史。这些与民间文化之间的联系已被广泛承认,但在现存的、零碎的证据中却无法完全被解读。例如,女巫、动物和异教徒之间的联系贯穿于古挪威文学作品中,可能反映了当代民间传说的元素,[6]同时也反映了基督教理性化环境中知识分子的理性。同样地,动物寓言集中列出了狼的特征,源自相同的狼传说的野兽文学中也包含了狼的特性,中世纪社会各阶层的精神世界在这里交汇。

英国狼人

梅尔、坎宁斯堡和穆尔斯利的皮克特文化碑石可能可以追溯

① Douglas 1992:213 - 240.

② Gerstein 1974:156.

③ Stennard 1978:435; Senn 1982; Russell and Russell 1978.

④ Stewart 1909:13, note 45; Leatherdale 1995:144.

⑤ Odstedt 1943.

⑥ Morris 1991:126.

至 7 世纪初到 8 世纪初，其中可能包括一些英国最早的狼人形象，尽管这些长着长鼻子的人形很难与狼或狗清晰地联系起来。①也许这是用于类比异教徒皮克特社会中人与动物的杂交，斯堪的纳维亚半岛也有此类发现，但由于缺乏进一步的证据，这一点无法得到证实。当然，不论作为图腾、萨满教的组成部分或皮克特徽章，狼的任何可见用途都不会超出第三类石头。盎格鲁-撒克逊时期的英格兰，类似的狼人形象缺失。弗兰克斯棺材上的孪生兄弟被解释为潜在的"被遗弃的战士"，并将其比作下文讨论的早期日耳曼人的例子中发现的"狼战士"，与早期的萨顿·胡·卢皮尼进行比较。②然而，狼和战士之间的联系，正如第八章所指出的，一般只限于古挪威语和古威尔士文学，并不一定意味着存在狼人因素。猛禽、狮子和勇士之间的共同联系并不意味着是雄鹰战士或是狮子战士。对晚期盎格鲁-撒克逊（或更确切地说是盎格鲁-丹麦）提到的狼人，也存在同样不确定的解释。狼人这个词最早出现在古英语的《卡努特法典》（约 1020 年）中，除了语义上的双关之外，狼和人类之间没有明确的联系，"狼人"是由起草法律的伍尔夫斯坦插入的一个词。该词是在宗教背景下设定的：

　　因此，牧羊人必须非常警惕和勤勉地大声呼喊，他们必须保护人民不受伤害；主教和牧师在明智的指示下保护和保卫他们的精神羊群，使那些疯狂的（狂暴的）狼人不要造成太大的破坏，也不要去咬太多的精神羊群。③

---

① Turner 1994.
② Vegvar 1999:264.
③ Thorpe 1840:16Ckl.

这里的"狼人"可以被解释为对魔鬼和虚假先知的隐喻。[1] 在这个特定的语境中,*wodfreca*(掠食)一词的使用可能与愤怒和疯狂的概念化有关,与斯堪的纳维亚狂战士有关。[2] 伍尔夫斯坦将掠食与狼人联系起来,将异教关于狂喜的狼狗的概念与盎格鲁-撒克逊人在圣经背景下对狼的理解建立了纽带,这也许可以解释为什么使用狼人而不是狼。圣经中的狼当然是狼吞虎咽的,但是狼人强调了"假先知"的人性,尽管与狼战士没有明确的联系。虽然没有令人信服的证据证明早期盎格鲁-撒克逊传统可与斯堪的纳维亚的乌尔菲德纳尔(*ulfhednar*)和乌尔法姆(*ulfhamr*)相比,但亡命之徒可能被概念化为狼人,而狼无疑是古英国文学中公认的军事拓荒者。盎格鲁-撒克逊晚期的英格兰,会将狼的身份赋予某些类型的亡命徒,下面将对这种去人性化处理进行更详细地探讨,这可能可以解释伍尔夫斯坦使用"狼人"一词的原因。

在 12 世纪,关于狼人的说法层出不穷,尽管很少有人提到英格兰。在对爱尔兰的描述中,威尔士的杰拉尔德提到了一个故事:一个雄性狼人和一个爱尔兰牧师在米斯附近的树林里偶然相遇。狼人告诉牧师,他和他的女伴都是被诅咒变成狼的人类,而女狼人就要死了。他请牧师为她举行临终祈祷和圣餐仪式,然后,狼人把他带到她休息的地方。当她的同伴把狼皮扯到肚脐位置,露出一个老妇人的模样时,牧师才相信雌性狼人是人。三本 13 世纪杰拉尔德的《爱尔兰地理志》的手稿都有这一章,将狼人描绘成变形的狼。[3] 在其中的两份手稿中,雄性狼人被描绘成类似的两足动物,雌性狼人躺着,由牧师喂圣餐(图 11)。

这一立场表达了公狼角色的中介作用,它的行为保证了对同伴的圣餐管理。它代表"完美的殖民主体",在《地理志》宣扬的殖

---

[1] Otten 1986:6.
[2] Jacoby 1974:78 and Douglas 1992:95.
[3] BL Royal 13. B. viii; Dublin, NL 700; CUL, Ff.1.27.

图 11 《狼与阿尔斯特牧师》,细节来自伦敦皇家图书馆 **13b. VIII,**
f17v.,经大英图书馆许可复制

民意识形态这一更广泛的背景下,寻找并邀请殖民者的教化。[①] 杰
拉尔德描述的狼人是一种混合体,在魔法转变意义上,是可以根据
环境变化而改变的流体状态,另一方面他们保留了人类的感官。
他们有人性,但在这个特殊的例子中,女性狼人可分离的皮肤被用
来表达,一个种族的野蛮可以用殖民主义来缓和,特别是爱尔兰人
的野蛮。[②] 在玛丽亚·德·弗朗斯的《狼人》中,可以看到用磨损的
狼皮来表示文化和身体的变形,这本书是 12 世纪末在英国写成
的,以布列塔尼为背景,玛丽亚在一开始就提供了一些关于狼人的
细节(被诺曼人称之为狼人):过去,许多人变成狼人,去森林里生

① Knight 2001:73.
② Ibid:74 - 5.

活。她对狼人的定义是：

> 狼人是一种凶猛的野兽，一旦被这种疯狂所附，就会
> 吞噬人类，造成巨大的破坏，居住在广袤的森林里。[1]

在故事里，比斯克拉夫雷特自愿变成狼，但当他的衣服被故意
偷走时，他就被困在狼皮里了——不情愿做狼人的被迫流浪者的
骑士形象削弱了序言中潜伏在森林深处恶魔野兽的形象。具有讽
刺意味的是，虽然国王和朝臣认为野生森林不适合贵族居住，但真
正的危险在于社会中。这是一个反复出现的传奇主题——可能可
以在森林里的野蛮居民中发现比文明宫廷更高贵的贵族。[2] 在这
一切中，保留了关于森林的神秘和恐惧，成为主人公与熟悉的环境
分离的场所。然而，尽管狼人可能是悲剧的受害者，但狼人是邪恶
和野蛮的生物，玛丽亚在《狼人》开篇也有此说明。从另一个角度
来看，它可以被解读为对骑士暴力思想的批判；骑士的危险地位模
糊了社会领域中动物行为和人类行为的区别——事实上，在当代
对战争和政治不稳定的记录中，极端的暴力行为常常被描述成野
蛮和残忍。[3] 除了玛丽亚的通俗作品外，12 世纪末/13 世纪初在北
欧的精英圈子中随处可见《古罗马的纪尧姆·德·帕勒恩传奇》中
狼的变形——它的英文版是由汉弗莱·德博洪爵士在 1350 年左
右委托他人翻译的，但英译本对狼人主题的使用主要是装饰性
的。[4] 在《比斯克拉夫雷特》和《古罗马的纪尧姆德·帕勒恩传奇》
之后不久，蒂尔伯里的格瓦塞在他的《奥提亚帝国》（写于 1215 年）
中提到了英国狼人：

---

① Burgess and Bushby 1999:68.

② Saunders 1993；也见 Hopkins 2003。

③ Leshock 1999:162 – 3.

④ Morgan 1984:149；Hinton 2000.

因为在英国,我们经常看到人随着月相的变化而变成狼。高卢人把这类人称为 gerulfi,其英语对应词是狼人,但在英语中相当于"人"这个词。[1]

在后来的一篇关于人类变成狼的条目中,格瓦塞再次描述,变狼狂现象在英国"日常发生",然后继续勾勒出一个故事:奥弗涅的骑士雷姆巴德·普吉在被剥夺继承权后成为逃犯,他像野兽一样在树林中游荡,"极度的恐惧使他精神错乱",失去理智,变成了一只狼。他攻击人,吞噬年轻人,残害老年人。最终,在与一个樵夫的冲突中,他的爪子被切断,得以恢复人形。这篇报道以雷姆巴德的脚被截肢为结尾,并指出断肢可以使人们摆脱这种状况。[2] 脱去衣服变形的主题是玛丽亚的《比斯克拉夫雷特》的中心,格瓦塞在《吕克镇》的最后一篇故事中也提到了这一主题。[3] 大家非常熟悉狼人变形这一概念,很容易被融入 13 世纪的《修女箴言》一书,这是一本中世纪英语版女修道者指南:

> 愤怒的女人是狼;男人是狼、狮子或独角兽;只要女人心中有愤怒,尽管她嘴里念着短诗:"万福玛利亚,我们的天主",实际上她什么也没做,只能发出嚎叫声。在上帝的眼中,她就像一个变成狼的人;在他敏锐的耳朵里,她发出狼的声音……如果有一个女修道者,变成了一只狼,这不是一件令人遗憾的事吗? 她所能做的就是立刻把她内心粗糙的皮去掉,使自己变得光滑柔软,就像女人天生的皮肤那样。[4]

---

[1] Madden 1890:xxv; Banks and Binns 2002:86 – 89.

[2] Banks and Binns 2002:812 – 815.

[3] Ibid:814 – 15.

[4] III Savage and Watson 1991:93 – 4.

在这里,狼人变形的比喻被用在了关于愤怒的警示性段落中,被概念化为对诅咒和疯狂状态负责的巫师。在 13 世纪中期创作的《勒莱·德·梅利昂》中,一枚戒指而不是衣服引起了变形,而在 14 世纪初创作的《亚瑟王和戈拉贡》中,如果切下一种植物,并用它击打头部,就会把受害人变成狼。① 和之前的传奇故事一样,变形出来的狼是悲剧的受害者,在这个例子中,国王戈拉贡被他的妻子出卖了,妻子切下植物,用它打了他。故事的结局如人们所料——国王通过非狼性的行为说服他人后恢复原样,妻子也因此受到惩罚。在这个特别的故事中,国王的名字是威尔士语的变体,意思是"狼人",这可能表明了狼人在威尔士民间的起源,而早期版本盖尔语的《莫拉哈》,以狼人的妻子相对轻松地离开为结尾。② 但在所有这些案例中,人们不能忘记将狼作为野兽暴力的原型,而在中世纪英国文学中,狼与犹太人之间的联系,通常通过吃人的方式,在概念上把他们与狼人联系起来。③

有证据表明,狼人——那些完全变成狼的人——在中世纪的英国文化中相当流行,不仅作为文学手段存在,也作为故事和偶尔的智力辩论的话题存在,可能借鉴了无法恢复的民间文化元素。狼人主题的示例包括,狼皮是变形的必要条件。狼人状态一直被解释为是身体的物理转化,是一种诅咒,而不是一种精神力量的状态,这不同于斯堪的纳维亚人的理解,斯堪的纳维亚人认为灵魂离开了动物形态的身体,早期在爱尔兰也有此观念。④

斯堪的纳维亚的狼人

关于斯堪的纳维亚可能的变形观念系统,可以从古老的挪威

---

① Milne 1904;Kittredge 1966.

② 同上。

③ Wilson 1977:192 – 3.

④ Carey 2002:56.

文献中得以概括。这里先要区分 hamrammr（形态变化）和 flygia（内部性格的表达）的行动。[1] 形态变化是 hamr 的改变，但灵魂转变是 hamingja 的转变——在这种情况下，有一种外在看法，即有狼的形态，一种内在看法，即狼守护神。[2] 在斯堪的纳维亚民间传说中，人们认为，变成狼的形态（最常与芬兰人或拉普人联系在一起）是一种完全的变化——身体和灵魂，通常是自我诱导的变形或敌对魔法导致变形，而不是 hug 从身体中分离出来，并侵占一个狼的形态。[3] 动物的形态通常与个体的性格有关。[4] 但在处理变形时，文学和文学外的假设应该保持明显的区别——例如，古挪威文学中的狼皮战士可以通过结合肖像学、人类学和其他当代书面资料，与民间信仰或感知到的现实联系起来，而另一些变形则无法脱离他们的文学语境。[5]

挪威和冰岛的身体变形与"另外一张皮"的概念有关，第二种形状是 hamr，一个完整的个体变成狼，被称为狼人。[6] 在大多数情况下，记录在案的斯堪的纳维亚人转变成狼的事件都与古挪威诗歌中提到的穿着狼皮的战士有关。但文学证据显示了不同类型狼人之间的区别；魔法变形、与披着狼皮的战士有关的社会军事地位、亡命徒和狼之间的心理法律联系以及世袭国家，或者用休伯特·摩根的话"宪法上的狼人"[7]。虽然上面列出的所有狼人类型都存在于同一范式中，并且可能具有象征性的联系（通过狼的共同点），但是，在中世纪盛期的斯堪的纳维亚文化和维京时期的社会中，这些狼人很可能属于不同的类别，尽管下面对其互换性进行了一些讨论。许多论据将这些变形（以及不法分子的别名）统归为成

---

① Grundy 1995:222.

② Breen 1999a:40.

③ Kvideland and Sehmsdorf 1991:74.

④ Alver 1989:111.

⑤ Breen 1999a:195.

⑥ Baring-Gould 1995:15.

⑦ 参见 Odstedt(1943)分类；Morgan 1984:148。

狼人战士,利用早期日耳曼的描述来支持他们的论点。我们将首先对其进行简要检查,然后对上述类比进行更详细地讨论。

在讨论日耳曼文化中的狼人时,总是引用与变形战士有关的印欧传说,这些狼人被解释为基于类似萨满教程序的狂喜状态。[1]最常被引用的斯堪的纳维亚狼人的图画来自托斯伦达(瑞典厄兰岛)的一座7世纪墓穴,通常与古滕施泰固和奥布里格海姆的其他狼人形象一起出现。[2] 托斯伦达的铅模描绘了两个人物:一个戴着有角的头盔,拿着两把长矛;另一个戴着狼面具,有刺毛,伸手从剑鞘中拔出一把剑,这似乎是对有角人物的一种威胁姿态。尽管这种描述与前维京文德尔文化有关,但它经常与大约3个世纪后首次记录的狼皮战士有关。另一个流行的引证是一个5世纪的丹麦加列胡斯角(现已消失),它可能描绘了一个携带武器的狼头人物,[3]而在瑟德比(瑞典乌普兰)发现的一个角杯的压制箔板似乎描绘了可互换的狼和人的形象。最后一个例子可能反映了人类和动物(不特指狼,也不一定是人类)之间更广泛的概念联系,正如早期日耳曼动物艺术的复合元素所暗示的那样。[4] 这一系列的图像证据表明,形态变化,以及后期古挪威文学所表达之狼在仪式中的流行,起源于迁徙时期。德国古滕施泰固和奥布里格海姆作品中骑在马背上持长矛的狼头武士的形象,以及托斯伦达作品中头盔板模,都说明一贯的军人形象和长矛是10世纪的狼皮战士的特征。[5]

从古罗马古希腊时期、早期基督教和中世纪晚期的资料中,我们都知道通过魔法可以变成狼。根据不同背景,变形的细节也有所不同,但其共同主题是使用狼皮是必要的先决条件。在中世

① Eliade 1970:1-20;1989:385;Przyluski 1940;Dumezil 1970:139-47;Kershaw 2000:120.
② Nielsen 1999;Price 2002.
③ Oxenstierna 1956.
④ Kristoffersen 1995 详细讨论过。
⑤ Price 2002:367—372, Also see below.

纪斯堪的纳维亚文化中，最常被引用的狼人故事之一是《伏尔松格传奇》中的西格蒙德和辛夫乔特利，两兄弟在森林里的小屋里找到了兽皮，穿上它们，像狼一样嗥叫。[1] 与许多其他的传奇一样，《伏尔松格传奇》中穿插着吟唱诗，并且通常与早期维京时期甚至迁徙时期有关。根据图像学证据，它最初似乎是在挪威创作的，植根于源自 10 至 11 世纪常见的词汇和意象。[2] 西格蒙德和辛夫乔特利的变形似乎符合早期斯堪的纳维亚社会将狼、战士和战场联系在一起的一般符号学结构，如第八章所讨论的，[3]这或许反映了狼人进入武士社会的记忆，[4]也是将狼、亡命徒和他们共同的环境联系起来的一贯文化的一部分。劫掠团伙的狼身份在《乌尔菲姆斯·里穆尔》和《乌尔菲姆斯传奇》中得到了清晰的体现，他们的首领瓦格斯塔克不仅有一个叫狼人的儿子，而且在隐藏在树林里时还被以狼的名字命名，并最终变成了一头狼。[5] 另一方面，这一情节可能反映了狼人的不同类别，而非狂战士（包括狼皮战士）。[6] 狼人和狼皮战士的主要相似之处在于，他们都穿着狼皮，并以各种方式受到狼皮启发，产生灵感。前者的启发机制是魔法性的；后者是神圣的。传说中的狼人是典型的战士，而《埃吉斯传奇》中的一个角色，克维尔德·乌尔弗（夜狼）甚至在战斗中变得狂躁起来。

可以从萨满教角度解读穿兽皮的动机，[7]在宗教范式中，狼可能充当了 nigouime 或萨满教的守护者。[8] 关于 nigouime 或"同伴"，最重要的方面是，任何个人都可以使用它的力量，并展示出格洛塞

---

[1] 见第八章，Byock 1993b：44—45。

[2] Margeson 1980：208 – 9.

[3] Byock 1993b：5.

[4] Davidson 1990：68.

[5] Breen 1999b：41.

[6] Woodward 1979：122.

[7] Glosecki 1989：182.

[8] Glosecki 1989：38.

基所谓的"萨满症状"。① 因此,可以在积极(但潜在危险)的社会
背景下解读狼人,与中世纪晚期/现代早期狼人的魔法变形形成对
比。从人种学类比来看,没有源自中世纪早期的当代证据可以表
明萨米萨满是狼人。然而,现代早期和近代萨米族和北斯堪的纳
维亚民间传说中,有很多关于狼人的故事。中世纪盛期的北欧资
料通过经济和宗教因素将萨米人刻板化,实际上,根据他们的位置
和主要经济活动,将他们与身体形态上的"野性"联系起来,并根据
他们塑造狼的能力,将他们与精神上的"野性"联系起来。② 尼尔·
普莱斯将萨米人在战争中使用的变形概念与前基督教时期斯堪的
纳维亚半岛的个人战士的角色相比较。③ 在这里,当代确实有狼形
态军事人物的证据。

在 900 年左右创作的《哈罗德叙事诗》中,狼皮("狼大衣")这
个词被用作狂战士的替代名称。④ 这个词最早出现在 10 世纪波比
约恩·霍恩克洛蒂的《哈罗德叙事诗》中,也以 ulvepin 和 ulfhipin
的形式出现在古代北欧古文的瑞典个人名字中,这可能可以追溯
到 8 世纪。⑤ 在对古挪威文学中的狂战士和狼皮战士的详细而全
面的调查中,杰拉德·布林得出结论:这两个群体转变成熊或狼的
可靠事例很少,而且提到穿动物皮服装的资料也很有限。⑥ 然而,
狂战士和狼皮战士还与其他一些动物特征有关:他们表现出野兽
般的行为,会嚎叫,他们的个人名字和血统与这些动物有关,他们
在战斗中的行为被比作熊和狼,他们还与古斯堪的纳维亚语中变
形有关的复合词相关。没有证据表明狼皮战士被认为是真正的变
形,支离破碎的资料表明,与粗略的象征性资料相比,狼皮战士与

---

① Glosecki 1989:184.
② Zachrisson 1991.
③ Price 2002.
④ Davidson 1978:133.
⑤ Breen 1999a:6.
⑥ Breen 1999a:33.

狼有更强的联系,最可能的解释是在仪式模仿的背景下塑造的个人,可能是战士,也可能是巫师——尽管在故事中西格蒙德和辛夫乔特利确实发生了身体上的变形。[1] 把狼皮战士归类为狂战士是因为他们都使用兽皮,并与强大的军事野兽(分别是狼和熊)联系在一起,他们都有能力表现出一种狂喜的、动物性的精神状态,被描述为"狂暴者"。[2] 布林探索了这种状态的叙事和生理触发因素,特别是致幻物质的使用。动物性精神状态和药物之间的联系至少在 16 世纪就有记载,尽管早期的魔法变形传统与一系列药物成分有关,其中一些成分是强致幻剂,如乌头和毒蝇伞。

　　尽管在基督教之前的北欧环境中,战士和野生动物之间的联系是比较普遍的(并且经常被混为一谈),但是狼皮战士本身在书面资料中并不经常被提及,而且对他们的描述也只是粗略的;在《哈罗德叙事诗》中,他们编队战斗,手持长矛。[3] 古挪威传奇中的一些英雄在战斗中呈现出动物形态,这可能反映了在兽人多文化例子中一种明显的普遍趋势——即作为模仿的形而上的延伸,穿着相关毛皮可以带来身心俱变的身体变形。这些化妆表演者可能使用了从海塔布复原的面具,卡尔比党卫军的石碑也可能对此进行了描绘。否则,我们只能完全依赖于文学和人种学类比,来分析仪式中使用动物伪装的各种用途。

　　然而,在那些被认为会变成狼的人和那些会模仿狼行为的人之间似乎有着细微的区别。在关于狂喜迷幻药古代技术的开创性研究中,米尔卡·伊利亚德用"萨满"术语解释了这种行为,虽然在前基督教的斯堪的纳维亚社会中,萨满教元素确实存在,但将这些社会指定为"萨满"仍然存在争议。[4] 斯蒂芬·格洛塞基认为狼是

① Breen 1999a:43；Viilsunga Saga 8, Byock 1993:44－5.
② Baring Gould(1995:17)将此与 *gandreið* 或"wolf-ride"联系起来。
③ Price 2002:367.
④ Eliade 1989:459；反对前基督教斯堪的纳维亚社会的萨满教观点,见 Grundy 1995 年,萨满教观点,见 Price 2002 年。

狼皮战士的命名来源,也是狼皮战士的精神伴侣。[①] 对于后者,尚没有明确的证据;人和狼的混合元素是最重要的。根据现代精神病学的用法,模仿狼的行为可以被定义为狼人行为,[②]尽管伊利亚德用这个词指代魔法变形,这非常轻率(在人种学背景下)。[③] 在西北欧,特定的狼人战士"社会"(意味着在一些有组织的军事体系中的战斗团体)似乎仅限于特定的命名团体,比如狼人战士和爱尔兰菲亚恩,并不指代个体的狼人或兽人,当然个体的狼人或兽人也是强大的战士(大概是因为他们的动物力量)。[④]

变形者是古挪威文学中常见的角色,尽管他们通常被引用,作为前基督教信仰和实践存在的证据,但在中世纪盛期斯堪的纳维亚文学文化中,变形者显然也是有趣、恐怖和神秘的重要角色,这与人们对野生动物追捕人类本质的亲密兴趣有关。[⑤] 此外,对狼人的理解是通过基督教的视角呈现的,而这种变形过程被视为一种诅咒——爱尔兰和盎格鲁-诺曼文学即如是呈现的。在《海尔加克维达·胡宁斯巴纳·奥诺尔》中也有提及,[⑥]但在《伏尔松格传奇》中,西格蒙德和辛夫乔特利的变形似乎包含了前基督教时期(那时也许是民间传说)和基督教对狼人的看法。与 14 世纪创作的《阿拉弗莱克传奇》一道,这些对狼人状态的复杂解读与克维尔德·乌尔夫等人物形成鲜明对比。[⑦] 13 世纪中叶的挪威《王鉴》(国王的镜子)记录了圣帕特里克试图改变爱尔兰人的信仰的故事,爱尔兰人表示反对,遇到了圣帕特里克嚎叫的布道。因此:

---

① Glosecki 1989:191.

② Surawicz and Banta 1975.

③ Eliade 1989:467.

④ McCone 1984,1986,1987,1991.

⑤ Davidson 1978:141 – 142.

⑥ Carey 2002:71, note 138.

⑦ Morgan 1984:148.

后来，这些氏族的人确实受到了恰当而严厉的惩罚，尽管非常不可思议，因为据说这个氏族的所有成员在一段时间内都变成了狼，在树林中游荡，吃的食物和狼一样；但他们比狼更坏，因为他们的诡计都是人的智慧，尽管他们渴望吞噬人类，也渴望毁灭其他生物。据说，有些人每七个冬天就要经历一次这种痛苦，而在中间的几年里，他们是人；另一些人则总计连续七个冬天会遭受这种痛苦，以后再不会遭遇。[1]

在将基督教解读源于古老信仰的环境中，这个故事显然与杰拉尔德的故事（见上图）有关。[2] 在中世纪鼎盛时期的斯堪的纳维亚半岛的一些地区，人们对狼人的信仰在文学圈外流传，古拉蒂斯法律禁止这种信仰，这种做法恰好印证了这一信仰的存在。奥劳斯·马格努斯在16世纪的著作中引用了波罗的海的各种传说，认为狼人在北方数量众多，就像《王鉴》一样，将其与普通狼进行了区分，认为狼人更具破坏性。[3] 丹麦语、[4]瑞典语[5]和挪威民间传说都记载了关于狼人的故事，[6]尽管与中世纪民间传说的任何直接联系（例如源自中世纪民间传说）都是极其脆弱和不恰当的。尽管如此，最近斯堪的纳维亚狼人故事中的一些主题与中世纪盛期斯堪的纳维亚和欧洲大陆的资料中发现的狼人故事有相似之处。在奥德斯特德对瑞典狼人传说的研究中，确定了三种变形方法：自愿的、遗传的和咒语或诅咒的结果，这表明早期狼人信仰体系的多样性，这种多样性在爱尔兰、斯堪的纳维亚和盎格鲁-诺曼文学中是

---

① IX；Lárusson 1955.
② Carey 2002：51－52.
③ *HGS* 18：45，Fisher, Higgens and Foote 1998：928.
④ Grimm 1882：1096.
⑤ Petersen 1995：362.
⑥ Nasstrom 2000：360.

很明显的。① 中世纪盛期西方传奇中的狼人最终在斯堪的纳维亚半岛被人所知；13 世纪挪威语译本的玛丽亚·德·弗朗斯的《比斯克拉夫雷特》基本上保留了故事的精髓，并在序言和正文中使用过一次"座狼"一词。② 有趣的是，这个故事的冰岛语手稿中有一段来自译者的个人评论，他说在他童年时期，见过一个变形人，有时是个男人，有时穿着狼皮。③

恶棍恶狼

在 1000 年左右，本笃会校长艾尔弗里克撰写了一篇对话体文章，将一个偷盗的学生比作一头狼：

> 在修道院、讲坛、食堂或宿舍里找到的任何东西你都
> 会偷，你这个贪婪的狼。④

19 世纪以来，北欧学者普遍承认盗贼或其他亡命徒与狼之间的隐喻联系，除此之外，迈克尔·雅各比和玛丽·格斯坦详尽研究了将中世纪亡命徒变为狼或狼人的魔法法律变形。⑤ 狼与法外之徒的关系并不像以前想象的那么明确，⑥然而，将人类和狼元素相融合，并将某些亡命徒概念化为"狼人"的做法，有可能提示人与狼之间有更恰当的联系。尽管法外之徒的相关形象和象征意义类似于上述之其他类型的狼人，但没有证据表明法外之徒、异教徒、假先知和其他恶棍在身体形态上会变成狼。因此，这个名称是去人

---

① Odsted 1943.
② Kalinke 1981:141.
③ Leach 1975:109.
④ Colloquy 28, Gwara and Porter 1997:164 - 5.
⑤ Gerstein 1974; Jacoby 1974.
⑥ Stanley 1992.

性化和边缘化的，而且其使用空间有限：仅限于荒野，在概念上和身体形态上与狼相同。

《贝奥武夫》可能可以为古英语中的荒野、被遗弃者和狼之间的联系提供最生动的例证。在《贝奥武夫》中，狼格伦德尔有个将绰号是战争狼（盎格鲁-撒克逊古史诗《贝奥武夫》中被贝奥武夫杀死的男妖），而他的母亲被称为深渊座狼。古英语 wearg 指的是"狼"和"亡命徒"，[1] 也被用来影射亡命徒的环境。在盎格鲁-撒克逊的 15 个边界上有 11 个不连续的座狼地实例，最早的可以追溯到 891 年，最晚可以追溯到 1046 年，通常与包括行刑地点在内的各种景观特征有关。[2] 古英国诗《伍尔夫与伊德瓦瑟》可以反映出，狼可以与亡命徒共享环境，这则诗提及了盎格鲁-斯堪的纳维亚法律文化大框架内的亡命徒。[3] 诗中的"hwelp"一词与冰岛语《古拉格斯》中斯科加尔马德的孩子 vargdropi（狼掉下来）有关，在《胜利带来者传说》（Sigrdrífumál）中类似说法，[4] 从这个角度来看，《伍尔夫和爱德华瑟》（Wulf and Eadwacer）中狼与森林的组合，可以解读为对亡命徒的暗喻，亡命徒的孩子可能会跟随他的脚步。[5] 斯坦利对这首诗的这种解读提出了异议，声称没有证据表明"伍尔夫"这个名字对盎格鲁-撒克逊人来说意味着"亡命徒"。[6] 然而，大家都认为，狼群和亡命徒之间有着明确的法律联系。1041 年，一个名叫戈德温的逃犯被称为沃尔夫斯霍夫德或"狼头"；[7] 当与"沃尔格"一起使用时，狼似乎可以是对晚期盎格鲁-撒克逊亡命徒的隐喻。[8] 宪章和文献证实，中世纪盛期"狼头"一词继续被用来指亡命徒，[9] 而

---

① Hough 1994 – 5.
② Reynolds 1998：207.
③ Hamer 1970：84 – 5.
④ 35，Larrmgton 1996：172.
⑤ Pulsiano and Wolf 1991.
⑥ Stanley 1992：46，53.
⑦ Harting 1994：10.
⑧ Pollock and Maitland 1895，11：447；Knight 1998：note 22.
⑨ Keen 1979：9；几乎都是指 Bracton 1210 – 1268；DLCA：354，362；Gerstein 1974：132。

warg 一词在盎格鲁–诺曼法中出现过两次：在亨利一世的法律中，指的是掠夺尸体，[1]而在 1356 年的法律中，则指的是用于绞刑的狼树。[2] 在法律背景下，亡命徒被明确宣布为狼人[3]，例如，在《国王诉讼节选 I》(1200—1275 年)中第 47 号诉讼，而爱德华一世的《英格兰法律摘要》(约 1290 年)提到"亡命徒和被放弃的(相当于被取缔的)妇女头上戴着狼头，任何砍掉它的男人都免于惩罚"[4]。在当代文学中，亡命徒肯定与狼有着相同的地位和环境。在《富尔克·勒菲茨·沃林》中，戈格马戈格的灵魂说出一个预言(保留了诗歌形式)，将主人公福克指定为狼(锋利的牙齿是对其手臂的暗喻[5])，并被梅林重复到最后。这个预言似乎源自或受到《利伯卢斯·梅里尼》(约 1135 年)的启发，被蒙茅斯的杰弗里编入其《布列塔诸王史》。[6] 福克和他的同伴像野生动物一样在"肯特森林"里被猎杀，这符合对亡命徒的动物指称。[7] 在《赫里沃德传奇》中发现了对狼主题更不寻常的用法。[8] 在沼泽地里，赫里沃德和他的队伍跟着一只狼，这只狼引导他们穿过险恶的沼泽地到达安全的地方。虽然这一仁慈的狼的主题与当地的圣埃德蒙崇拜有关，也许与早期当地对狼的象征性使用有关，[9]但它仍然能够指向亡命徒。13 世纪晚期《卡马森黑皮书》中保留了早期的材料，诗中的迈尔丁在森林中的生活与疯狂、荒诞有关，而且有一次与狼有关。[10] 欧洲大陆也发现有这种联系，中世纪鼎盛时期的德国传奇中，诗人们也采用了类

---

① Downer 1972:260 – 261.

② Gerstein 1974:137；Bateson 1904,1:75.

③ 或者是 *generit lupinum capudi*(SPC：I, no. 47,第 23 页)或 *caput gerat lupinum*(Pollock and Maitland 1895,I:476),本质上是"长一个狼头"。

④ I:27, Richardson and Sayles 1955:69 – 70.

⑤ 6；Burgess 1997:135,182 – 3 and 185. note 7.

⑥ Kelly 1998:114 – 15.

⑦ 27 – 28；Ibid.:154.

⑧ 第二十八章；Swanton 1998:54 – 5。

⑨ 第二十八章；Swanton 1998:299, note 76.

⑩ Jarman 1976:103 – 5.

似主题，尤其是《沃尔夫迪特里希》。①

"狼头"这个词一直延续到中世纪晚期：14 世纪中期的《加梅林的故事》将亡命徒称为"狼头"，②而在 15 世纪的汤利戏剧中，也提到了"狼头"。③ 然而，将亡命徒称为狼或"狼头"需要考虑语境。这个词很少出现，在中世纪的英语法律文件中，像 *utlagh*（被剥夺公民权者）和 *exlex*（法律外的）这样的词通常用来描述亡命徒。④ 将狼反向识别为亡命徒（除了文学中提及狼是"贼"和"杀人犯"），将狼比作人类，这一点在萨克索格勒麦蒂克斯的回顾性自传中有所记录，这一用法可能在整个中世纪的丹麦（中欧）持续存在，因为从 17 世纪到至少 19 世纪只有零星记录，⑤而在诺曼底，狼人和亡命徒之间的联系一直延续到现代早期。⑥ 很明显，在英国和斯堪的纳维亚半岛的一些地区，一些亡命徒被指定拥有名义上的狼的身份，但他们也和狼一起，将森林作为一个共同的生活空间。⑦

逃犯本可以很容易地在临时居住区寻求庇护，当然也可以在更"难以逾越的地区"⑧寻求庇护，这些地区包括林地、高地和荒原元素。但是，尽管森林可能被用作亡命徒的避难所，除了极少数例外，这种关系很少被记录在官方文件中。⑨ 至少在那时，人们可能预期森林里会有隐士、亡命徒和其他古怪的居民，⑩这一点尤其反映在传奇文学中（或受到传奇文学的启发）。在亡命徒传奇中，森林是场景的中心，不同于在其他传奇文学中，森林的角色是过渡性的。⑪《富尔克·勒菲茨·沃林》的传奇故事背景就是许多树林，至

---

① Gillepsie 1973:103 - 4,150.
② Keen 1979:78，Knight 1998.
③ Cawley 1971:81.
④ 如 Fleming 1998。
⑤ Rheinheimer 1995:261.
⑥ Ogier 1998.
⑦ Jacoby 1974:64.
⑧ Ohler 1989:119.
⑨ Young 1979:58 - 9.
⑩ Schama 1995:142.
⑪ Keen 1979；Gray 1999:35 - 6.

少在一个故事中与亡命徒最初的职业——烧炭工——有关。林地仍然是中世纪晚期亡命徒故事的重要背景,但罗宾汉民谣中的批判主要针对的是皇家(而非私人)森林。[1] 在这里,中世纪晚期英国亡命徒文学的"绿林"背景非常重要,反映了人们对英国禁林制度滥用的负面看法。[2]

在挪威,表示亡命徒的词语 *utlagr* 与 *leggja út*(远离门口)、*ūtilega*(远离)和 *útilegumaðr*(选择生活在社会之外的人)有关:是驱逐的一般概念,[3]它通过古挪威语进入盎格鲁-撒克逊文化,并且驱逐行为的实践基本上是和斯堪的纳维亚的制度一起引入的(或至少是流行起来的)。[4] 应该简单地介绍中世纪冰岛亡命徒的地位,因为他们在许多方面都与斯堪的纳维亚和英国的历史和文学传统有关。与冰岛亡命徒有关的传统和习俗是从挪威传来的。[5] 冰岛的亡命徒并不被认为与社会其他部分对立,[6]而是被融入社会结构中,并可以保持不同程度的权力、团结关系和社会关系。[7] 然而,从 13 世纪中期起,冰岛语《古拉格斯》中对完全亡命徒的称呼(理论上,杀死亡命徒可以免于惩罚)是"森林帮派",意思是"林地的消失"[8],这是挪威语的概念化联系,反应在对免除剥夺权益的描述中,即"从森林中释放"[9]。冰岛语和挪威语对中世纪剥夺权益的指称可能差别不大,一个是指特定地点(森林)(skóg),另一个是指更广泛的概念,但也是"外部"(út)。然而,在《古拉特什法》[10]和《弗洛斯特辛法》[11]中,有许多例子提到杀人犯和逃犯(被指定为亡

① Holt 1999:220.

② Schama 1995:148453.

③ Hastrup 1985:140 – 142.

④ Ibid:124 – 5.

⑤ Lange 1935:125.

⑥ Hastrup 1990:37.

⑦ Amory 1992:193/ 203.

⑧ Grágás la 109; Byock 1993a:29.

⑨ Larson 1935:425.

⑩ Nos. 152,189, 207;Ibid:129,141 and 147.

⑪ Nos. 4.9 – 12;Ibid:262 – 3.

命徒)逃往森林和林地；这里的荒野指的是附属于农场的林地（法律上但不一定是实际的）。① 此外，《弗洛斯特辛法》明确将亡命徒与实物森林联系在一起，将他们的个人物品限制为"携带进入森林的任何物品"。② 就丹麦而言，斯文·阿格森援引了一项关于剥夺权益的法律，该法律规定，被定罪的逃犯应被押送到茂密的树林中，并允许逃往听力所及范围之外，③而埃里克国王的西兰岛法将在森林里逃亡的时间延长到第二天晚上。④ 所有这些例子都类似于亡命徒在冰岛的环境。⑤

　　狼的关联更难确定。在中世纪的挪威法律环境中，纵火犯（被宣布为非法）被描述为 *brennuvargr* 或"火狼"⑥，而故意为之的非法徒被称为 *útvísavargr*。⑦ 狼（*vargr*）一词在斯堪的纳维亚半岛显然引起了广泛的法律共鸣：在《古拉格斯》中，*morðvarg*（"杀狼"，也指潜行和/或企图掩盖罪行）一词被用来形容故意杀人，是 *skógarmaðr* 的一个亚类。⑧ 在继承法部分，一个亡命徒的后代，如上所述，被称为瓦格德罗比。⑨ 此外，虽然 vargr 一词并不总是指狼（或违法者），还可以描述一系列的野生动物，如乌鸦，⑩但在古挪威文献中，为避免被发现，逃犯一直采用动物名称作为名字。《赫罗夫斯传奇》中，当哈尔夫丹的儿子们打算为父亲的被杀报仇时，他们躲藏起来，用猎犬的名字命名；而在《丹麦人业绩》中，在遇到类似情况时，哈拉尔德的儿子们策划了复仇，不仅采用了猎犬的名字，而且表现得像猎犬，吃东西像猎犬，还穿着狼爪当鞋子。⑪ 狼的名字，代表更危险

① Nos. 415.
② Nos. 4.12,22；*ibid*；263，267.
③ Christiansen 1992：43.
④ Brønd um-Nielsen and Jørgensen 1933－61.
⑤ Hastrup 1990：36.
⑥ Gulathing，no. 98，Larson 1935：105.
⑦ Cited by Gerstein 1974：139.
⑧ 转引自 Gerstein 1974：137
⑨ Cleasby and Vigfusson 1962：680.
⑩ Stanley 1992.
⑪ Breen 1999b：33.

的动物,被暗杀者采用,文学主题的流行很可能是基于法律现实。[1]

到了 13 世纪,剥夺权益的法律后果发生变化,包括没收土地和货物,而不是合法地杀害非法者,剥夺权益的严肃性似乎变得越来越不重要。[2] 1265 年后,随着冰岛共和国并入挪威国,冰岛非法人的地位发生了变化。非法人不再被视为社会的弃儿,而是不受法律管制的逃犯,由国家强制处决,而不是个人复仇。[3] 亡命徒的"兽性地位"似乎也因此衰退,特别是在这种情况下,尽管很难将文学与历史分开。在中世纪晚期的诗歌和传奇小说中,不法分子继续被边缘化,因为他们与野生动物和相关环境联系在一起。[4] 这些符合对早先的非法人标示,即被剥夺人性,并明确地以"动物范畴"来确定。[5] 然而,尽管与狼的环境有关,中世纪盛期和晚期的亡命徒与其他非社会的人是分开的。例如,赫里沃德与狼的遭遇相当于格雷蒂尔在亡命徒时期与超自然生物的互动;在后期中世纪文学和民间传说中,冰岛的焦点是特定个体的命运,而英国亡命徒则为人民而战,反对社会不公。[6]

结论:变形、杂合和暴力人格

无论是在积极的还是消极的背景下,通过模仿或发现的变形对狼身份的假设都会导致人格解体,即他者性的建构。[7] 在许多情况下,这种状态明确地代表了暴力的特征。如果说英国的异教徒社会通过斯堪的纳维亚半岛上明显可见的仪式结构与狼有着相似的识别观念,那么其持续时间也是相对较短的。狼人的说法来源

---

① Breen 1999b:38.
② Hilton 1999:204.
③ Amory 1992:190.
④ Nagy 1999:413.
⑤ Seal 1996:20.
⑥ Lange 1935:29.
⑦ Otten 1986:5

于后来的民间传说，并被知识分子和诗人过滤，很可能是在基督教的背景下被重新改造了，反映了人类、狼以及变形和杂合的当代经历，而不是保留了异教徒范式中的静态残余。我们只能通过文献走近它们。威尔士的杰拉尔德和玛丽亚·德·弗朗斯记录的狼人很可能与英法文化中的有形信仰体系有关。[①] 当然，法国中世纪晚期/现代早期还存在狼人信仰，知识分子的叙述和"普通人"的信仰之间的差异是有限的——两者的精神世界是重叠的。[②]

不同的斯堪的纳维亚狼人的象征性特征，与古挪威文学赋予狼的象征性特征相同：都与战争和死亡密切相关。在狼人（ulfhamr）的案例中，这种变形被认为是身体上的变形，在狼皮战士（úlfhéðnar）和中世纪早期的不法之徒的案例中，变形是社会心理上的。在这三种情况下，人也可能是具备上述象征性联想的狼。不幸的是，由于现存证据零碎，而且大部分是回顾性的，关于异教徒的斯堪的纳维亚世界观中的狼人的复杂性，几乎不存在明确的信息。然而，中世纪晚期北欧记录了与狼人类似的动物，表明各种地方化和动态的信仰可能同时存在，对此，日耳曼文化中更广泛的元素中也有所反映。即使学术界对狼人本质有些许一致的看法，也很可能至少在细节上与流行观点有所不同，因为现代北欧早期关于狼人的解读（通过类比）各有不同。[③] 在某些情况下，地域信仰可能影响或启发了中世纪鼎盛时期传奇和记录的细节，但是，与现代流行的观念相反，在所有这些来源中，在整个早期现代大陆狼人审判的"顶峰"期间，狼人的出现都是有限的。

尽管 Healfhundingas 一书描述了狼和狗之间的流动性，古英语的《东方的奇迹》和《亚历山大写给亚里士多德的信》中描述的狗头种族，[④]以及源自北欧而非异国怪物的中世纪狼人，都没有以狼头

① Douglas 1992:115－16.
② Russell and Russell 1978:154.
③ Monter 1976:145.
④ Orchard 1995.

人的形式出现,而是以完全变形的狼的形式出现,其行为更像野兽文学中的隐喻的狼——像人类一样思考和说话。这是变形和杂合之间的一个重要区别——前者本质上是一个叙事过程,后者是一种冻结的视觉形式。① 虽然仅限于少数被广泛阅读的例子,但是传奇文学中的狼人现象并不一定强调变形背后的上帝力量,甚至也不赞同这一观点。在 15 世纪,《女巫之锤》推断,这种情况是由魔鬼造成的,在人类身上制造了一种变形的幻觉,或者拥有了自然狼。② 这篇文章的影响是将解读狼人现象的重心从神转移到恶魔。③ 在整个北欧狼人现象出现最为严重的时期,关于这种变形是真实还是虚幻的,学术界和公众舆论始终存在分歧。④

---

① Bynum 2001:30.
② Question X.
③ Otten 1986:102.
④ Russell and Russell 1978:152

结　论

　　我们可以从不同角度解读中世纪的动物，一切取决于它们的繁殖目的或被视为服务目的，因此，就像猫、狗和马一样，根据环境的需要，认为同一物种不论是残忍或者是放纵都是合理的。[1] 在人与动物的关系中，不存在控制型和压迫型的"简洁模型"，人类对狼的反应也从不单一或简单。[2] 本研究从跨学科的角度，从一系列狼的相关主题出发，探究了英国和斯堪的纳维亚对狼的多种反应。关于中世纪北欧人类、狼、其共享的环境以及与其他物种的关系，当代资料中开展的考察很分散，描述杂乱。本研究不是将相关问题分离纳入考古学、文学、历史、艺术等领域，并围绕相关问题组织研究项目结构，这会导致智识上的"回归"；[3]相反，本研究采用了跨学科的方法，针对每个问题都参考了综合的资料来源，虽然受到空间、范围的限制，有时不可避免地与上述方法具有共性。当然，并不是每一个问题都需要使用每一类证据，其结果是某些来源比其他来源更经常地被引用。此外，在某些主题（例如皮毛加工的考古证据、法律文本、有关狼人的文学文献）和地理区域（例如盎格鲁-撒克逊晚期英格兰、中世纪早期瑞典）中，在呈现资料时存在固有的不均衡现象。尽管如此，我们可以辨识出，"英国"和"斯堪的纳

---

① Smith 1998：882.

② Andersson 1998；Glosecki 2000b.

③ Schmitt 1998：379.

维亚半岛南部"人狼关系中存在可比较且不同的变化,这可以作为一个解释性的框架,以供将来对中世纪欧洲其他地区对狼的人类反应,以及对其他物种的人类反应进行比较研究。

环境背景:物理和概念生物地理学

整个研究强调了人类与置于相关景观中动物的相互影响的相关性,以及,在中世纪的北欧,狼活跃于整个(物理的)、有效的(利用的和有影响力的)、感知的(分类和概念化的)环境。[①] 我们可以发现,狼与可行猎物的不断变化有关,因此很大程度上局限于耕作环境的边缘;定居在森林、荒原和高地上,那里的人类干扰相对较小。在英国,狼可能已经越来越局限于那些人类居住分散而且难以被人类接近的地形条件,这些地区可以提供更大的生存机会。我们无法估量斯堪的纳维亚半岛中世纪狼数量的起伏程度,但半岛中部地区存在合适的狼的庇护场所,而且对人类而言,居住条件有限(而且从该大陆可以到达丹麦),所以,狼的存在一直持续到现代,尤其是在 14 世纪人类活动的减少可能促成了狼种群的再生。

因此,狼主要与物理和概念上的边缘景观联系在一起。边缘并不意味着"不重要"。相反,在中世纪的英国和斯堪的纳维亚半岛,森林、荒原和高地都是至关重要的资源,然而,它们与田野和开发区形成鲜明对比,因为它们为大型野生有蹄类动物提供了庇护所,反过来也为它们的捕食者提供了庇护所。此外,狼同样有能力接近耕种区的景观和定居点,成了猎人和捕猎者可能更容易捕获的目标,正如中世纪盛期和晚期斯堪的纳维亚遗址的骨骼遗骸所示。在西北欧,它们似乎已经接近最大的城市中心,它们在伦敦、奥斯陆和巴黎等地被猎杀。中世纪北欧的狼,和今天一样,几乎可

① Honko 1981.

以肯定不是"荒野依赖型"的，但是现在的开发与耕种环境的范围和特征、交流水平、技术以及人类活动的密度是无与伦比的，最大的城市中心与现代的规模和人口相比是微不足道的。中世纪的狼仍然是"荒野"动物，因为当时英国和斯堪的纳维亚半岛的大多数定居点和景观都可以被描述为乡村。但近几十年来，在北美和欧亚大陆，出现了越来越多对狼的活动性的记录，这表明，狼的活动性不能被固定在任何重建的中世纪景观中——过渡性的个体和狼群会根据猎物可获得性的变化、其他狼的存在与否、还有人的行为来调整它们的活动，可能在英国、斯堪的纳维亚半岛和整个欧洲大陆移动。在许多方面，人类对中世纪北欧狼环境的反应与对狼本身的反应是一致的——试图在日益有序的世界里控制不可控制的事物。

捕猎、利用和灭绝

人与猎物之间有着密切的联系。在斯堪的纳维亚半岛，对内陆的日益开发使人和牲畜与狼的接触更加密切，甚至更频繁；在英格兰和苏格兰东南部，人们在开放和封闭的狩猎场养鹿，特别是从12世纪开始，为狼提供了一个诱人的贮藏室，而到了14世纪，畜牧业的增加为野生有蹄类动物提供了另一种食物来源。然而，最终，英国和斯堪的纳维亚迥异的精英狩猎文化的发展，与其说带来了对基督教世界观的接受，不如说造成了对狼的迫害。中世纪晚期，英国精英狩猎文化的发展对狩猎空间和狩猎游戏的限制，是将狼标识为物理和概念上的竞争对手的主要原因。对于一个将狩猎与宗教类比的观众来说，狼是魔鬼，鹿是基督，但这种对动物的隐喻性表达并没有促进对狼的迫害。

中世纪盛期的斯堪的纳维亚半岛的情况与英格兰和苏格兰东南部狩猎管理的强度截然不同，尽管间或出现强制集体捕猎狼行为,但挪威第一部专门的反捕食者法律直到 18 世纪才出现,这也许是斯堪的纳维亚首次真正有组织、有系统地猎狼行为的体现。[1]此前,共同努力消灭狼与"专业"猎狼者有关,例如 13 世纪英国的彼得·科比特和 17 世纪丹麦的约翰·坦泽。狼遗骸存在的数量有限,这不能简单地归因于有效骨骼识别过程中存在问题,而是反映了与驯养动物和其他野生物种相比,人类对狼的相对利用程度。几乎可以肯定,未来可以在中世纪背景的英国和斯堪的纳维亚发掘出狼的遗骸,但这些遗骸更有可能对我们的解读提供补充,而不会挑战这里的解读。整个欧洲和斯堪的纳维亚半岛的中世纪法律当然都在努力实现类似的目标——从陆地上消灭具有威胁性的捕食者——但是,黑死病后 14 世纪中期的危机加剧了狩猎技术、通讯和执法不力方面的限制,法律的有效实施被大打折扣。如果进行进一步的区域间研究,特别是对从不同的社会和生态环境中恢复的动物群综合数据进行调查,这将是收获最多的领域。为什么在波兰中世纪遗址发现的狼遗骸比英国多?为什么在历史上,一直有狼的罗马尼亚发现的例子如此之少?为什么匈牙利更少?可获得的书面资料表明,中世纪欧洲猎狼的性质和范围明显不同,甚至在法国存在截然不同的走势,法国狩猎狼与现代社会的某种威望联系在一起。[2] 在这个地区,勇敢的勃艮第公爵菲利普在其整个统治时期(1363—1377 年)一直在向猎狼者支付报酬,[3]而在同一个世纪的诺曼底,大部分的狼赏金都是由农民募集的,这种相对持续的迫害趋势被英国人的入侵和占领短暂中断,随着 15 世纪狩猎技术的改变而再次加强。[4] 我们能从生态和文化的角度来解释这些差异吗?答案是肯定的,但是要了解过去捕食者和猎物之间复杂的关系并不容易。我们不仅需要关注狼、熊、猞猁等顶级捕食者

---

[1] Sandberg 1998:7.

[2] Cummins 2001:140 – 141.

[3] Prost 19027:218 et passim.

[4] Halard 1983.

的遗骸和其存在的记录,还需要了解其他动物资源的多样性,以及这些资源是如何受到当地环境和人类活动的影响的。通过对狼的历史讨论的调查,我们正在探索过去生态系统的整体结构,以及人类塑造和回应它们的方式。

异教徒与基督教:宗教的作用

北欧接受基督教世界观,其中包括接受道德的绝对性,以及魔鬼形象中体现了邪恶的存在。[①] 在上帝与魔鬼之间预先确定的斗争中,动物和人类都扮演着自己的角色,虽然他们无法与恶魔签订任何盟约,但由于缺乏理性,它们可能会被恶魔附身和操纵。恶魔甚至可以以动物的形式出现。但是,至少从当代神学的角度来看,没有一种上帝创造的动物本质上是邪恶的,我们不能把文学作品中关于狼的隐喻视为反映了对狼恶魔本性的任何信仰。即使是蛇和龙,以及山羊和狗等传统的和最常被引用象征邪恶的野兽,[②]也不是邪恶的固有形象,这在中世纪早期和盛期的英国和斯堪的纳维亚半岛的许多积极的背景中都能找到印证。中世纪呈现的恶魔是典型的、怪异的类人怪物,而不是一直像某种特殊的动物,甚至地狱之口也常常是一种无法辨认的杂合动物。[③]

那么狼在多大程度上是暗黑恶魔? 在这种恶魔框架内,狼不是圣经中广泛出现的动物形象,只是邪恶和魔鬼的偶然的、明确的象征。前基督教时代,英国和斯堪的纳维亚半岛的战争呈现和战争行为中,狼的形而上学的作用逐渐减弱,特别是与军事身份有关的作用,但最终在纹章学中幸存下来,对于这一点,我们不应断章取义。例如,对基督教的皈依似乎对比喻的复合辞在古挪威文学

① Russell 1984.
② Ibid:67.
③ Pluskowski 2003.

中的使用产生了更广泛的影响。在《奥拉夫斯德拉帕》中，狼是巨魔妻子的战马，这种表达方式日趋减少。① 这些母题已经定型，因此在皈依前的诗歌中是"宗教无效"的表达。此外，基督教神学和社会行动之间没有明确或简单的联系。② 基督教作家或工匠们并没有把狼单独列出，进行"特殊对待"。证据表明，狼作为一种重要的宇宙力量，在宗教背景下的重要性相对降低（与熊和野猪等其他动物一样）。然而，在中世纪北欧的景观中，狼的存在确保了它们作为可变符号载体的持续有效性，尤其是在概念捕食者的角色上。一直延续到中世纪晚期，仍然存在将狼和恶魔吞食者联系起来的零星文献，尽管狐狸数量总是多于狼，但这表明至少有些人坚持使用本土狼作为一种非常真实（而且可以说更有效）的说教工具，而民间传说似乎保留了对狼或犬类吞噬者的更广泛的接受度——也许魔鬼出现在北欧的土地上了。当然，所有这些都必须正确看待。在有记载的民间传说中，魔鬼以所有动物的形态出现，但很少以狼的形态出现——最接近的化身是邪恶猎犬的众多变体之一。当狼人的存在没有被否认时，狼人是上帝力量的证据，反映在无数圣徒和野生动物之间的冲突中，包括狼，这时狼人是概念化的。益格鲁-斯堪的那维亚异教宇宙论中的恶魔狼，最初可能是在融合的语境中作为魔鬼的化身而被重新塑造的，并最终被纳入基督教启示录艺术中已建立的绘画表达。在异教徒和基督教体系中，作为最终无法控制的捕食者主题，狼仍然存在，在两者中，狼都部分地与死亡联系在一起，并通过吞食到达另一个世界。但是，关于基督教完全妖魔化狼，这一观念必须放在语境中解读；从北欧基督教说教的角度来看，狼是一个有用的象征载体。将英国和斯堪的纳维亚半岛的牧民活动和基督教意识形态联系在一起的、最重要的主题是狼和羊之间的对立，由好（教会）和坏（异教徒和假先知）牧羊人

① Whalley 2000:568.

② Short 1991:10.

调解;后者通常是伪装的狼。这种联系在北欧异教的范例中是不为人所知的,而且似乎已经支配了所有与狼有关的已知符号。在中世纪盛期的古挪威语和古威尔士语文学作品中保存了军事狼主题,虽然在纹章作品中是一个军事和语义的象征,但在英国已经普遍消失。

在英国和后来的斯堪的纳维亚半岛南部,有计划的猎狼活动是由统治精英在封建狩猎文化的背景下鼓励和资助的。这些反应当然是在基督教世界观中出现的,在基督教世界观中,狼有时可以像许多其他家畜和野生动物一样,被指定为魔鬼或邪恶的代表。然而,没有证据表明,中世纪早期或盛期,因"景观驱魔"而出现系统地灭狼行为。

展望未来:人狼关系的未来需要历史考量

对当前人狼关系的讨论包含对中世纪世界保持规范观点的部分历史。在某些情况下,这是特意留存下来的。[1] 在中世纪的英国和斯堪的纳维亚半岛,人类与狼的相互作用及其共同环境的复杂性表明,讨论过去或将来人类对狼的反应,不能脱离特定的文化和生态环境。明尼苏达州和挪威对大型食肉动物的态度研究表明,对狼的负面看法通常与农村居民和从事畜牧业的人有关,而猎人和捕猎者往往不会将狼与恐惧或焦虑联系在一起。现代城市居民普遍对狼持积极态度,这大概说明他们获得信息的途径更广泛,而且他们与以农业为中心的社区相关的传统社会结构不存在联系。[2]

但是,目前人们对狼的消极态度在多大程度上是从中世纪继承下来的,这完全是另一回事,而 10 世纪和 21 世纪人类对狼的反应之间的任何联系,都低估了一千年变化的复杂性。当代对狼的

---

[1] Pluskowski 2002 a.

[2] Kellert 1999;Vittersa and Kaltenborn 2000.

反应与现代个人的特定世界观相联系,这与任何中世纪的世界观完全不同,中世纪的世界观是通过宗教寓言,以及从狩猎技术到畜牧业之间的日常因素相互作用来表达的。例如,中世纪早期和现代斯堪的纳维亚半岛之间的一个主要区别是长矛和弓箭,这是与捕猎狼的技术、火器之间的区别;而通讯和个人交通工具(雪地车和直升机,而不是马或步行)也代表了在狩猎中,以及在斯堪的纳维亚文化中,更广泛的狩猎场所中的投入和使用技术的不同。我们对现实的感知理解引导、约束着我们的行为,对狼的态度的探究可以从个体物种到野生哺乳动物,再到大型食肉动物进行调查。新中世纪哥特式恐怖之狼经常被作为一种极端化的刻板印象,是现代自然保护主义哲学的另一种选择。

这项研究表明,人类对动物及其环境的反应植根于一系列综合因素,最终由我们对现实的复杂(和不断变化的)感知所支配。研究发现,在中世纪的英国和斯堪的纳维亚,人类对狼的反应有两个显著的变化:狼作为竞争对手的发展和作为宇宙捕食者的减少。未来对中世纪欧洲其他地区的物理和概念上的捕食—猎物关系进行跨学科研究时,也可能会发现类似的模式。

最后,我们应该重新说明,中世纪的狼例证观察历史归属的后现代理论考古学家和人类学家之观点的方式:从历史和地理背景来看,狼可能比任何其他动物在更大程度上建构了多元的当代西方文化。但是,探索人狼之间不断变化的关系并不仅仅是一种智力活动。除此之外,它是当前关于保护甚至鼓励北半球顶级捕食者争论中的重要组成部分。从文化和生态的角度来看,与狼共存的历史经验经常被用来说明当前情况,预测未来的人类反应。泽维尔·哈拉德和纳塔夏·德莫莱内斯清楚地认识到了人狼关系史的当代意义,以及交流人狼关系学术研究成果的必要性,他们合作撰写了一本书,总结了中世纪法国与狼共存的多种经历,这本书以儿童为目标人群,包含描绘精美的娱乐性小插图,放在一起组成

"我是狼的形象"（"l'image du loup"）。[1] 这是中世纪狼的全部荣耀：可怕的掠夺者，食腐动物，亡命之徒，情人，小丑和恶魔。现代对中世纪的陈规旧念将永远是当代流行文化甚至高级文化的一个充满活力的元素。但是，随着对狼在中世纪欧洲社会中的复杂角色（好与坏、恐怖与娱乐）的探索和对其背景的理解，关于未来的欧洲狼种群和人狼关系，将越来越有可能被赋予意义深远的历史。

---

[1] 由 Natacha de Molenes 在 Halard and de Molenes 2003:31 中绘制。

参考文献

Aaby, B. (1988). 'The cultural landscape as reflected in percentage and influx pollen diagrams from two Danish ombrotrophic mires'(《从丹麦两个营养性沼泽的花粉百分比和流入图中反映的文化景观》), in H. H. Birks et al (eds.), *The Cultural Landscape, Past, Present and Future*(《文化景观,过去、现在和未来》), Cambridge, Cambridge University Press, 209 – 228.

Aaris-Sørensen, K. (1977). 'The subfossil wolf in Denmark', *Videnskabelige Meddelelser fra Dansk naturhistorisk Forening*(《丹麦自然历史协会科学通讯》), 140,129 – 146.

Abram, C. P. (2004). 'Representations of the Pagan Afterlife in Medieval Scandinavian Literature'(《中世纪斯堪的纳维亚文学中异教徒来世的表达》), unpublished Ph. D. thesis, University of Cambridge.

Achen, S, T. (1973). *Danske adelsvåbener: en heraldisk nøgle*(《前纹章》), Kebenhavn, Politiken.

Aðalbjamarson, B. (ed.)(1941 – 51). *Heimskringla*(《挪威王列传》), Reykjavík: Hid Íslenzka Fomritafélag.

Ahvenainen, J. (1996). 'Man and the forest in the north', in Cavaciocchi, S. (ed.), *L'uomo e la foresta: secc.* (《人与森林:干燥》) *XIII – XVIII: atti della 'Veniisettesima settimana di studi'*, 8 – 13 *maggio* 1995, Firenze, Le Monnier, 225 – 252.

Alcock, L. (1998). 'From realism to caricature: reflections on insular depictions of animals and people', *Proceedings of the Society of Antiquaries of Scotland*(《苏格兰古物学会会刊》), 128, 515 – 536.

Alexander, J. and Binski, P. (eds.)(1988). *Age of Chivalry: Art in Plantagenet England* 1200 – 1400(《骑士时代:1200—1400 年英国金雀花展艺术》), London, Royal Academy of Arts in association with Weidenfeld and Nicolson.

Altenberg, K. (2003). *Experiencing Landscapes: A Study of Space and*

Identity in Three Marginal Areas of Medieval Britain and Scandinavia（《体验景观：中世纪英国和斯堪的纳维亚半岛三个边缘地区的空间与身份研究》），Stockholm, Almqvist & WikselL.

Alvec B. G. (1989). 'Concepts of the soul in the Norwegian tradition', in R. Kvideland, H. K. Sehmsdorf and E. Simpson (eds.), *Nordic Folklore: Recent Studies*（《北欧民俗学：近期研究》）, Bloomington, Indiana University Press, 110 −127.

Ambrosiani, B. (1983). 'Regalia and symbols in the boat-graves', in J. P. Lamm and H-Å Nordström (eds.), *Vendel Period Studies*（《文德尔时期研究》）, Stockholm, Statens Historiska Museum, 23 − 30.

Ambrosiani, K. (1981). *Viking Age Combs, Comb Making and Comb Makers in the Light of Finds from Birka and Ribe*（《在比尔卡和里贝发现的维京时代的梳子,梳子制作和梳子制造者》）, Stockholm, Göteborgs Offsettryckeri.

Amorosi, T. , Buckland, P. , Dugmore, A. , Ingimundarson, J. H. and Mcgovem$_z$ T. H. (1997). ' Raiding the landscape: human impact in the Scandinavian north Atlantic', *Human Ecology* （《人类生态学》）25,3,491 − 518.

Amory, F. (1992). 'The medieval Icelandic outlaw: life-style, saga and legend', in G. Pálsson (ed.), *From Sagas to Society: Comparative Approaches to Early Iceland*（《从传奇到社会:早期冰岛的比较研究》）, Enfield Lock, Hisarlik Press, 189 − 203.

Andersen, A. (1981), 'Economic change and the prehistoric fur trade in northern Sweden. The relevance of a Canadian model', *Norwegian Archaeological Review*（《挪威考古评论》）, 14,1,1 − 16.

Andersen, S. W, (1978). ' En vikingegrav fra Veslsjælland ', *Årbog for historisk samfund for Sorø amt*（《索尔斯县历史学会》）,65,24 − 33.

Andersen, S. T. , Aaby, B. , and Odgaard, B. (1996). 'Denmark', in B. E. Berglund, H. J. B. Birks, M. Ralska-Jasiewiczowa and H. E. Wright (eds.), *Palaeoecological Events During the Last 15000 Years*（《过去15000年的古生态事件》）. *Regional Synthesis of Palaeoecological Studies of Lakes and Mires in Europe*（《欧洲湖泊和沼泽古生态研究的区域综合》）, Chichester, John Wiley & Sons, 215 − 232.

Anderson, J. (1998). 'Animal domestication in geographic perspective'. *Society and Animals*（《社会与动物》）, 6,2,121 − 137.

Anderson, J. D. and Kennan, E. T. (trans.) (1976). *Bernard of Clairvaux − five books on consideration: advice to a pope*（《克莱沃的伯纳德—关于考虑的五本书:给教皇的建议》）, Kalamazoo, Cistercian Publications.

Anderson, M. L. (1967). *A History of Scottish Forestry, Vol. 1: From the Ice Age to the French Revolution*（《苏格兰林业史,第一卷:从冰河时代到法国大

革命》），London，Thomas Nelson.

Andersson，C. and Hållans，A-M，（1997）．'No trespassing. Physical and mental boundaries in agrarian settlements'，in H. Andersson，P. Carelli and L. Ersgård（eds.），Visions *of the Past. Trends and Traditions in Swedish Medieval Archaeology*（《过去的幻象：瑞典中世纪考古学的趋势和传统》），Stockholm，Central Board of National Antiquities，583 – 602.

Andersson，H.（1998）．'Utmark'，in H. Andersson，L. Ersgård and E. Svensson（eds.），*Outland Use in Preindiisirial Europe*（《前工业时期欧洲外域使用》），Stockholm，Institute of Archaeology，Lund University，5 – 8.

Andersson，H.，Ersgård，L. and Svensson，E.（eds.）（1998）．*Outland Use in Preindustrial Europe*（《前工业时期欧洲外域使用》），Stockholm，Institute of Archaeology，Lund University.

Andrén，A.（1989）．'State and towns in the Middle Ages. The Scandinavian experience'，Theory and Society（《理论与社会》），18，585 – 609.

Andrén，A.（1993）．'Door to other worlds：Scandinavian death rituals in Gotlandic perspective'，*journal of European Archaeology*（《欧洲考古学杂志》），7，33 – 56.

Andrén，A.（1997）．'Paradise lost：looking for deer parks in medieval Denmark and Sweden'，in H. Andersson，P. Carelli and L. Ersgård（eds.），*Visions of the Past. Trends and Traditions in Swedish Medieval Archaeology*（《历史的幻象：瑞典中世纪考古学的趋势和传统》），Stockholm，Central Board of National Antiquities，469 – 490.

Andrén，A.（1999）．'Landscape and settlement as utopian space'，in C. Fabech and J. Ringtved（eds.），*Settlement and Landscape：Proceedings of a Coriference in Århus，Denmark，May 4 – 7，1998*（《定居与景观：1998 年 5 月 4 日至 7 日在丹麦阿胡斯举行的科里菲斯会议记录》），Moesgård，Jutland Archaeological Society；383 – 394.

Andrén，A.（2000）．'Re-reading embodied texts – an interpretation of rune-stones'，*Current Swedish Archaeology*（《瑞典当代考古学》），8，7 – 32.

Anonymous.（1975）．'Data on the situation of the wolf in Romania：Commission on Nature Monuments'，in D. H. Pimlott（ed.），*Wolves：Proceedings of the First Working Meeting of Wolf Specialists and of the First International Conference on the Conservation of the Wolf，September 1973*（《狼：1973 年 9 月狼专家第一次工作会议和第一次国际保护狼会议记录》），Morges，International Union for the Conservation of Nature and Natural Resources，79 – 80.

Åquist，C. and Flodin，L，（1992），'Pollisa and Sanda – two thousand-year-old settlements in the Mälaren region'，in L. Ersgår M. Holmstöm and K. Lamm (eds.), *Rescne and Research: Reflections of Society in Sweden* 700 – 1700 A. D (《重新审视与研究：对公元 700—1700 年瑞典社会的反思》), Stockholm, Riksantikvarieämbetet, 310 – 333.

Archibald, M.,Brown, M. and Webster, L. (1997). 'Heirs of Rome: the shaping of Britain, AD 400 – 900', in L. Webster and M. Brown (eds.), *The Transformation of the Roman World AD 400 –900*(《公元 400—900 年罗马世界的转变》), London, Exhibition Catalogue, 208 – 48.

Armstrong, E. A. (1974). *Saint Francis, Nature Mystic: the Derivation and Significance of the Nature Stories in the Franciscan Legend*(《自然神秘主义者圣方济各：方济各传说中自然故事的来源及其意义》), Berkley, University of California Press.

Amold-Forster, F. (1899). *Studies in Church Dedications or England's Patron Saints*(《英国守护神研究》), London, Skeffington.

Aronsson, K-Å (1991). *Forest Reindeer herding, A. D. 1–1800: an Archaeological and Palaeoecological Study in Northern Sweden*(《森林驯鹿放牧，公元 1—1800 年：瑞典北部考古和古生态研究》), Umeå, University of Umeå Dept. of Archaeology.

Arwidsson, G. (1977). *Valsgärde* 7(《瓦尔斯加德 7》), Uppsala, Uppsala universitets museum för nordiska fornsaker.

Aston, M. (2000). *Monasteries in the Landscape*(《风景中的寺院》), Stroud, Tempus.

Atkinson, C. M. (1977). 'The earliest Agnus Dei melody and its tropes', *Journal of the American Musicalogical Society*(《美国音乐学会杂志》), XXX/1, 1 – 19.

Atkinson, J. C. (1889), *Cartularium Abbathiae de Rievalle Ordinis Cisterciensis fundatae anno* 1132(《阿巴提亚卡通莱奥迪尼斯-西斯特西恩斯创立于 1132 年》), Durham, Surtees Soc.

Aybes, C. and Yalden, D. W. (1995). 'Place-name evidence for the former distribution and status of wolves and beavers in Britain', *Mammal Review* (《哺乳动物评论》), 25, 201 – 227.

Bäck, M. (1997). 'No island is a society. Regional and interregional interaction in central Sweden during the Viking Age', in H. Andersson, P. Carelli and L. Ersgård (eds.), *Visions of the Past: Trends and Traditions in Swedish Medieval Archaeology*(《历史的幻象：瑞典中世纪考古学的趋势和传统》), Lund, Riksantikvarieämbetet and Institute of Archaeology, 129 – 162.

Bagge, S. (2003). 'Ideologies and men tali ties', in K. Helle (ed.) *The Cambridge History of Scandinavia: Volume* 1, *Prehistory to* 1520(《剑桥斯堪的纳维亚历史：第一卷，史前到 1520 年》), Cambridge, Cambridge University Press,

465 - 486.

Bagley, A. (1993). 'A wolf at school', Studies in Medieval and Renaissance Teaching(《中世纪和文艺复兴时期教学研究》), 4, 2, 35 - 69.

Bailey, R. N. (1980), Viking Age Sculpture in Northern England(《英国北部的维京时代雕塑》), London, Collins.

Bailey, R. N. (1981). 'The hammer and the cross', in E. Roesdahl, J. Graham-Campbell, P. Connor and K. Pearson (eds.), The Vikings in England (《英国的维京人》), London, Anglo-Danish Viking Project, 83 - 94.

Bailey, R. N. (1996). England's Earliest Sculptors(《英国最早的雕塑家》), Toronto, Pontifical Institute of Mediaeval Studies.

Bailey, R. N. (2000). 'Scandinavian myth on Viking-period stone sculpture in England', in G. Barnes, and M. C. Ross (eds.), Old Norse Myths, Literature and Society. Proceedings of the 21th International Saga conference, 2 - 7 July 2000, University of Sydney(《古挪威神话、文学和社会。第 21 届国际传奇会议记录,2000 年 2 月 7 日,悉尼大学,》), Sydney, Centre for Medieval Studies, University of Sydney, 15 - 23.

Baillie-Grohman, W. A, and Baillie-Grohman, F. (1909). The Master of Game: the Oldest English Book on Hunting/by Edward, Second Duke of York(《狩猎大师:英国最古老的狩猎书籍/约克第二公爵爱德华》), London, Ballantyne, Hanson & Co.

Baker, S. (2000). The Postmodern Animal(《后现代动物》), London, Reaktion Books.

Bambeck, M. (1990). Wiesel und Werwolf: Typologische Streifzuge dutch das romanische Mittelalter itnd die Renaissance(《维塞尔和狼人:罗马中世纪和文艺复兴的类型学之旅》), Stuttgart, F. Steiner Verlag.

Banks, S. E. and Binns, J. W. (eds. and trans.) (2002). Gervase of Tilbury, Otia Imperxaha, Recreation for an Emperor(《蒂尔伯里的格瓦塞,奥提亚帝国,皇帝的娱乐场所》), Oxford, Clarendon Press.

Barber, R, (1999), Bestiaiy, Being an English Version of the Bodleian Library, Oxford, M.S. Bodley 764 with all the Original Miniatures Reproduced in Facsimile(《博德利 764 和所有的原始微缩复制传真》), Woodbridge, Boydell.

Baring-Gould, S. (1995). The Book of Werewolves(《狼人之书》), London, Senate, (original 1865; London, Smith, Elder & Co.).

Barth, E. K. (1979). 'Fangstgraver for rein i Rondane og andre fjell', in Fortiden i Søkelyset. 14C datering gjennom 25 år(《光的过去。14C 日期到 25 år》), Trondheim, 139 - 140.

Barth, E. K. (1983). 'Trapping reindeer in south Norway', Antiquity(《古迹》), LVII 109 - 115.

Barth, S. and Barth, E. K. (1989). 'Fangss thistoriske rapporter', *Norsk Skogbruksmuseums Årbok*(《挪威阿尔伯克森林利用博物馆》), 12,317 – 345.

Bar tletty, R. (2000). *England under the Norman and Angevin Kings*(《诺曼国王和安格文国王统治下的英格兰》), 1075 – 1225, Oxford, Clarendon Press.

Bartrum, P. C. (1966). *Early Welsh Genealogical Tracts*(《早期威尔士谱系》), Cardiff, University of Wales Press.

Bates, D. (ed.) (1998). *Regesta Regum Anglo-Normannorum*: *the Acta of William 1,1066 – 1087*(《英国诺曼诺诺姆:威廉 11066—1087 年的〈行动纲领〉》), Oxford Clarendon Press.

Bateson, M. (1904). *Borough Customs I*, London, Quaritch.

Batey C. E. and Sheehan. J. (2000). 'Viking expasion and cultural blending in Britain and Ireland', in W. W. Fitzhugh and E. I. Ward (eds.), *Vikings*: *the North Atlantic Saga*(《北欧海盗:北大西洋传奇》), London, Smithsonian Institution Press in association with National Museum of Natural History, 127 – 141.

Baxter, R, (1998). *Bestiaries and their Users in the Middle Ages*(《中世纪的动物寓言集及其使用者》), Stroud, Sutton.

Baxter, R. (2005). 'Holy Cross, Ilam, Staffordshire', *The Corpus of Romanesque Sculpture in Britain and Ireland*(《英国和爱尔兰罗马式雕塑的主体》), *http*://www. crsbi. ac. uk/ed/st/ilamc/index. htm #H3 (7 June 2005).

Beaune, C. (1990). *journal d'un Bourgeois de Paris de 1405 à 1449*(《1405年—1449 年巴黎资产阶级杂志》), Paris, Librairie Générale Française.

Beck, H. (1965). *Das Ebersignum im Germanischen*: *ein Beitrag zur germanischen Tier-Symbolik*(《日耳曼语中的野猪符号:对日耳曼动物象征的贡献》), Berlin, De Gruyter.

Benedictow, O. J. (1996). 'The demography of Viking Age and the High Middle Ages in the Nordic Countries', *Scandinavian Journal of History*(《斯堪的纳维亚历史杂志》), 21,151 – 182.

Bennett, K. D, (1996). 'Late Quaternary vegetation dynamics of the Cairngorms', *Botanical journal of Scotland*(《苏格兰植物学杂志》), 48,1,51 – 63.

Berg, A. (1995). *Norske temmerhus frd mellomalderen*(《挪威淡梅尔马尔德伦》), Oslo, Landbruksforlaget.

Bergendorff, C. and Emanuelsson, U. 1982. 'Skottskogen-en for summad del av vart kulturlandskap', *Svensk Botanisk Tidskrift*(《瑞典植物学杂志》), 76, 91 – 100.

Berglund, B. E. (1988). 'The cultural landscape during 6000 years in south Sweden-an interdisciplinary project。in H. H. Birks *et al.* (eds.), *The*

Cultural Landscape, *Past*, *Present and Future*(《文化景观,过去、现在和未来》),
Cambridge, Cambridge University Press, 240 – 254.

Berglund, B. E. (1991a). 'The Viking Age landscape: landscape, land
use, and vegetaHon in B. E. Berglund (ed) *The Cultural Landscape During* 6000
Years in Southern Sweden-the Ystad Project(《瑞典南部 6000 年的文化景观——
于斯塔德市项目》), Ecological Bulletin 41, Copenhagen, Munksgaard, 82.

Berglund, B. E. (ed.) (1991b). *The Cultural Landscape During* 6000
Years in Southern Sweden-the Ystad Project(《瑞典南部 6000 年的文化景观——
于斯塔德市项目》), Ecological Bulletin 41, Copenhagen, Munksgaard.

Berglund, B. E. (1997), 'Methods for reconstructing ancient cultural
landscapes: the example of the Viking Age landscape at Bjäresjö, Skåne, southern
Sweden, in U. Miller, B. Ambrosiani, H. Clarke, T. Hackens, A – M. Hansson
and B. Johansson (eds.). *Environment and Vikings with special reference to Birka*,
PACT 52, *Birka Studies* 4(《环境和维京人,特别是比尔卡,公约 52,比尔卡研
究 4》), Stockholm, Stockholm and Rixensart, 31 – 46.

Berglund, B. E., Larsson, L., Lewan, N., Olsson, G. A. and Skansjö,
S. (1991). 'Ecological and social factors behind the landscape changes', in B.
E. Berglund (ed.), *The Cultural Landscape During* 6000 *Years in Southern
Sweden-the Ystad Project*(《瑞典南部 6000 年的文化景观——于斯塔德市项
目》), Ecological Bulletin 41, Copenhagen, Munksgaard, 425 – 445.

Berglund, B. E., Maimer, N. and Persson, T. (1991). 'Landscape-
ecological aspects of long-term changes in the Ystad area', in B. E. Berglund
(ed.), *The Cultural Landscape Dtiring* 6000 *Years in Southern Sweden-the Ystad
Project*(《瑞典南部 6000 年的文化景观——于斯塔德市项目》), Ecological
Bulletin 41, Copenhagen, Munksgaard, 405 – 424.

Berlioz, J and de Beaulieu, M. A. P. (1999). *L'animal exemplaire au
Moyen Âge*, *Ve-Xve siècles*(《莫耶提时代的动物标本,第五世纪》), Rennes,
Presses Universitaires de Rennes.

Bernstein, D. J. (1986). *The Mystery of the Bayeux Tapestry*(《巴约挂毯之
谜》), London, Weidenfeld and Nicolson.

Berryman, R. D. (1998). *Use of the Woodlands in the Late Anglo-Saxon
Period*(《盎格鲁-撒克逊晚期林地的利用》), BAR 217, Oxford, Archaeopress.

Bertelsen, R. (1999). 'Settlement on the divide between land and ocean.
From Iron Age to Medieval Period along the coast of Northern Norway', in C.
Fabech and J. Ringtved (eds.), *Settlement and Landscape*: *Proceedings of a
Conference in Arhus*, *Denmark*, *May* 4 – 7,1998(《定居与景观:1998 年 5 月 4—7
日在丹麦阿胡斯举行的会议记录》), Moesgård, Jutland Archaeological Society,
261 – 267.

Bibig P.（2001）.'Capture and Escape: Old Norse Mythological Models',（《捕捉与逃脱:古老的挪威神话模型》）, unpublished manuscript.

Biddle, M.（1981）.'Capital at Winchester', E. Roesdahl, J. Graham-Campbell, P. Connor and K. Pearson（eds.）, *The Vikings in England*（《英国的维京人》）, London, Anglo-Danish Viking Project, 165 – 170.

Billy, D. J.（1985）.'The "Ysengrimus", Allegory and Meaning: a Historical, Theological and Literary Study'（《〈伊森格里姆斯〉,寓言与意义:一个历史的、神学的和文学的研究》）, Ann Arbor, University Microfilms International.

Binski, P.（2003）.'The painted nave ceiling of Peterborough Abbey', in J. Backhouse（ed.）, *The Medieval English Cathedral: Papers in honour of Pamela Tudor-Craig*（《中世纪英国大教堂:纪念帕梅拉·都铎·克雷格的报纸》）, Donington, Shaun Tyas, 41 – 62.

Binski, P.（2004）. *Becket's Crown: Art and Imagination in Gothic England*, 1170 – 1300（《贝克特的王冠:哥特式英格兰的艺术和想象》,1170—1300 年》）, New Haven, Yale University Press.

Birks, H. J. B.（1996）.'Great Britain-Scotland', in B. E. Berglund, H. J. B. Birks, M. Ralska-Jasiewiczowa and H. E. Wright（eds.）*Palaeoecological Events During the Last* 15000 *Years. Regional Synthesis of Palaeoecological Studies of Lakes and Mires in Europe*（《过去 15000 年的古生态事件。欧洲湖泊和沼泽古生态研究的区域综合》）, Chichester, John Wiley & Sons, 95 – 144.

Birks, J.（1988）. *The Cultural Landscape — Past, Present and Future, Excursion Guide*（《文化景观——过去、现在和未来、游览指南》）, Rapport, University of Bergen, Botanical Institute.

Birrell, J.（1988）.'Forest law and the peasantry in the later thirteenth century', in P. R. Cross and S. D. Lloyd（eds.）, *Thirteenth Century England Proceedings of the Newcastle upon Tyne Conference*（《十三世纪英国纽卡斯尔会议记录》）, 1987, Woodbridge, Boydell, 149 – 163.

Birrell, J.（1992）.'Deer and deer farming in medieval England', *Agricultural History Review*（《农业历史回顾》）, 40,2,112 – 126.

Birrell, J.（1996a）.'Peasant deer poachers in the medieval forest' in R·Britnell and J. Hatcher（eds.）, *Progress and Problems in Medieval England: Essays in Honour of Edward Mille*（《中世纪英国的进步与问题:纪念爱德华·米勒的随笔》）, Cambridge, Cambridge University Press, 68 – 88.

Birrell, J.（1996b）.'Hunting and the royal forest', in Cavaciocchi, S.（ed.）, *L'uomo e la foresta: secc, XIII – XVIII: atti della 'Ventisetiesimct settimana di studi'*（《人与森林:第十三至第十八章:第三章"研究环境影响"》）, 8 – 13 *maggio* 1995, Firenze, Le Monnier, 437 – 457.

Bjarvall A. and Isakson, E. (1982). 'Winter ecology of a pack of three wolves in Sweden) in F. Harrington and P. Paquet (eds.) *Wolves of the World: Perspectives of Behavior, Ecology, and Conservation*(《世界狼:行为、生态学和保护的观点》), Park Ridge, New Jersey, Noyes Publications, 474.

Björn, I, (2000). 'Takeover: the environmental history of the coniferous forest', *Scandinavian Journal of History*(《斯堪的纳维亚历史杂志》), 25,281 – 296.

Blackmore, H. L. (1971). *Hunting Weapons from the Middle Ages to the Twentieth Century*(《从中世纪到二十世纪的狩猎武器》), New York, Dover.

Blair, J. (1994). *Anglo-Saxon Oxfordshire*(《盎格鲁-撒克逊-牛津郡》), Oxford, Oxfordshire Books.

Bodvarsdottir, H. (1989) *The Function of the Beasts of Battle in Old English Poetry*(《战兽在古英语诗歌中的作用》), Ph. D. Dissertation, 1976, University of New York at Stony Brook, Ann Arbor, University Microfilms International.

Boessneck, J. (ed.) (1979). *Eketorp: Befesiigung und Siedlung auf Oland, Schweden: die Fauna*(《欧兰和瑞典埃克托普的建立和定居:动物群》), Stockholm, Almqvist & Wiksell.

Bohun, C. (1851), 'The first and last days of the Saxon rule in Sussex', *Sussex Archaeological Collections*(《苏塞克斯考古收藏品》), 4,67 – 92.

Boitani, L. (1986). *Dalia parte del lupu*(《达利亚狼疮的一部分》). L'Airone di Giorgio Mondadori e Associati Spa, Milano, Italy.

Boitani, L. (1995). 'Ecological and cultural diversities in the evolution of wolfhuman relationships', in L. N. Barbyn, S. H. Fritts and D. R. Seip (eds), *Ecology and Conservation of Wolves in a Changing World*(《变化世界中狼的生态学与保护》), Edmonton, Canadian Circurnpolar Institute, 3 – 11.

Boitani, L. (2003). 'Wolf conservation and recovery', in in D. L. Meeh and L. Boitani (eds.), *Wolves: Behavior, Ecology and Conservation*(《狼:行为、生态与保护》), Chicago, University of Chicago Press, 317 – 340.

Bökönyi, S. (1974). *History of Domestic Mammals in Central and Eastern Europe*(《中欧和东欧家养哺乳动物的历史》), Budapest, Akademiai Kiadó.

Bonafin, M. (1996). 'Le nom du loup et le trickster-renard. La discussion sur les stratifications ethniques dans le Roman de Renart', *Reinardus*(《反向横问》),9, 3 – 13.

Bond, J. M. and O'Connor, T. P. (1999). *Bones from Medieval Deposits at 16 – 22 Coppergate and Other Sites in York*(《约克16—22号铜矿和其他遗址的中世纪遗骸》), York, Council for British Archaeology for the York Archaeological Trust.

Boudou, E. (1978). 'Archaeological investigations at L. Holmsjön,

Medelpad', in E. Boudou (ed.), *Early Norrland 11 Archaeological and Palaeoecological Studies in Medelpad, Northern Sweden*(《早期诺尔兰 11 考古和古生态研究在梅德尔帕德,瑞典北部》), Stockholm, Almqvist & Wiksell, 1 – 24.

Bourdillon, J. (1994), 'The animal provisioning of Saxon Southampton', in J. Rackham (ed.), *Environment and Economy in Anglo-Saxon England*(《盎格鲁-撒克逊英格兰的环境与经济》), York, CBA, 120 – 125.

Boyd, D. K. (2001). 'Wolf habituation: friend or foe to wolf recovery?' in C. Sillero and M. Hoffmann (eds.), *Canid Biology and Conservation Conference, 17 –21 September* 2001, *Oxford*(《2001 年 9 月 17 日至 21 日,牛津动物保护会议》), Oxford, Zoology Department, Wildlife Conservation Research Unit, 42.

Bradley, S. A. J. (ed.) (1995). *Anglo-Saxon Poetry*(《盎格鲁-撒克逊诗歌》), London, Everyman.

Branston, B. (1993). *The Lost Gods of England*(《失落的英格兰诸神》), London, Constable.

Bratton, S. P. (1989). 'Oaks, wolves and love: Celtic monks and northern forests'(《橡树、狼与爱:凯尔特修道士与北方森林》). *Journal of Forest History*(《森林历史杂志》), January, 4 – 20.

Bratton, S. P. (1993). *Christianity, Wilderness and Wildlife: the Original Desert Solitaire*(《基督教、荒野与野生动物:原始沙漠纸牌》), Scranton, University of Scranton Press.

Brault, G. J. (ed.) (1997). *Rolls of Arms, Edward I* (1272 – 1307)(《《武器卷》,爱德华一世(1272—1307)》), Woodbridge, Boydell Press for the Society of Antiquaries of London.

Breen, G. (1999a). 'The Berserkr in Old Norse and Icelandic Literature'(《古挪威和冰岛文学中的狂战士》), unpublished Ph. D. thesis, University of Cambridge.

Breen, G. (1999b). "'The Wolf is at the door' outlaws, assassins, and avengers who cry' Wolf"(《狼是在门口的亡命之徒,刺客和复仇者谁喊"狼"》)*Arkiv for nordisk Filologi*(《北欧文献学档案》) 114,31 – 43.

Breeze, D. J, (1997). 'The great myth of Caledon', in T. C. Smout (ed.), *Scottish Woodland History*(《苏格兰林地历史》), Edinburgh, Scottish Cultural Press, 47 – 51.

Britnell, R. (2004). *Britain and Ireland* 1050 – 1530: *Eonomy and Society*(《英国和爱尔兰 1050—1530:经济与社会》), Oxford, Oxford University Press.

Broberg, B. (1992). "Archaeology and east-Swedish agrarian society 700 – 1700 A. D. "(《考古学与东瑞典农业协会公元 700—1700 年》), in L. Ersgård, M. Holmstrom and K. Lamm (eds.), *Rescue and Research: Reflections of Society in Sweden A. D.* 700 – 1700（《救援与研究：瑞典社会的反思公元 700—1700 年》），Stockholm, Riksantikvarieambetet 273 – 309.

Broberg, B. and Hasselmo, M. (1992). 'Urban development in Sweden in the Middle Ages'（《中世纪瑞典的城市发展》），in L. Ersgård, M. Holmström and K. Lamm (eds.), *Rescue and Research：Reflections of Society in Sweden* A. D. 700 – 1700 （《救援与研究：瑞典社会的反思公元 700—1700 年》），Stockholm, Riksantikvarieämbetet, 19 – 31.

Brøndum-Nielsen, J. and Jørgensen, P. J. (eds.) (1933 – 61). *Danmarks gamle landskabslove med kirkelovenc*（《丹麦的古老景观法与教堂烤箱》），København, Gyldendalske boghandel.

Brooke, R. S. (ed. and trans.) (1970). *Scripta Leonis*, *Rufini et Angeli*, *Sociorum S. Francisci*（《利昂尼斯，鲁菲尼和安吉利，方济各社》），Oxford, Clarendon Press.

Brown, T. (1958). 'The black dog', *Folklore*（《"黑狗"，民间传说》），September, 175 – 192.

Brown, T. (1978). 'The black dog in English folklore', in J. R. Porter and W. M. S. Russell (eds.), *Animals in Folklore*（《民间传说中的动物》），Cambridge, D. S. Brewer, 45 – 58.

Bruce-Mitford, R, (1978). *The Sutton Hoo Ship BuriaL Volume* 2：*Arms and Armour and Regalia*（《萨顿胡船葬卷 2：武器、盔甲和皇室》），London, British Museum Publications.

Brusewitz, G. (1969). *Hunting：Hunters*, *Game*, *Weapons*, *and Hitniing Methods from the Remote Past to the Present Day*（《狩猎：从遥远的过去到现在的猎人、游戏、武器和打法》），London, Allen and Unwin.

Budiansky, S. (1995). *Nature's Keepers：the New Science of Nature Management*（《自然守护者：自然管理的新科学》），New York, Free Press.

Bugge, E. S. (1889). *The Home of the Eddie Poems：with Especial Reference to the Helgilays*（《埃迪诗歌之家：特别是对《海尔吉叙事诗篇》的借鉴》），London, D, Nut.

Bugslag, J. (2003). 'St. Eustace and St. George：Crusading saints in the sculpture and stained glass of Chartres Cathedral' *Zeitschrift fiir Kunstgeschichte*（《艺术史杂志》），66,441 – 64.

Burgess, G. S. (1997). *Two Medieval Outlaws：Eustace the Monk and Fouke Fitz Waryn*（《两个中世纪的亡命之徒：尤斯塔斯修道士和福克·菲茨·沃林》），Cambridge, D. S. Brewer.

Burgess, G. S. and Bushby, K. (trans.) (1999). *The Lais of Marie de France*（《玛丽亚·德·弗朗斯籁歌》），London, Penguin.

Burnley, D, (1998). *Courtliness and Literature in Medieval England*（《中世

纪英国的宫廷与文学》）, London, Longman.

Burton, J. (2000). *Monastic and Religious Orders in Britain*, 1000 – 1300 (《英国的修道院和宗教团体, 1000—1300 年》）, Cambridge, Cambridge University Press.

Burr, D, (1996). *Bernard Gut: Incjuisitors Mamtal*(《伯纳德·古特：印第安人》), http://www. fordham. edu/halsall/source/bernardgui-inq. html (checked August 2005).

Bynum, C. W. (1995). *The Resttrrection of the Body* (《身体的重新定向》).

Bynum, C · W. (2001). *Metamorphosis and Identity*(《变形与身份》), New York, Zone Books.

Byock, J. L. (1993a). *Medieval Iceland: Society, Sagas and Power*(《中世纪冰岛：社会、传奇与权力》), Enfield Lock, Hisarlik Press.

Byock, J, L. (trans,) (1993b). *The Saga of the Volsungs: the Norse Epic of Sigurd the Dragon Slayer*(《伏尔松家族的传奇：挪威史诗《屠龙者西格尔德》》), Enfield Lock, Hisarlik Press.

Byock, J, L. (trans.) (1998). *The Saga of King Hrolf Kraki*(《萨戈尔夫国王》), London, Penguin.

Callmer, J. (1991). 'The process of village formation', in B. E. Berglund (ed.), *The Cultural Landscape During* 6000 *Years in Southern Sweden-the Ystad Project*(《瑞典南部 6000 年的文化景观——斯塔德市项目》), Ecological Bulletin 41, Copenhagen, Munksgaard, 337 – 349.

Calverley, W. S. (1899). *Notes on the Early Sculpted Crosses, Shrines and Monuments in the Present Diocese of Carlisle*(《在早期教区的纪念碑上雕刻着卡利的十字架》), Kendal, T. Wilson.

Camille, M. (1998). *Mirror in Parchment: the Luttrell Psalter and the Making of Medieval England*(《羊皮纸上的镜子：路德诗篇与中世纪英国的制作》), London, Reaktion Books.

Campbell, J. (1999). *The Anglo-Saxon State* (《盎格鲁-撒克逊州》), London, Hambledon.

Carbone, G. (1991). *La peur du loup*(《狼的恐惧》), Paris, Gallimard.

Carbyn, L. N. (1975). 'A review of methodological relative merits of techniques used in field studies of wolves', in D. H. Pimlott (ed.) *Wolves: Proceedings of the First Working Meeting of Wolf Specialists and of the First International Conference on the Conservation of the Wolf, September* 1973 (《狼：1973 年 9 月狼专家第一次工作会议和第一次国际保护狼会议记录》), Morges, International Union for the Conservation of Nature and Natural Resources, 134 – 142.

Carey, J. (2002). 'Werewolves in medieval Ireland', *Cambrian Medieval Celtic Studies*(《寒武纪中世纪凯尔特人研究》), 44,37 - 72.

Carter, A, (1995). *The Bloody Chamber and Other Stories*(《血淋淋的密室和其他故事》), London, Vintage.

Carus-Wilson, E. M. (1967). *Medieval Merchant Venturers: Collected Studies*(《中世纪商人冒险者:收集研究》), London, Meuthen.

Carver, M. (1998). *Sutton Hoo: Burial Ground of Kings?* (《萨顿胡:国王的墓地?》) London, British Museum Press.

Cawley, A. C, (ed.) (1971). *The Wakefield Pageants in the Towneley Cycle*(《汤利自行车赛中的韦克菲尔德选美比赛》), Manchester, Manchester University Press.

Chambers, F, M.(1996). "Great Britain-Wales", in B. E. Berglund, H. J. B. Birks, M. Ralska-Jasiewiczowa and H. E. Wright (eds.), *Palaeoecological Events During the Last* 15000 *Years. Regional Synthesis of Palaeoecological Studies of Lakes and Mires in Europe*(《过去 15000 年的古生态事件。欧洲湖泊和沼泽古生态研究的区域综合》), Chichester, John Wiley & Sons, 77 - 94.

Charbonnier, E. (1983). *Recherches sur l'Ysengrimus: traduction et étude littéraire*(《维森格里姆研究:文学翻译与研究》), Wien, K. M. Halosar.

Charbonnier, E. (ed. and trans.) (1991). *Le Roman d'Ysengrin*(《罗马德伊森格林酒店》), Paris, Les Belles Lettres.

Charles, B. G. (1992). *The Place Names of Pembrokeshire*(《彭布鲁克郡的地名》), Aberystwyth, National Library of Wales.

Cheetham, F. (1984). *English Mediaeval Alabasters*(《英国中世纪阿拉伯斯特》), Oxford, Phaidon-Christie's.

Chenu, M. D. (1997). *Nature, Man and Society in the Twelfth Century: Essays on New Theological Perspectives in the Latin West*(《十二世纪的自然、人与社会:拉丁西方新神学观随笔》), Toronto, University of Toronto Press.

Chesshyre, D. H. B. and Woodcock, T. (eds.) (1992). *Dictionary of British Arms: Vol.* 1. *Medieval Ordinary*(《英国武器词典:第一卷 中世纪普通的》), London, Society of Antiquaries of London.

Christiansen, E. (1992). *The Works of Sven Aggesen: Twelfth-Century Danish Historian*(《斯文·阿格森作品:十二世纪丹麦历史学家》), London, Viking Society for Northern Research.

Christiansen, E. (2002). *The Norsemen in the Viking Age*(《维京时代的北欧人》), Oxford, Blackwell.

Ciucci, P. , Artoni, L. , Tedesco, E. and Boitani, L. (2001). 'Ecology of a wolf pack in a semi-agricultural landscape in Tuscany, central Itay', in C. Sillero and M, Hoffmann (eds.) *Canid Biology and Conservation Conference*, 17 -

21 *September* 2001, *Oxford*(《2001 年 9 月 17 日至 21 日在牛津举行的犬科动物生物学和保护会议》), Oxford, Zoology Department, Wildlife Conservation Research Unit, 47.

Cizewski, W. (1992). 'Beauty and the beasts: allegorical zoology in twelfth-century hexaemeral literature', in Westra, H. J. (ed.) *From Athens to Charires: Neoplatonism and Medieval Thought. Studies in Honour of Edouard Jeauneau*(《从雅典到查里斯:新柏拉图主义和中世纪思想研究,以纪念爱德华·朱努》), Leiden, Brill, 259 – 300.

Clanchy, M. T. (1992). *From Memory to Written Record: England* 1066 – 1307(《从记忆到书面记录:英格兰 1066—1307》), Oxford, Blackwell.

Clancy, T. O. (ed.) (1998). *The Triumph Tree: Scotland's Earliest Poetry*, 550 – 1350(《凯旋树:苏格兰最早的诗歌,550—1350 年》), Edinburgh, Canongate.

Clark, W. B, (1989), 'The aviary-bestiary at the Houghton Library, Harvard', in W. B. Clark and M. T. McMunn (eds.), *Beasts and Birds of the Middle Ages, The Bestiary and its Legacy*(《中世纪的野兽和鸟类,动物寓言和它的遗产》) Philadelphia, University of Pennsylvania Press, 26 – 43.

Clay, C. T. (ed.) (1942). *Early Yorkshire Charters IV*(《约克郡早期宪章 4》), Leeds, Printed for Yorkshire Archaeological Society, 1942 as v. 4. of the Yorkshire Archaeological Society Record Series Extra Series.

Cleasby, R. and Vigfusson, G. (1962). *An Icelandic-English Dictionary*(《冰岛英语词典》), Oxford, Clarendon Press.

Cleere, H. and Crossley, D. 1985. *The Iron Industry of the Weald*(《世界钢铁工业》), Leicester, Leicester University Press.

Clutton-Brock, J. (1976). 'The animal resources', in D. M. Wilson (ed.), *The Archaeology of An^lo-Snxon England*(《安洛·斯尼克逊英国考古学》), London, Methuen, 373 – 392.

Clutton-Brock, J. (1989b). Introduction to predation', in J. Clutton-Brock (ed.), *The Walking Larder: Patterns of Domestication, Pastoralism and Predation*(《步行式食品储藏室:驯养、放牧和捕食模式》), London, Unwin Hyman, 279 –281.

Clutton-Brock, J. and Burleigh, R. (1995). 'The dating and osteology of the skeleton of a large hunting dog', in K. Blockley, M. Blockley, P. Blackley, S. Frere and S. Stow, *Excavations in the Marlowe Car Park and Surrounding Areas, II: the Finds*(《马洛停车场和周围地区的挖掘,II:发现物》), Canterbury, Canterbury Archaeological Trust, 1262 – 1266.

Cockayne, O. (ed.) (1864). *Leechdoms, Wortcunning and Starcraft of Early England, vol.* 1(《早期英格兰的虫洞和星际争霸》,第一卷), London,

Longman, Roberts, and Green.

Coleman, J. T. (2004). *Vicious: Wolves and Men in America*(《恶毒：美国的狼与人》), New Haven, Yale University Press.

Collinson, L. (2000). 'The wolf miracle in Magnuss saga lengri', *Northern Studies*(《北方研究》) 35, 39 – 57.

Condry, W. M, (1981). *The Natural History of Wales*(《威尔士自然历史》), London, Collins.

Conran, T. (1992), *Welsh Verse*, Seren, Bridgend.

Coppack, G. (2000). *The White Monks: The Cistercians in Britain* 1128 – 1540(《白修道士：英国的西多会教徒 1128—1540》), Stroud, Tempus.

Cox, J. C. (1905). *The Royal Forests of England*(《英国皇家森林》), London, Methuen & co.

Coy, J. (1980). 'The animal bones', in J. Haslam (ed.), 'A Middle Saxon iron smelting site at Ramsbury, Wiltshire', *Medieval Archaeology*(《中世纪考古学》), 24, 41 – 51.

Crabtree, P. J. (1994). 'Animal exploitation in East Anglian villages', in J. Rackham (ed.). *Environment and Economy in Anglo-Saxon England*(《盎格鲁-撒克逊英格兰的环境与经济》), York, CBA, 40 – 54.

Cramp, R. J. (1984). *Corpus of Anglo-Saxon Stone Sculpture*, Vol. 1: *County Durham and Northumberland*(《盎格鲁-撒克逊石雕语料库，第一卷：达勒姆郡和诺森伯兰郡》), Oxford, published for the British Academy by the Oxford University Press.

Crombie, A. C. (1988). "Designed in the mind: western visions of science, nature and humankind: *History of Science*(《心灵设计：西方科学观、自然观和人类观：科学史》), 26, 1 – 12.

Cronon, W. (1983). *Changes in the Land: Indians, Colonists, and the Ecology of New England*(《土地变化：印第安人、殖民者和新英格兰的生态》), Toronto, McGraw-Hill Ryerson.

Crowfoot E., Pritchard, F. and Staniland, K. (1992). *Textiles and Clothing* c. 1150 – c. 1450(《纺织品和服装 c. 1150-c. 1450》), London, HMSO.

Cummins, J. (1988). *The Hound and the Hawk: the Art of Medieval Hunting* (《猎犬与鹰：中世纪狩猎艺术》), London, Phoenix Press.

Cummins, J. (2002). '*Veneurs sen vont en Paradis*: Medieval hunting and the 'natural 'landscape'(《"天堂威尼斯人：中世纪狩猎和'自然'景观"》), in J. Howe and M. Wolfe (eds.) *Inventing Medieval Landscapes: Senses of Place* m *Western Europe*(《创造中世纪景观：西欧的场所感》), Gainesville, University Press of Florida, 33 – 56.

Cummins, W. A. (1999). *The Picts and their Symbols*(《象形文字及其符

号》), Stroud, Sutton.

Curley, M. J. (1989). Animal symbolism in the prophecies of Merlin', in W. B. Clark and M. T. McMunn (eds.), *Beasts and Birds of the Middle Ages. The Bestiary and its Legacy*(《中世纪的野兽和鸟类,动物寓言和它的遗产》), Philadelphia, University of Pennsylvania Press, 151 – 163.

Curtius, E. R. (1990). *European Literature and the Latin Middle Ages*(《欧洲文学与拉丁中世纪》), Princeton, Princeton University Press.

Cutler, K. (trans.) (1961). 'Abbo of Fleury: The Martyrdom of St. Edmund, King of East Anglia, 870', in H. Sweet (ed.) *Anglo-Saxon Primer* (《盎格鲁-撒克逊人优先》), Oxford, Oxford University Press, 81 – 87.

Dahlberg, C. (trans, and ed.) (1995), *The Romance of the Rose*(《玫瑰传奇》), Princeton, Princeton University Press.

Dahles, H. (1993). 'Game killing and killing game: an anthropologist looking at hunting in a modem society'. (《猎杀和猎杀游戏:一位人类学家在现代社会中观察狩猎》)。*Society and Animals*(《社会与动物》), 1,2 – 8.

Dalton, O. M. (1909). *Catalogue of the Ivory Carvings of the Christian Era with Examples of Mohammedan Art and Carvings in Bone in the Department of British and Mediaeval Antiquities and Ethnography of the British Museum*(《大英博物馆不列颠和中世纪文物和民族志部的基督教时期象牙雕刻品目录,包括穆罕默德艺术和骨雕刻》), London, British Museum.

Darnell, D. and Molitor, B. (1980). 'Jämtlandsälgarnas guldkronor var hard-valuta redan pa vikingatiden' Svensk *jakt*(《詹姆斯兰群岛的金冠已经是维京时报在瑞典猎杀的硬通货》), (1980/1), 52 – 3.

Danielsson, B. (ed.) (1977). *The Art of Hunting, 1327/William Twiti* (《狩猎的艺术,1327/威廉·特威特》), Stockholm, Almqvist & Wiksell International.

Darby, H. C. (1977). *Domesday England*(《最后审判日英格兰》), Cambridge, Cambridge University Press.

Davidson, H. R. E, (1943) *The Road to Hel: a Study of the Conception of the Dead in Old Norse Literature*(《赫尔之路:古挪威文学中的死亡观念研究》), Cambridge, Cambridge University Press.

Davidson, H. R. E. (1978). 'Shape-changing in the Old Norse sagas', in J. R. Porter and W. M. S. Russell (eds.). *Animals in Folklore*(《民间传说中的动物》), London, D. S, Brewer for the Folklore Society, 126 – 42.

Davidson, H. R. E. (1990). *Gods and Myths of Northern Europe*(《北欧的神与神话》), London, Penguin.

Davidson, H. R. E. (1993). "Mythical geography in the Edda poems", in G. D. Flood (ed.) *Mapping Invisible Worlds* (《绘制看不见的世界》),

Edinburgh, Edinburgh University Press, 95 – 106.

Davidson, H. R. E. (ed.) and Fisher, P. (trans.) (1999). *Saxo Grammaticus*, *The History of the Danes*, *Books* J – IX(《萨克索语法,丹麦历史, J – IX册》), Cambridge, D. S. Brewer.

Day, P. (1989). *Reconstructing the Environment of Shotover Forest Oxfordshire*(《牛津郡肖托弗森林环境的重建》), Medieval Research Group Annual Report, IV. 6.

De Bléourt, W. (2005). *Werewolves*(《狼人》), London, Hambledon and London.

De la Myle, C. J. (1863). *Tillförlillig undenuisning huru räfwar och wargar kunna fängas med så kallade Räf-Saxar*(《关于如何使用所谓的联阵撒克逊人捕捉 *rafwar* 和 *wargar* 的适当信息》). Stockholm.

Delort, R. (1978). *Le commerce des foumires en Occident a la fin du Moyen âge*:(*vers* 1300 – *vers* 1450)(《中世纪晚期西方的闪电贸易:(1300—1450)》) 2 volumes, Rome, ÉcoJe Frangaise de Rome.

Dendle, P. J. (2001). *Satan Unbound*:*the Devil in Old English Narrative*(《撒旦:古英语叙事中的魔鬼》), Ontario, University of Toronto Press.

Dennis, R. (1998), 'Scotland's native forest: return of the wild'(《苏格兰原始森林:回归原野》), ECOS, 16,2.

Dent, A. (1974). *Lost Beasts of Britain*(《英国走兽》), London, Harrap.

Dickins, B. (ed.) (1915). *Runic and Heroic Poems of the Old Teutonic Peoples*(《古日耳曼人的北欧古文和英雄诗》), Cambridge, Cambridge University Press.

Dickinson, T. (2002). Translating animal art. Salin's Style I and Anglo-Saxon cast saucer brooches(《翻译动物艺术。萨林的风格 I 和盎格鲁-撒克逊铸造碟形胸针》), *Hikuin*, 29,163 – 186.

Dincauze, D. F · (2000). *Environmental Archaeology*: *Principles and Practice*(《环境考古学:原理与实践》), Cambridge, Cambridge University Press.

Dinzelbacher, P. (2001). "Mittelalfer in P. Dinzelbacher (ed.), *Mensch and Tier in der Geschichte Euro pas*(《人类和动物史》), Stuttgart, Alfred Kröner, 181 – 292.

Dodwell, C. R. (1954). *The Canterbury School of Illumination* 1066 – 1200 (《1066—1200 年坎特伯雷照明学院》), Cambridge, Cambridge University Press.

Donkin, R. A. (1978). *The Cistercians*: *Studies in the Geography of Medieval England and Wales*(《西多会:中世纪英格兰和威尔士地理学研究》), Toronto, Pontifical Institute of Mediaeval Studies.

Donner, R. (ed. and trans.) (2000). *King Magnus Eriksson's Law* of the

Realm: *a Medieval Swedish Code*(《国王马格努斯·埃里克森的王国法则：一部中世纪的瑞典法典》)，Helsinki，lus Gentium Association.

Douglas，A. (1992). *The Beast Within.*(《内心的野兽》) *Man*，*Myths and Werewolves*(《人，神话和狼人》)，London，Orion.

Douglas，D. C. and Greenaway，G. W. (eds.) (1981). *English historical documents*，1042 – 1189 (《英国历史文献，1042—1189》)，London，Eyre Methuen.

Douie，*D.* L. and Farmer，D. H. (eds.) (1985). *Magna vita Sancti Hugonis*(《圣休的生活》)，Oxford，Clarendon Press.

Downer，L. J. (ed. and trans.) (1972). *Leges Henrici Primi*(《亨利一世》)，Oxford，Clarendon Press. Drake，C. S，(2002). *The Romanesque Fonts of North Europe and Scandinavia*(《北欧和斯堪的纳维亚的罗马式字体》)，Woodbridge，Boydell.

Dronke，U. (1996). *Myth and Fiction in early Norse Lands*(《挪威早期神话与小说》)，Aidershot，Variorum.

Dumézil，G. (1970). *The Destiny of the Warrior*(《战士的命运》). London，University of Chicago Press.

Dupont，C. A. (1991). 'Aux origines de deux aspects particuliers du culte de saint Hubert: Hubert gudrisseur de la rage et patron des chasseurs'，in A. Dierkens and J-M. Duvosquel (eds.)，*Le culte de Saint Hubert au pays de Liège* (《利耶日地区的圣休伯特崇拜》)，Liège，Crédit Communal，18 – 30.

Dyer，C. (1997). "Medieval settlement in Wales: a summing up"，in N. Edwards (ed.). *Landscape and Settlement in Medieval Wales*(《中世纪威尔士景观与定居》)，Oxford，Oxbow，165 – 168.

Dyer，C. (2002). *Making a Living in the Middle Ages*: *the People of Britain* 850 – 1520 (《中世纪谋生：850—1520 年英国人民》)，New Haven，Yale University Press.

Edwards，B. J. N. (1998). *Vikings in North-West England*: *the Artefacts* (《英格兰西北部的维京人：文物》)，Lancaster，Centre for North-West Regional Studies，University of Lancaster.

Edwards，P. and Poisson，H. (1970). *Arrow-Odd*: *a Medieval Novel*(《奇箭：中世纪小说》)，New York，New York University Press.

Elander，M.，Widstrand，S. and Lewenhaupt，J. (2005). *The Big Five* (*aka Rovdjur*)(《五巨头（又名罗夫迪尔）》)，Stockholm，Bokforlaget Max Ström.

Eliade，M. (1970). *Zalmoxis the Vanishing God*: *Comparative Studies in the Religions and Folklore of Dacia and Eastern Europe*(《消失的上帝扎莫西：达契亚与东欧宗教与民间传说的比较研究》)，Chicago，University of Chicago Press.

Eliade, M. (1989). *Shamanism*: *Archaic Techniques of Ecstasy*(《萨满教：古老的迷魂技巧》), London, Penguin, Arkana.

Ellis, R. H. (1986). *Catalogue of Seals in the Public Record Office*: *Monastic Seals*(《公共档案馆印章目录：寺院印章》), London, H. M. S. O.

Emanuelsson, M" Berquist, U., Segerstrom, U., Svensson, E. and von Stedingk, H. (2000). 'Shieling or something else? Iron age and medieval forest settlement and land use at GammelvaBen in Angersjo, central Sweden', *Lund Archaeological Review* 6(《隆德考古评论6》), 123 – 138.

Emanuelsson, M., Nilsson, S. and Wallin, J · E, (2001). 'Land-use dynamics during 2000 years-a case study of agrarian outland use in a forest landscape, westcentral Sweden', in M. Emanuelsson, *Settlement and Land-use History in the Central Swedish Forest Region*: *the Use of Pollen Analysis in Interdisciplinary Studies*(《瑞典中部森林地区的定居和土地利用历史：花粉分析在跨学科研究中的应用》), Acta Universitatis Agriculturae Sueciae, Silvestria 223, Umea Department of Forest Vegetation Ecology, Swedish University of Agricultural Sciences, Appendix 1.

Emanuelsson, M. and Segerström, U. (1998). 'Forest grazing and outland exploitation during the Middle ages in Dalarna, central Sweden: a study based on pollen analysis in H. Andersson L. Ersgård and E. Svensson (eds.), *Outland Use in Preindustrial Europe*(《前工业化时期欧洲外域使用》), Stockholm, institute of Archaeology, Lund University, 80 – 94.

Emanuelsson, M. and Segerstrom, U. (2001). 'Medieval slash-and-burn cultivation strategic or adapted land use in the Swedish mining district?', in M. Emanuelsson, *Settlement and Land-use History in the Central Swedish Forest Region*: *the Use of Pollen Analysis in Interdisciplinary Studies*(《瑞典中部森林地区的定居和土地利用历史：花粉分析在跨学科研究中的应用》), Acta Universitatis Agriculturae Sueciae, Silvestria 223, Umea, Department of Forest Vegetation Ecology, Swedish University of Agricultural Sciences, Appendix IV.

Emery, F. (1989). 'The landscape' in D. H. Owen (ed.), *Settlement and Society in Wales*(《威尔士的定居与社会》), Cardiff, University of Wales Press, 57 – 71.

Engelmark, R. (1976). 'The vegetational history of the Umeå area during the last 4000 years', in R. Engelmark (ed.), *Early Norrland* 9: *Palaeoecological investigations in the Coast of Vasterbotten*, *North Sweden*(《诺尔兰9号早期：瑞典北部骨头海岸的古生态研究》), Stockholm, Almqvist & Wiksell, 75-112.

Engelmark, R, and Wallin, J-E. (1985). 'Pollen analytical evidence for Iron Age agriculture in Häsingland, central Sweden', *Archaeology and*

Environment(《考古学与环境》), 4, 353 – 366.

Ersgård, L. and Hållans, A-M. (1996). *Medeltida landsbygd*(《中等规模农村地区》), RAÄ Arkeologiska undersokingar Skrifter 15. Stockholm.

Evans, A. (ed.) (1936). *La pratica della mercatura*(《商品的实践》), Cambridge, Mass., The Medieval Academy of America.

Evans, G. R. (trans.) (1987). *Bernard of Clairvaux – Selected Works*(《克莱沃的伯纳德精选作品》), New York, Paulist Press.

Faulkes, A. (ed. and trans.) (1995). *Edda/Snorri Sturluson*, London, J. M. Dent Fauroux, M, (1961). *Recueil des Ades des Dues de Normandie* (911 – 1066)(《诺曼底纪念馆(911—1066)》), Caen, Caron. Feilitzen, O. von (1937). *The Pre-Conquest Personal Names of Domesday Book*(《末日审判书中的征服前的英国人名研究》), Uppsala, Almqvist & Wiksells.

Fell, C. E, (1981) 'Anglo-Saxon saints in old Norse sources and vice versa', in H. Bekker-Nielsen, P. Foote and O. Olsen (eds.). *Proceedings of the Eighth Viking Congress, Arhus, 24 – 31 August 1977*(《第八届海盗大会会议记录,阿胡斯,1977 年 8 月 24 日至 31 日》), Odense, Odense University Press, 95 – 106.

Fiennes, R. (1976) *The Order of Wolves*(《狼群》), London, Hamish Hamilton.

Filotas, B. (2005). *Pagan Survivals, Superstitions and Popular Cultures in Early Medieval Pastoral Literature*(《中世纪早期田园文学中的异教徒生存、迷信和通俗文化》), Toronto, Pontifical Institute of Mediaeval Studies.

Finberg, H. P. R. (1967). Anglo-Saxon England to 1042: in H. P. R, Finberg (ed.), *The Agrarian History of England and Wales I. II AD 43 – 1042* (《英格兰和威尔士土地史 I. II 公元 43—1042 年》), Cambridge, Cambridge University Press, 85 – 525.

Finlay, A. (2000). 'Pouring Óðinn's mead: an antiquarian theme?', in G. Barnes and M. C. Ross (eds.), *Old Norse Myths, Literature and Society. Proceedings of the llth International Saga Conference, 2 – 7 July 2000, University of Sydney*(《古挪威神话、文学和社会。2000 年 7 月 2 日至 7 日,悉尼大学第 11 届国际传奇会议记录》), Sydney, Centre for Medieval Studies, University of Sydney, 85 – 99.

Fisher, P. and Higgens, H. (trans.) and Foote, P. (ed.) (1998). *Olaus Magnus: Description of the Northern Peoples, Rome 1555*, 3 vols. (《奥拉斯·马格努斯:北方民族的描述,罗马 1555 年,第 3 卷》), London, Hakluyt Society.

Fisher, W. R. (1880). *The Forest of Essex: its History, Laws, Administration and Ancient Customs, and the Wild Deer which Lived in it*(《埃塞克斯森林:历史、法律、行政管理和古代风俗习惯,以及生活在其中的野鹿》),

London, Butterworths.

Fleming, R. (1998). *Domesday Book and the Law: Society and Legal Custom in Early Medieval England*(《中世纪早期英国社会与法律习俗》), Cambridge, Cambridge University Press.

Flores, N. C. (1993). 'The mirror of nature distorted: the medieval artist's dilemma in depicting animals; in J. E. Salisbury (ed.). *The Medieval World of Nature: a Book of Essays*(《中世纪的自然世界:散文集》), New York, London, Garland, 3 – 45.

Foote, P. G. and Wilson, D. M. (1974). *The Viking Achievement*(《北欧海盗的成就》), London, Sidgwick and Jackson.

Forbes, A. P. (1872). *Kalendars of Scottish Saints*(《苏格兰圣徒卡伦达》), Edinburgh, Edmonston and Douglas.

Forbes, A. P, (1989). *Two Celtic Saints: the Life of St, Ninian by Ailred, and The Life of St. Kentigern by Joceline*(《两位凯尔特人的圣徒:艾尔瑞德的圣·尼尼安的生平和乔斯琳的圣·肯蒂根的生平》), Lampeter, Llanerch (reprinted facsimile).

Forester, T. (trans.) and Wright, T. (ed.) (2000). *Giraldus Cambrensis, The Topography of Ireland*(《寒武锦葵:爱尔兰地形》), Cambridge (Ont.), in Parentheses Publications, http//: www. yorkuxa/inpar/topography _ ireland. pdf (checked August 2005).

Fossier, R. (1997). 'The beginning of European expansion; in R Fossier (ed.), *The Cambridge Illustrated History of the Middle Ages, vol. 2*(《《剑桥中世纪历史画报》,第二卷》), 950 – 1250, Cambridge, Cambridge University Press, 243 – 278.

Fowler, P. J. (1997). 'Farming in early medieval England: some fields for thought', in J. Hines (ed.), *The Anglo-Saxons from the Miration Period to the Eighth Century: an Ethnographic Perspective*(《从海市蜃楼时期到8世纪的盎格鲁-撒克逊人:一个民族志的视角》), Woodbridge Boydell Press, 245 – 268.

France, J. (1992). *The Cistercians in Scandinavia*(《斯堪的纳维亚的西多会》), Kalamazoo, Cistercian Publications.

Fredskild, B. (1988). 'Agriculture in a marginal area-south Greenland from the Norse landnam (985 A. D.) to the present (1985 A. D.)', in H. H. Birks *et al.* (eds.) T*he Cultural Landscape, Past, Present and Future*(《文化景观,过去、现在和未来》), Cambridge, Cambridge University Press, 381—393.

Freedman, P, H. (2002). 'The representation of medieval peasants as bestial and as human', in Creager, A. N. H. and W. C. Jordan (eds.) *The Animul Human Boundary*(《人性的界限》), Rochester, N. Y., University of Rochester Press, 29 – 49.

Friedman, J. B. (1981). *The Monstrous Races in Medieval Art and Thought* (《中世纪艺术和思想中的怪物种族》), London, Harvard University Press.

Fritts, S. H. (1983). 'Record dispersal by a wolf from Minnesota', *Journal of Mammalogy*(《哺乳动物学杂志》), 64, 1, 166 – 167.

Fritts, S. H., Stephenson, R, O, Hayes, R. D. and Boitani, L. (2003), 'Wolves and humans', in D. L. Meeh and L. Boitani (eds.) (2003). *Wolves: Behavior, Ecology and Conservation*(《狼：行为、生态与保护》), Chicago, University of Chicago Press, 289 – 316.

Fuller, T. K., Berg, W. E·, Radde, G. L., Lenarz, M. S. and Joselyn G. G, (1992). 'Ahistory and current estimate of wolf distribution and numbers in Minnesota', *Wildlife Society Bulletin*(《野生动物协会公报》), 20, 42 – 55.

Fuller, T. K., Meeh, D. L. and Cochrane, J. F, (2003). 'Wolf population dynamics; in D. L. Meeh and L. Boitani (eds.) (2003). *Wolves Behavior, Ecology and Conservation*(《狼的行为、生态与保护》), Chicago, University of Chicago Press, 161 – 191.

Fumagalli, V. (1995). *Landscapes of Fear. Perceptions of Nature and the City in the Middle Ages*(《恐惧景观：中世纪的自然与城市观》), Cambridge, Polity Press.

Gaimster, M. (1998). *Vend el Period Bracteates on Gotland: on the Significance of Germanic Art*(《哥德兰的文德时期苞片：论日耳曼艺术的意义》). Stockholm, Almquist & Wiksell International.

Gannon, A. (2001). 'The Iconography of Early Anglo-Saxon Coinage (6th-8th centuries)'(《早期盎格鲁－撒克逊货币的图像学（6—8 世纪)》), unpublished Ph. D. thesis. University of Cambridge (published by Oxford University Press, 2003).

Gerrard, C. (2003). *Medieval Archaeology: Understanding Traditions and Contemporary Approaches*(《中世纪考古学：理解传统和当代方法》), London, Routledge.

Garrad, L. S. (1994). 'Plants and people in the Isle of Man, AD 80 – 1800', *Botanical Journal of Scotland* (《苏格兰植物学杂志》)46, 4, 644 – 650.

George, W. and Yapp, B. (1991). *The Naming of the Beasts: Natural History in the Medieval Bestiary*(《野兽的命名：中世纪兽场的自然史》), London, Duckworth.

Gerstein, M. R. (1974). 'Germanic warg: the outlaw as werewolf', in G. J. Larson (ed.), *Myth in Indo-European Antiquity*(《印欧古代神话》), London, University of California Press, 131 – 156.

Gilbert J. M. (1979). *Hunting and Hunting Reserves in Medieval Scotland* (《中世纪苏格兰的狩猎和狩猎保护区》), Edinburgh, Donald.

Gilchrist R. （1995）. *Contemplation and Action: the Other Monasticism*（《沉思与行动：另一种修道》）, London, Leicester University Press.

Giles, J. A. （1891）. *Six Old English Chronicles, of Which Two Are Now First Translated From the Monkish Latin Originals*（《六个古老的英语编年史，其中两个现在是第一次翻译自蒙基什拉丁原文》）, London, G. Bell & Sons.

Giles, K. and Dyer, C. （eds.）（2005）. *Town and Country in the Middle Ages: Contrasts, Contacts and Interconnections*, 1100 – 1500, *Leeds*（《中世纪的城镇与乡村：对比、联系和相互联系，1100—1500 年，利兹》）, Maney.

Gillespie, G. T. （1973）. *A Catalogue of Persons Named in German Heroic Literature*, 700 – 1600, *Including Named Animals and Objects and Ethnic Names*（《德国英雄文学中的人物目录，700—1600 年，包括命名的动物和物体以及民族名称》）, Oxford, Clarendon Press.

Gislain, G. de. 1980. 'L'évolution du droit de garenne au Moyen Age', in *La Chasse an Moyen age: actes/du Colloque de Nice*, 22 – 24 *juin* 1979（《中世纪狩猎：尼斯研讨会记录，1979 年 6 月 22 日至 24 日》）, [organisé parle] Centre d'études medievales de Nice, Paris, les Belles Lettres, 37 – 58.

Glosecki, S. （1989）. *Shamanism and Old English poetry*（《萨满教与古英语诗歌》）, New York, Garland.

Glosecki, S. （2000a）. 'Movable beasts: the manifold implications of early Germanic animal imagery', in N. C. Flores （ed.） *Animals in the Middle Ages*（《中世纪的动物》）, London, Routledge, 3 – 23.

Glosecki, S. （2000b）, 'Wolf', in C. Lindahl, J. McNamara and J. Lindow （eds.）, *Medieval Folklore: an Encyclopedia of Myths, Legends, Tales, Beliefs, and Customs*（《中世纪民俗学：神话、传说、故事、信仰和习俗的百科全书》）, Santa Barbara, ABC – CLIO.

Glosecki, S. （2000c）, ' "Blow these vipers from me": mythic magic in *The Nine Herbs Charm* ', in L. C. Gruber （ed.）, *Essays on Old, Middle, Modem English and Old Icelandic, in honor of Raymond P. Tripp, Jr*（《关于古、中、现代英语和古冰岛语的论文，以纪念小雷蒙德·P. 特里普》）, Lampeter, Edwin Mellen Press, 91 – 123.

Goetz, H-W. （1993）. *Life in the Middle Ages: from the 7th to 13th Century*（《中世纪的生活：从 7 世纪到 13 世纪》）, London, University of Notre Dame Press.

Goldschmidt, A. （1975）. *Die Elfenbeinskulpturen aus der Zeif der Karolingischen und Sachsichen Kaiser VIII-XI Jahrhundert, II*（《来自加洛林王朝第二世萨克森皇帝八世至十一世纪的象牙雕塑》）, Berlin, Deutscher Verlag für Kunstwissenschaft.

Goranson, V. （1982）. 'Land use and settlement patterns in the Mälar area of Sweden before the foundation of villages', in R. H. Baker and M. Billinge (eds.), *Period and Place：Research Methods in Historical Geography*(《时期与地点：历史地理学的研究方法》), Cambridge, Cambridge University Press, 155 – 163.

Götling A, (1990). *The Messengers of Medieval Technology? Cistercians and Technology in Medieval Scandinavia*(《中世纪科技的使者？中世纪斯堪的纳维亚的西多会与技术》), Alingsas, Viktoria bokforlag and the Department of History, University of Goteborg.

Gradon, P. O. E. (ed.) (1958). *Cynewulf's Elene*(《辛纽武夫的埃琳》), London, Methuen.

Graham-Campbell, J. and Batey, C. E. (1998), *The Vikings in Scotland：an Archaeological Survey* (《苏格兰的维京人：考古调查》), Edinburgh, Edinburgh University Press.

Grant, R. (1991). *The Royal Forests of England*, Gloucester, Sutton.

Gräslund, A-S. (2004). 'Dogs in graves-a question of symbolism?' in B. S. Frizell (ed.) PECUS. *Man and Animal in Anliquity.* (《人与动物在同一性中》) *Proceedings of the Conference at the Swedish Institute in Rome*, September 9 – 12, 2002, Rome(《2002 年 9 月 9 日至 12 日,罗马瑞典研究所会议记录》), The Swedish Institute in Rome, 167 – 176.

Gray, D. (1999). 'The Robin Hood poems; in S. Knight (ed.), *Robin Hood：an Anthology of Scholarship and Criticism*(《罗宾汉：学术与批评选集》), Cambridge, D. S. Brewer, 3 – 37.

Green, M. (1992). *Animals in Celtic Life and Myth*(《凯尔特人生活和神话中的动物》), London, Routledge.

Green, P. D. (1966). *Dog*(《狗》), London, Ruper-Hart Davis.

Grice, G. (1998). *The Red Hourglass：Lives of the Predators*(《红色沙漏：掠食者的生命》), London, Allen Lane.

Griffith, M. S. (1993). 'Convention and originality in the Old English "beasts of battle" typescene', *Anglo-Saxon England*(《盎格鲁-撒克逊英国古英语"战兽"类型场景中的惯例与创意》), 22, 179 – 99.

Grimm, J. (1882). *Teutonic Mythology*(《条顿神话》), London, George Belt.

Grønvik, O. (1999), Runeinnskriften fra Ribe; *Arkiv for nordiskfilologi*(《北欧文献学档案》), 114,102 – 127.

Grosjean, P. (1983), 'Vita S. Roberti', *Analecta Bollandiana* 56：334 – 60.

Grössinger, C. (1996). *The World Upside Down：English Misericords*(《颠倒的世界：英语谷蔷语》), London, Harvey Miller.

Grundy, S. S. (1995), 'The Cult of Óðinn: God of Death?' (《奥丁崇拜：死神?》). unpublished Ph. D. thesis, University of Cambridge.

Guiley, E. R. (1995), Atlas of the Mysterious in North America(《北美神秘地图集》), New York, Facts on File.

Gurevich, A. (1985), Categories of Medieval Culture, London, Routledge, Kegan & Paul.

Gurevich, A. (1992). Semantics of the medieval community: "farmstead", "land", "world", in J. Howlett (ed.), Historical Anthropology of the Middle Ages (《中世纪历史人类学》), Cambridge, Polity, 200 – 209.

Gurnell, J., Hicks, M. and Whitbread, S. (1992). 'The effects of coppice management on small mammal populations', in G. P. Buckley (ed.), Ecology and Management of Coppice Woodlands(《矮林地的生态与管理》), London, Chapman & Hall, 219 – 48.

Gwara, S. and Porter, D. W. (eds.) (1997), Anglo-Saxon Conversations: the Colloquies of Aelfric Bata(《盎格鲁-撒克逊对话：艾尔弗里克·巴塔的座谈会》), Woodbridge, Boydell.

Hagen, A. (1999). A Second Handbook of Anglo-Saxon Food and Drink: Production and Distribution(《第二本盎格鲁-撒克逊食品和饮料手册：生产和销售》), Hockwold cum Winton, Anglo-Saxon Books.

Haglund, B. (1975). 'The wolf in Fennoscandia', in D. H. Pimlott (ed.). Proceedings of the First Working Meeting of Wolf Specialists and of the First International Conference on the Conservation of the Wolf, September 1973(《1973 年 9 月，第一次狼专家工作会议和第一次保护狼国际会议记录》), Morges, International Union for Conservation of Nature and Natural Resources, 37 – 43.

Haight, R. G., Mladenoff, D. J. and Wydeven, A. P. (1998). 'Modelling disjunct gray wolf populations in semi-wild landscapes', Conservation Biology(《保护生物学》),12,4, 879 – 888.

Halard, X. (1983). 'Le loup en Normandie aux 14 et 15èmes siècles', Annales de Normandie(《诺曼底年鉴》), 33,189 – 198.

Halard, X. and de Molenes, N. (2003). Le Loup att Mayen Age(《玛雅时代的狼》). Beaugency, Edition Maupertuis.

Halsall, G. (1995), Early Medieval Cemeteries: an Introduction io Burial Archaeology tn the Post-Roman West(《中世纪早期墓地：后罗马西部墓葬考古学导论》). Skelmorlie: Cruithne Press.

Halsall G. (2003). Warfare and Society in the Barbarian West, 450 – 900 (《西方的野蛮人战争》), London, Routledge.

Hamer, R. (trans.) (1970). A Choice of Anglo-Saxon Verse(《盎格鲁-撒克逊诗歌选集》), London, Faber & Faber.

Hanseid, E. (2001). *Aftenposten*(《晚间邮报》), morning edition, Friday, 26 January 2001, Oslo, Harf-Lancner, L. (1985). 'La metamorphose illusoire: Des theories chretiennes de la metamorphose aux images medievales du loup-garou", *Annales ESC*(《年鉴 ESC》), 40, 208–226.

Härke, H. (1997). 'Early Anglo-Saxon social structured in J. Hines (ed.) *The Anglo-Saxons from the Migration Period to the Eighth Century: an Ethnographic Perspective*(《从移民时期到 8 世纪的盎格鲁-撒克逊人:民族志视角》), Woodbridge, Boydell Press, 125–170.

Harris, J. (1999)., '"Goðsögn sem hjalp til að lifa af" í Sonnatorrekí, in H. Bessason and B. Hafstað (eds.), *Heiðin minni: Greinar um fornar bókmenntir* (《我的荣誉:旧书签的历史》), Reykjavík, Heimskringla, 47–70,

Hart, C. (1971). *The Verderers and Forest Laws of Dean*(《迪恩的树木和森林法》), Newton Abbot, David and Charles.

Harting, J. E. (1994). *A Short History of the Wolf in Britain*(《英国狼简史》), Whits table, Pryor.

Hasselmo, M. (1992). 'From early-medieval central-place to high-medieval towns. Urbanization in Sweden from the end of the 10th century to c. 1200: in L. Ersgird, M. Holmstrom and K. Lamm (eds.), *Rescue and Research: Reflections of Society in Sweden* 700–1700 A. D.(《拯救与研究:公元 700—1700 年瑞典社会的反思》) Stockholm, Riksantikvarieämbetet, 31–55.

Hastrup, K. (1985). *Cultnre and History in Medieval Iceland: An Anthropological Analysis of Structure and Change*(《中世纪冰岛的文化与历史:结构与变迁的人类学分析》), Oxford, Clarendon Press.

Hastrup, K. (1990). *Island of Anthropology*, *Studies in Past and Present Iceland*(《人类学之岛,冰岛过去和现在的研究》), Odense, Odense University Press.

Hauck, C. (1976). 'Zur Ikonologie der Goldbrakteaten X: Formen der Aneignung spatantiker ikonographischer Konventionen im paganen Norden. *Spoleto* (《斯波莱托》), 23, 81–106.

Hauck, K. (1978). 'Brakteatenikonologie', in H. Hoops (ed.), *Reallexikon der Germanischen Alterhimskunde*(《德国古物的真实写照》), Bd. 3, Berlin, New York.

Hawkes, J. (1997). 'Symbolic lives: the visual evidence', in J. Hines (ed.) *The Anglo-Saxons from the Migration Period to the Eighth Century: an Ethnographic Perspective*(《从移民时期到 8 世纪的盎格鲁-撒克逊人:民族志视角》), Woodbridge, Boydell Press, 311–344.

Hedeager, L. (1999). 'Myth and art: a passport to political authority in Scandinavia during the Migration Period', in Dickinson, T. and Griffiths, D.

(eds.) *The Making of Kingdoms: Anglo-Saxon Studies in Archaeology and History* (《王国的建立:盎格鲁-撒克逊考古学和历史研究》), 10, Oxford, Oxford University Committee for Archaeology, 151 – 156.

Hedeager, L. (2003). 'Beyond mortality-Scandinavian animal style AD 400 – 1200', in J. Downes and A. Ritchie (eds.), *Sea Change: Orkney and Northern Europe in the later Iron Age AD* 300 – 800(《海洋变化:公元 300—800 年铁器时代晚期的奥克尼群岛和北欧》), Balgavies, Pinkfoot Press, 127 – 136.

Hedemann, O. (1939). 'L'histoire de la forêt de Białowiea (jusqu'a 1789)', *Institut de recherches des forels domaniales*, *Travaux et comptes rendus* (《国有森林研究所,工作和记录》), Ser. A, 41,1 – 310.

Hedges, R. E. M., Pettit, P. B., Bronk Ramsay, C. and Van Klinken, G. J. (1998). 'Radiocarbon dates from the Oxford AMS system, datelist 25', *Archaeometry*(《考古学》), 40, 2,437 – 455.

Helbling, H. (1993). *Die jagd: mythos, metapher, motiv: eine anthologie* (《狩猎:神话,隐喻,动机:选集》), Frankfurt am Main, Insel.

Henderson, I. (1992). 'The Picts: written records and pictorial images', in J. R. F. Burt, E. O. Bowman and N. M. R. Robertson (eds.), *Stones, Symbols and Stories: Aspects of Pictish Studies*, *Proceedings from the Conference of the Pictish Art Society*(《石头、符号和故事:皮克特文化研究,皮克特艺术学会会议记录》), Edinburgh, Pictish Arts Society, 44 – 57.

Henderson, I. (1998a). 'Descriptive catalogue of the surviving parts of the monument' in S. M. Foster (ed.). *The St. Andrews Sarcophagus, A Pictish Masterpiece and its International Connections*(《圣安德鲁斯石棺:皮克特杰作及其国际关系》), Dublin, Four Courts Press, 19 – 35.

Henderson, I. (1998b). '*Primus inter pares*: the St. Andrews Sarcophagus and Pictish Sculpture^ in S. M. Foster (ed.), *The St, Andrews Sarcophagus, A Pictish Masterpiece and its International Connections*(《圣安德鲁斯石棺,皮克特杰作及其国际关系》), Dublin, Four Courts Press, 97 – 167.

Henriksson, H, (1978). *Early Norrland* 6: *Popular Hunting and Trapping in Norrland*(《早期诺尔兰 6:诺尔兰流行的狩猎和诱捕》), Stockholm, Almqvist & Wiksell.

Hermannsson, H. (1938). *The Icelandic Physiologus*(《冰岛生理学》), Ithaca, Cornell University Press.

Hicks, C. (1992). 'The borders of the Bayeux Tapestry', in C. Hicks (ed.), *England in the Eleventh Century: Proceedings of the* 1990 *Harlaxton Symposium*(《十一世纪的英国:1990 年哈拉克斯顿研讨会论文集》), Stamford, Paul Watkins, 257 – 272.

Hicks, C. (1993). *Animals in Early Medieval Art*(《中世纪早期艺术中的

动物》）．Edinburgh，Edinburgh University Press.

　　Higham，N. J. （2004）．*A Frontier Landscape*：*the North West in the Middle Ages*（《边疆景观：中世纪的西北地区》），Bolling ton，Windgather Press.

　　Higounet，C，（1966）．‘Les forets de Europe occidentale du Ve au Xie siècle’，*Settimane di studio del Centro Italiano di Studi sul*，*Alto Medioevo* （Spoleto）（《意大利南部研究中心的中世纪晚期工作室（斯波莱托）》），1965，343 - 98.

　　Hill，D. （2001）．‘Mercians：the dwellers on the boundary’，in M. P. Brown and C. A. Farr （eds）*Mercia*：*An Anglo-Saxon Kingdom in Europe*（《梅西亚：欧洲的盎格鲁-撒克逊王国》），London，Leicester University Press，173 - 182.

　　Hillerstrdm，A. （1750）．*Westmanlands biorn-och warg fiinge*（《威斯曼兰兹比昂-奥克沃格菲因格》），Uppsala.

　　Hills，C. （1991）．‘The gold bracteate from Undley，Suffolk：some further thoughts；*Studien zur Sachsenforschung*（《萨克森研究》），7，145 - 51.

　　Hilton，R. H. （1999）．‘The origins of Robin Hood；in S. Knight （ed.），*Robin Hood*：*an Anthology of Scholarship and Criticism*（《罗宾汉：学术与批评选集》），Cambridge，D. S. Brewer，197 - 210.

　　Hines，J. and Odenstedt，B，（1987）．‘The Undley bracteate and its runic inscription：*Siudien zur Sachsenforschung*（《萨克森研究》），6，73 - 94.

　　Hinton，N. （2000），‘he werewolf as Eiron. Freedom and comedy in William of Palerne’，in N. C. Flores （ed.）．*Animals in the Middle Ages*（《中世纪的动物》），London，Routledge，133 - 146.

　　Hohler，E，B. （1999a）．*Norwegian Stave Church Sculpture. Volume 1*：*Analytical Survey and Catalogue*（《挪威斯塔夫教堂雕塑 第1卷：分析调查和目录》），Oxford，Scandinavian University Press.

　　Hohler，E. B. （1999b）．*Norwegian Stave Church Sculpture. Volume 2*：*Studies and Plates*（《挪威斯塔夫教堂雕塑 第2卷：研究和图版》），Oxford，Scandinavian University Press.

　　Hollander，L. M. （1919）．*The Heroic Legends of Denmark*（《丹麦的英雄传奇》），New York，American-Scandinavian Foundation.

　　Holm，I.，Innselset，S. and Oye，L （eds.）（2005）．‘*Utmark*’：*The Outfield as Industry and Ideology in the Iron Age and the Middle Ages*（《"乌特马克"：铁器时代和中世纪作为工业和意识形态的外场》），Bergen，Univesity of Bergen Archaeological Series，International 1.

　　Holmback，A and Wesson，A. （1979）*Svenska landskapslagar*（《瑞典景观法》），Stockholm，H. Geber.

　　Holt，J. C，（1999）．‘The origins and audience of the ballads of Robin

Hood', in S. Knight (ed.), *Robin Hood: an Anthology of Scholarship and Criticism*(《罗宾汉:学术与批评选集》), Cambridge, D. S. Brewer, 211 - 232.

Holt, D. (2001). 'Should wolves be reintroduced to the highlands of Scotland?', *Reforesting Scotland*(《苏格兰植树造林》), 26,38 - 40.

Holthausen, F. (1900). Review of 'Wadstein, E., The Clermont runic casket' *Literaturblatt filr germanische und Tomanische Philologie*(《德国文学与文学文献学》(日耳曼语文学传单)), 21.6.208 - 12.

Honk, C. (1981). 'Traditionsekologi-en introduction', in L. Honko and S. O. Löfgren (eds.). *Tradition och miljo: ett kuliurekologiskt perspektiv*(《传统与百万:烹饪视角》), Lund, Liber Läromedel.

Honneger, T. (1996). '"A Fox is a Fox is a Fox …" the Fox and the Wolf reconsidered *Reinardus*(《雷纳杜斯》), 9, 59 - 74.

Hooke, D. (1998). *The Landscape of Anglo-Saxon England*(《盎格鲁-撒克逊英格兰的风景》), London, Leicester University Press.

Hopkins, A. (2003). '*Bisclavret* to *Biclarel* via *Melion* and *Bisclaret*: the development of a misogynous lai。in B. K. Altmann and C. W. Carroll (eds.), *The Court Reconvenes: Courtly Literature Across the Disciplines*(《宫廷复会:跨学科的宫廷文学》), Cambridge, *D. S.* Brewer, 317 - 323.

Hörnberg, G. (1995). 'Boreal Old-Growth Picea Abies Swamp-Forests in Sweden-Disturbance History, Structure and Regeneration Patterns'(《瑞典北部老生长冷杉沼泽林—干扰历史、结构和更新模式》), Doctoral Thesis, Swedish University of Agricultural Sciences, Umeå.

Hoskinson, R. L. and Mech, D. L. 1976. 'White-tailed deer migration and its role in wolf predation. *Journal of Wildlife Management*(《野生动物管理杂志》), 40,429 - 441.

Hough, C. (1994 - 95). 'OE *wearg* in Warnborough and Reighburn', *Journal of the English Place-Name Society*(《英国地名学会杂志》), 27,14 - 20,

Houts, E. M. C. van (trans.) (1992). *The Gesta Normannorum Ducnm of William of Jumleges, Orderic Vitalis and Robert of Torigni*(《朱姆列日的威廉、维塔利斯和托里尼的罗伯特》), Vol. L Oxford, Clarendon Press.

Howard-Johnston, J. (1998). Trading in fur, from classical antiquity to the early Middle Ages; in E. Cameron (ed,), *Leather and Fur: Aspects of Early Medieval Trade and Technology*(《皮革和毛皮:中世纪早期贸易和技术的几个方面》), London, Archetype Publications, 65 - 79.

Hunter, M. (1974). 'The sense of the past in Anglo-Saxon England', *Anglo-Saxon England*(《盎格鲁-撒克逊英格兰》), 3,29 - 50.

Hutton, R. (2000). *The Pagan Religions of the Ancient British Isles; their Nature and Legacy*(《古代不列颠群岛的异教徒宗教;它们的性质和遗产》),

Oxford, Blackwell.

Innes, C. (ed.) (1837), *Liber Sancte Marie de Metros: munimenta vetustiora Monasterii Cisterciensis de Melros*(《圣玛丽地铁站:梅尔罗斯修道院》), Edinburgh, Bannatyne Club.

Ithel, J. W. (I860). *Annales Cambrix*(《坎布里克斯年鉴》), London Longman *et al.*

Jackson, K. H. (1969). *The Gododdin: the Oldest Scottish Poem*(《戈多丁:苏格兰最古老的诗歌》), Edinburgh, Edinburgh University Press.

Jacobs, J. C. (ed. and trans.) (1985). *The Fables of Odo of Cheriton*(《切里顿的奥多寓言》), Syracuse, Syracuse University Press.

Jacoby, M. (1974). *Wargus, vargr, 'Verbrecher' 'Wolf' eine sprach-und rechtsgeschichtlichef* (《瓦格斯,瓦格,犯罪,狼—语言和法律历史学家》) Uppsala, Almqvist och Wiksell.

Jambeck, K. K. (1992). 'The fables of Marie de France: A mirror of princes' in C. A. Mar&hal (ed,), Im *Quest of Marie de France, a Twelfth-century Poel*(《十二世纪诗人玛丽亚·德·弗朗斯的探索》), Lampeter, Edwin Mellen Press, 59 – 106.

James, M. R. (ed. and trans,) (1914). *Walter Map: de Nugis Curialium* (《沃尔特地图:库里安》), Oxford, Clarendon Press.

James, T. B. and Robinson, A. M. (1988). *Clarendon Palace: the History and Archaeology of a Medieval Palace and Hunting Lodge near Salisbury, Wiltshire* (《克拉伦登宫殿:威尔特郡索尔兹伯里附近中世纪宫殿和狩猎小屋的历史和考古》), London, Society of Antiquaries of London.

Janiskee, R. (1976). *On the Recreation Appeals of Extra-Urban Environments* (《论城外环境的游憩诉求》), paper presented at the annual meeting of the Association of American Geographer, New York.

Jarman, A. O. H. (1976). 'The later Cynfeirdd', in A. O. H. Jarman and G. R. Huges (eds.), *A Guide to Welsh Literature*(《威尔士文学指南》), Cardiff, University of Wales Press, 98 – 122.

Jdrzejewska, B., Miikowski, L. Jdrzejewski, W. Okarma, H, and Buniewicz, A. N. (1096). 'Z płacht na... wilka, czyli dawne polowania w Puszczy Bialowieskiej', *Lowiec Polski*(《洛伊克波尔斯基》(波兰航班)), 2,96, 26 – 27.

Jeffrey, D. L, and Levy, B. J. (eds.) (1990), *The Anglo-Norman Lyric: an Anthology*(《盎格鲁-诺曼抒情诗选集》), Toronto, Pontifical Institute of Mediaeval Studies.

Jenkins, D. (ed. and trans.) (1986). *The Law of Hywel Dda: Law Texts from Medieval Wales*(《海威尔的法律:中世纪威尔士的法律文本》), Llandysub

Gomer Press.

Jensen, R. M. (2000). *Understanding Early Christian Art*(《了解早期基督教艺术》), New York, Routledge.

Jennbert, K. (2003). 'Ambiguous truths? -People and animals in pre-Christian Scandinaviain J, Bergstol (ed.), *Scandinavian Archaeological Practice-in Theory*, *Proceedings from the 6th Nordic TAG*, *Oslo* 2001(《斯堪的纳维亚考古实践—理论上,《第六届北欧会议论文集》,奥斯陆,2001 年》), Oslo, 212 - 230.

Jesch, J. (2002). 'Eagles, ravens and wolves: beasts of battle, symbols of victory and death', in J. Jesch (ed.), *The Scandinavians from the Vend el Period to the Tenth Century*: *An Ethnographic Perspective*(《从文德尔时期到十世纪的斯堪的纳维亚人:民族志视角》), Woodbridge, Boydell, 251 - 271.

Johansen, A. (1973). 'Iron production as a factor in the settlement history of the mountain valleys surrounding Hardangervidda', *Norwegian Archaeological Review*(《挪威考古评论》), 6,2,84 - 101.

Johansen, B, (1997). *Ormalur*, *Aspekter av tillvaro och landskap*(《生活和景观的方方面面》), Stockholm, Arkeologiska institutionen, Stockholms universitet.

Johansson, F. (1990). 'Benfynd fr3n det medeltida Orebro, kv. Tryckeriet 10', *Statens historiska Museum*, *Osteologiska enheten rapport*(《国家历史博物馆,骨科单位报告》) 1990:6.

John, B. (1984). *Scandinavia*: *a Nes Geography*(《斯堪的纳维亚:新地理》), London, Longman.

Johnson N. and Rose, P. (1994). *Bodmin Moor*: *an Archaeological Survey. Volume 1*: *The Human Landscape to c.*1800(《博德明摩尔:考古调查 第一卷:人文景观》),London, English Heritage.

Jolly, K. (1993). 'Father God and Mother Earth: nature-mysticism in the Anglo-Saxon world', in J. E. Salisbury (ed.), *The Medieval World of Nature*: *a Book of Essays*(《中世纪的自然世界:散文集》), New York, London, Garland, 221 - 252.

Jones, M. L. (1984). *Society and settlement in Wales and the Marches*, 500 *BC-AD* 1100(《公元前 500 年—公元 1100 年威尔士的社会和定居与游行》), BAR 121, Oxford, British Archaeological Reports.

Jones, M. (2002), *The Secret Middle Ages*(《神秘的中世纪》), Stroud, Sutton.

Kahn, D. (1991). *Canterbury Cathedral and its Romanesque Sculpture*(《坎特伯雷大教堂及其罗马式雕塑》), London, Harvey Miller.

Kaland, P. E. (1986), 'The origin and management of Norwegian coastal heaths as reflected by pollen analysis; in K. A. Behre (ed.), *Anthropogenic Indicators in Pollen Diagrams*(《花粉图中的人为指标》), Rotterdarni, A. A. Balkema, 19 – 36.

Kalinke, M. E. (1981). ' A werewolf in bear's clothing. *Maal og Minne* (《玛尔和米恩》), 3,4,137 – 144.

Karlsson, L. (1976). *Romansk traornamentik i Sverige: decorative Romanesqtte woodcarving in Sweden*(《瑞典的罗马尼亚装饰:瑞典的装饰性罗马尼亚木雕》), Stockholm, Almqvifit & Wiksell International.

Karlsson, L. (1988). *Medieval Ironwork in Sweden* (2 vols.)(《瑞典的中世纪铁艺(2 卷)》), Stockholm, Almqvist & Wiksell Interna tional.

Karlsson, S. (1997). Tollen analysis from a rock depression, the hillfort, Birka, Björkö; in U. Miller, B. Ambrosiani, H. Clarke, T. Hackens, A – M. Hansson and B. Johansson (eds.)*Environment and Vikings with special reference to Birka*(《环境与维京人特别参照比尔卡》), *PACT 52*, *Birks Studies* 4, 239 – 248.

Karlsson, S. and Robertsson, A – M. (1997). ' Human impact in the Lake Mälaren region, south-central Sweden during the Viking Age (AD 750 – 1050): a survey of bios trati graphical evidence', in U. Miller, B. Ambrosiani, H. Clarke, T. Hackens, A – M. Hansson and B. Johansson (eds.), *Environment and Vikings with special reference to Birka*(《环境与维京人特别参照比尔卡》), *PACT 52*, *Birka Studies* 4,47 – 72.

Karlsson, J. and Thoresson, S. (2000). *Jakthundar i vargrevir. En jämforelse av jakthundsanvandningen i fem olika vargrevir och statislikeń över vargangrepp på hundar* 1999/2000(《1999/2000 年在五种不同的狼病毒中使用猎犬和犬类静态狂犬病》), Grimso, Viltskade Center, Grimso feyskningsstation.

Karlsson, J., Widén, P-L. and Andren, H. (1999). *Årsrappori. Lodjursprojektei, Vargprojektel, Viltskadecenter, Grimso forskningsstation*(《阿斯拉波里! 野生动物项目,狼项目,野生动物中心,格里姆索研究站》), Grimsb, Viltskade Center, Grimso forskningsstation.

Keen, M. (1979). *The Outlaws of Medieval Legend*(《中世纪传说中的亡命之徒》), London, Routlege and Kegan Paul.

Kellert S. R. and Wilson, E. O. (eds.) (1993). *The Biophilia Hypothesis* (《亲生命性假说》), Washington, Island.

Kellert S. R. (1996). *The Value of Life: Biological Diversity and Human Society*(《生命的价值:生物多样性与人类社会》), Washington D. C., Island Press/Shearwater Books.

Kellert, S. R. (1999). *The Public and the Wolf in Minnesota*(《明尼苏达州的公众和狼》). *A Report of the International Wolf Center*(《国际狼中心报告》),

New Haven, School of Forestry and Environmental Studies, Yale University.

Kellert, S. R. ,Black, M. , Rush, C. R. and Bath, A. J. (1996)'Human culture and large carnivore conservation in north America', *Conservation Biology* (《保护生物学》), 10, 4, August, 977 – 990.

Kellmer, I. (1978). 'Jordbrukets utvikling i middelalderen', in P. Sandal (ed.), *Soga om Gloppen og Breim*(《索加说格洛彭和布雷姆》), Sandane, Kommunen, 247 – 262.

Kelly, T. E. (1998). 'Fouke Fitz Waryn', in T. H. Ohlgren (ed.), *Medieval Outlaws: Ten Tales in Modem English* (《中世纪亡命之徒:十个故事》), Stroud, Sutton, 106 – 167.

Kershaw, K. (2000). *The One-eyed God. Odin and the (Indo-) Germanic Mannerbiinde*(《独眼神 奥丁和(印度)日耳曼人》), Washington D. C, Institute for the Study of Man Inc.

Kershaw, N. (1922). *Anglo-Saxon and Norse Poems*(《盎格鲁-撒克逊和挪威诗歌》), London, Cambridge University Press.

Keynes, S. and Lapidge, M. (1983). *Alfred the Great: Asser's Life of Alfred and other Contemporary Sources*(《阿尔弗雷德大帝:阿瑟的生活阿尔弗雷德和其他当代来源》), Harmondsworth, Penguin.

Killings, D. B. (1996), The Anglo-Saxon Chronicle(《撒克逊编年史》), Part 1, Online Medieval and Classical Library Release #7, http://sunsite. berkeley. edu/OMACL/Anglo/parl. html (checked August 2005).

Kinney, D. (1992). 'The apocalypse in early Christian monumental decoration', in R. K, Emmerson (ed.), *The Apocalypse in the Middle Ages*(《中世纪的启示录》), Ithaca, Cornell University Press, 200 – 216.

Kirby, D. P. (1974). 'The Old English forest: its natural flora and fauna', in T. Rowley (ed.), *Anglo-Saxon Settlement and Landscape, papers presented to a symposium, Oxford* 1973(《盎格鲁-撒克逊人聚居地和景观,提交给牛津 1973 年研讨会的论文》), Oxford, British Archaeological Reports, 120 – 30.

Kitchener, A. C. (1998). 'Extinctions, introductions and colonisations of Scottish mammals and birds since the last Ice Age', in R. A. Lambert (ed.), *Species History in Scotland: Introductions and Extinctions since the Ice Age*(《苏格兰物种史:冰河时期以来的引入和灭绝》), Edinburgh, Scottish Cultural Press, 63 – 93.

Kittredge, G. L. (ed.) (1966). *Arthur and Gorlagon: Versions of the Werewolf s Tale*(《亚瑟和戈拉冈:狼人故事的版本》), Boston, Ginn and Co.

Kjellström. R. (1991). traditional Saami hunting in relation to drum motifs of animals and hunting', in T. Ahlback and J. Bergman (eds.). *The Saami Shaman Drum*(《萨米萨满鼓》), Abo, Donner Institute for Research in Religious and Cultural History, 111 – 135,

Knighl, R. (2001). 'Werewolves, monsters and miracles: representing colonial fantasies in Gerald of Wales's *Topographia Hibernica*', *Studies in Iconography* 22(《希伯来语地形图,图像学研究 22》), 55 – 86.

Knight, S, (1998), 'The tale of Gamelyn', in T. H. Ohlgren (ed.), *Medieval Outlaws: Ten Tales in Modern English*(《中世纪亡命之徒:现代英语的十个故事》), Stroud, Sutton, 168 – 186.

Kojola, I and Danilov, P. I. (2001). 'Wolf population dynamics in eastern Fennoscandia: does human exploitation mask the effects of prey density?', in C. Sillero and M. Hoffmann (eds.), *Canid Biology and Conservation Conference*, 17 –21 *September* 2001, *Oxford*(《2001 年 9 月 17 日至 21 日在牛津举行的犬科动物生物学和保护会议》), Oxford, Zoology Department, Wildlife Conservation Research Unit, 69.

Kratz, H. (1978 – 79). 'Was Vamop still alive? The Rök stone as an initiation memorial', *Mediæval Scandinavia*(《中世纪斯堪的纳维亚半岛》) 11, 15 – 16.

Kristansen, E. T. (1936), *Danske* Sagn, Ny *Række*(《舞蹈萨恩,新雷克》), Copenhagen, VI.

Kristoffersen, S. (1995). transformation in Migration period animal art', *Norwegmn Archaeological Revieiu*(《挪威考古评论》), 28,1 – 18.

Kruuk, H. (2002). *Hunter and Hunted: Relationships Between Carnivores and People*(《猎人与被猎杀者:食肉动物与人的关系》), Cambridge, Cambridge University Press.

Küster, H, (1995). *Geschichte der Landschafl in Mitteleuropa: von der Eiszeit bis ztir Gegenwart*(《从冰河时代到现在的中欧乡村历史》), Miinchen, C. H. Beck.

Küster, H. (1998). *Geschichte des Waldes: von der Urzeit bis znr Gegenwart*(《森林史:从古至今》), München C. H. Beck.

Kvamme, M. (1985). 'Vegetasjonshistoriske undersokelser i Etncfjellene 1983/4', in A, O. Marthinussen and B. Myhre (eds.), *Kulturminna i Etnefjella. Arkeologiske rapporter*(《埃特纳山的文化矿档案报告》), Bergen, Historisk museum, University of Bergen, 111 – 142.

Kvamme, M. (1988). 'Pollen analytical studies of mountain summer-farming in western Norway', in H. H. Birks *et al.* (eds.), *The Cultural Landscape, Past, Present and Future*(《文化景观,过去、现在和未来》), Cambridge, Cambridge University Press, 349 – 367.

Kvideland, R. and Sehmsdorf, H. K. (eds.) (1991). *Scandinavian Folk Belief and Legend*(《斯堪的纳维亚民间信仰与传说》), Oslo, Norwegian

University Press.

Kyle, D. G. (1998), *Spectacles of Death in Ancient Rome*(《古罗马的死亡景象》), London, Routledge.

Kylie, E. (ed. and trans.) (1966). *The English Correspondence of Saint Boniface*(《圣博尼法斯的英文书信》), New York, Cooper Square.

Lagerqvist, L. O. (1970). *Svenska mynt under vikingatid och medeltid (ca 995 - 1521) samt Gotländska mynt (ca 1140 - 1565)*(《北欧海盗和中世纪的瑞典货币（约 995—1521）和哥德林货币（约 1140—1565）》), Stockholm, Numismatiska Bokforlaget.

Lang, J. (1984). 'The hogback: a Viking colonial monument', in S. C. Hawkes, J. Campbell and D. Brown (eds,), *Anglo-Saxon Studies in Archaeology and History* 3 (《盎格鲁撒克逊考古学和历史研究 3》), Oxford, Oxford University Committee for Archaeology, 85 - 176.

Lange, J. de (1935). *The Relation and Development of English and Icelandic Outlaw-Traditions*(《英、冰岛不法传统的关系与发展》), Haarlem, H. D. Tjeenk Willink & Zoon.

Lapidge, M. (ed.) (1991). *Anglo-Saxon Litanies of the Saints*(《盎格鲁-撒克逊圣徒连续剧》), London, published for the Henry Bradshaw Society by the Boydell Press.

Lapidge, M. and Herren, M. (trans.) (1979). *The Prose Works of Aldhelnt*(《阿尔登特的散文作品》), Ipswich, Brewer.

Lapidge, M. and Rosier, J. L. (trans.) (1985). *Aldhelm: the Poetic Works*(《奥尔德海姆：诗歌作品》), Cambridge, Brewer.

Larrington, C. (trans.) (1996). *The Poetic Edda*(《诗体埃达》), Oxford, Oxford University Press.

Larson, L. M. (trans.) (1935). *The Earliest Nortuegian Laws: Being the Guhfhing Law and the Frostathing Law*(《最早的诺尔图定律：古赫芬定律和弗罗斯特定律》), New York, Columbia University Press.

Latham, R. E. (1965), *Revised Medical Latin Word-list from British and Irish Sources*(《来自英国和爱尔兰的修订医学拉丁词列表》), London, published for the British Academy by the Oxford University Press.

Larusson, M. M. (ed. and trans.) (1955). *Komings skuggsjá: Speculum regale*(《暗影降临：窥镜法则》), Reykjavik, H. F. Leiftur.

Laursen, J. (1989), 'Ulvetider', *Skalk*(《斯卡尔克》), 18 - 27.

Lawrence, C. H. (2001)-*Medieval Monasticism*(《中世纪修道院》), Harlow, Pearson Education.

Le Goff, J. (1990). *Medieval Civilization*(《中世纪文明》), Oxford, Blackwell.

Le Goff, J. (1992). *The Medieval Imagination*(《中世纪的想象》), Chicago/London, University of Chicago

Le Saux, F. (1990). 'Of desire and transgression: the Middle English *Vox and Wolf*'(《狐狸与狼》), *Reinardus*, 3, 69–79.

Leach, H. G, (1975). *Angevin Britain and Scandinavia*(《安茹王朝英国和斯堪的纳维亚》), New York, Kraus.

Leatherdale, C. (1995), *The Origins of Dracula: the Background to Bram Stoker's Gothic Masteqyiece*(《德古拉的起源:布拉姆·斯托克哥特式教堂的背景》), Westcliff-on-Sea, Desert Island Books.

Lecouteux, C. (1992), *Pees, sorcieres el loup-garous aux Moyen Age*(《中世纪的狼人、巫师》), Paris, Editions Imago.

Lee, A. A. (1972). *The Guest-Hall of Eden: Four Essays on the Design of Old English Poetry*(《伊甸园会客厅:古英语诗歌设计四论》), New Haven, Yale University Press.

Lepiksaar, J. (1975). 'Uber die Tierknochenfunde aus den mittelalterlichen Sidelungen Sudschwedens; in A. T. Clason (ed.) *Archaeozoological Studies*(《古动物学研究》), Oxford, North-Holland/American Elsevier, 230–239.

Lepiksaar, J. (1976). 'pjurrester frin det medeltida Skara; *Vastergotlands fornminnesforenings tidskrift* (《维斯特戈特兰内存时间字体》)1975–76.

Leshock, D. B. (1999). 'The knight of the werewolf: *Bisclavret* and the shape-shifting metaphor', *Romance Quarterly*(《传奇季刊》), 46,3,155–465.

Leubuscher, R. (1850). *Lieber die Wehrwblfe und Tierverwandlungen im Mittelalter, Ein Beitrag zur Geschichte der Psychologie*(《最好是中世纪的温布勒和动物转变,对心理学史的贡献》). Berlin, G. Reimer.

Lewis, C. W. (1976). 'The historical background of early Welsh verse; in A. O·H. Jarman and G. W. Huges (eds.), *A Guide to Welsh Literature*, Vol. 1(《威尔士文学指南,第一卷》)., Swansea, C. Davies, 11–50.

Lewis, C., MitcheD-Fox, P. and Dyer, C. (1997). *Village, Hamlet, Field: Changing Medieval Settlements in Central England*(《村庄,小村庄,田野:英格兰中部中世纪聚落的变迁》), Manchester, Manchester University Press.

Lewis, M. A, and Murray, J. D. (1993). 'Modelling territoriality and wolf-dee.r interactions', *Nature*(《自然》), 366,23/30, December, 738–740.

Liddiard, R. (2003). 'The deer parks of Domesday Book', *Landscapes* (《景观》), 1,4–23.

Lie, R. W. (1988). 'Animal bones', in E. Schia (ed.), "*Mindets tomt-*" "*Sondre Felt*": *Animal Bones, Moss-, Plants Insect-and Parasite Remains* (《动物骨骼、苔藓、植物、昆虫和寄生虫的残骸》), Oslo, Alvheim & Eide 153–196.

Lie, R. T. and Lie, R. W, (1990). 'Changes in the survival of cattle Bos taurus in Trondheim during the medieval period', *Fauna Noruegien*(《挪威动物》), Ser. All, 43 – 49.

Lie, R, W. (1990). "Norges faunahistorie III: Atlantisk tid (8000 – 5300 før nåtid)" *Naturen*(《自然》), 6,212 – 219.

Lillehammer, A. (1999). 'Farm and village, the problem of nucleation and dispersal of settlement-seen from a Norwegian perspective', in C. Fabech and J. Ringtved (eds.), *Settlement and Landscape: Proceedings of a Conference in Arhus, Denmark, May 4 – 7*, 1998(《定居与景观:1998 年 5 月 4 日至 7 日在丹麦阿胡斯举行的会议记录》), Moesg&rd, Jutland Archaeological Society, 131 – 138.

Lincoln, B. (1991). *Death, War, and Sacrifice: Studies in Ideology and Practice*(《死亡、战争与牺牲:思想与实践研究》), London, University of Chicago Press.

Lindahl, C., McNamara, J. and Lindow, J. (eds.) (2000). *Medieval Folklore: an Encyclopedui of Myths' Legends, Tales, Beliefs and Customs*(《中世纪民俗学:神话传说、信仰和习俗的百科全书》), Santa Barbara, Oxford, ABC – CLIO.

Lindgren-Hertz, L. (1997), 'Farm and landscape. Variations on a theme in Östergötland', in H. Andersson, P. Carelli and L. ErsgArd (eds.), *Visions of the Past, Trends and Traditions in Swedish Medieval Archaeology*(《瑞典中世纪考古学的历史、趋势和传统》), Lund, 43 – 73.

Lindow, J. (1995). 'Supernatural others and ethnic others: a millennium of world view', *Scandinavian Studies*(《斯堪的纳维亚研究》), 67,8 – 31.

Lindow, J. (2000). 'Wild hunt', in C. Lindahl, J. McNamara and J, Lindow (eds.), *Medieval Folklore: an Encyclopedia of Myths, Legends, Tales, Beliefs, and Customs*(《中世纪民俗学:神话、传说、传说、信仰和习俗的百科全书》), Santa Barbara, ABC – CLIO, 1036 – 1037.

Lindsay, X. 1980. 'The commercial use of woodland and coppice management', in M. L. Parry and T. R. Slater (eds.), *The Making of the Scottish Countryside*(《苏格兰乡村的形成》), London, Croom Helm, 271 – 289.

Linnard, W. (1979). *Trees in the Law of Hyivel*(《海维尔定律中的树木》), Aberystwyth, University of Wales Centre for Advanced Welsh and Celtic Studies.

Linnard, W. (1982). *Welsh Woods and Forests: History and Utilization*(《威尔士森林:历史与利用》), Cardiff, National Museum of Wales.

Linnard, W. (1989). 'Vegetation', in D. H. Owen (ed.). *Settlement and Society in Wales*(《威尔士的定居与社会》), Cardiff, University of Wales Press, 45 – 56.

Linnard, W, (2000). *Welsh Woods and Forests: a History*(《威尔士森林:历史》), Llandysul, Gomer.

Linnell, J. D. C., Andersen, R., Andersone, Z., Balciauskas, L, Blanco, J. C, Boitani, L. Brainerd, S. Breitenmoser, U., Kojola, L, Liberg, O., Løe, J., Okarma, H., Pedersen, H, C., Promberger, C., Sand, H., Solberg, E, Valdmann, H. and Wabakken, P. (2002). 'The fear of wolves: a review of wolf attacks on humans', *NINA Oppdragsmelding* (《尼娜任务》)731,1-65.

Linquist, G. (2000). 'The wolf, the Saami and the urban shaman: predator symbolism in Sweden', in J. Knight (ed.), *Natural Enemies. People-Wldlife Conflicts in Anthropological Perspective*(《天敌 人类学视野中的人与野生动物的生命冲突》), London, Routledge, 170-188.

Lodge, R. A. and Varty, K, (eds.) (2001). *The Earliest Branches of the Roman de Renart*(《罗马德勒纳特最早的分支》), Sterling, Va., Peeters.

Loken, T. (1987). *The Settlement at Forsandmoen-an Iron Age Village in Rogaland*, *SW Norway*(《位于挪威西南部罗加兰的铁器时代村庄弗桑莫恩的定居点》), Hildesheim, August Lax.

Lonnroth, L. ,Clason, V. and Piltz, A, (2003) 'Literature', in K. Helle (ed.), *The Cambridge History of Scandinavia: Volume 1*, *Prehistory to 1520*(《剑桥斯堪的纳维亚历史:第一卷,史前到1520年》), Cambridge, Cambridge University Press, 487-520.

Lopez, B. H. (1995). *Of Wolves and Men*(《狼和人》), New York, Touchstone.

Loveluck, C. P. (2001). 'Wealth, waste and conspicuous consumption. Flixborough and its importance for Middle and Late Saxon rural settlement studies', in H. Hamerow and A, MacGregor (eds.), *Image and Power in the Archaeology of Early Medieval Britain. Essays in honour of Rosemary Cramp*(《中世纪早期英国考古学中的形象与权力 纪念迷迭香痉挛的论文》), Oxford, Oxbow Books, 79-130.

Loveluck, C. P. (2005). 'Rural settlement hierarchy in the age of Charlemagne', in J. Story (ed.) *Charlemagne*, *Empire and Society*(《查理曼大帝、帝国与社会》), Manchester, Manchester University Press, 230-258.

Lucy, C. (2000). *The Anglo-Saxon Way of Death*: *Burial Rites in Early England*(《盎格鲁-撒克逊人的死亡方式:早期英格兰的埋葬仪式》), Stroud, Sutton.

Lund, N. (ed.) and Fell, C. E. (trans.) (1984), *Two Voyagers at the Court of King Alfred*: *the Ventures of Ohihere and Wulfstan Together with the Description of Northern Europe from the Old English Orosius*(《阿尔弗雷德国王宫廷中的两位航海家:奥希赫雷和伍尔夫斯坦的冒险之旅,以及古英国奥罗西乌

斯对北欧的描述》), York, Sessions.

MacGregor, A. (1985). *Bone, Antler, Ivory and Horn, The Technology of Skeleial Material Since the Roman Period*(《骨,角,象牙和角,自罗马时期以来的骨骼材料技术》), London, Croom Helm.

MacGregor, A. Mainman, A. J. and Rogers, N. S. H. (1999). *Craft, Industry and Everyday Life: Bone, Antler, Ivory and Horn from Anglo-Scandinavian and Medieval York.*(《工艺、工业和日常生活:来自盎格鲁-斯堪的纳维亚和中世纪约克的骨头、鹿角、象牙和角》) *The Archaeology of York* 17: *the Small Finds*(《约克 17 号考古:小发现》), York, CBA for the York Archaeological Trust.

Mack, A. (1997). *Field Guide to Pictish Stones*(《皮克特族石野外工作指南》), Balgavies, Angus.

MacNickle, M. D. (1934). *Beasts and Birds in the Lives of the Early Irish Suinis*(《早期爱尔兰人生活中的禽兽》), Philadelphia, University of Pennsylvania (Ph. D. thesis).

Macphail, S. R. (1881). *History of the Religions House of Pluscardyn: Convent of the Vale of Saint Andrew, in Morayshire*(《宗教史普鲁斯卡德恩之家:莫雷郡圣安德鲁谷修道院》), Edinburgh, Oliphant, Anderson & Ferrier.

Madden, F. (1890). Note on the word werewolf, in W. W. Skeat (ed.), *The Romance of William of Paleme* (*The Romance of 'William and the Werwolf*) *Translated From the French Around* 1350[《约 1350 年,由法文翻译而来的〈帕莱姆的威廉传奇〉(〈威廉与狼人的传奇〉)》], London, Early English Text Society, Kegan Paul, xxv-xxix.

Madox, T. (1969). *The History and AniicfuHies of the Exchequer of the Kings of England*(《英国国王财政部的历史与变故》), New York, Augustus M. Kelley.

Magnus, B. (1986). 'Iron Age exploitation of high mountain resources in Sogn', *Norwegian Archaeological Review*, 19,1,44 – 50.

Magnus, B, (1997). 'The firebed of the serpent: myth and religion in the Migration period mirrored through some golden objects', in L. Webster and M. Brown (eds.), *The Transformation of the Roman World*, AD 400 – 900, London, British Museum, 194 – 207.

Magnusson, M. and Palsson, H. (trans.) (1976). *King Harald's Saga: Harald Hardradi of Norway/from Snorri Sturluson's Heimskringla*(《哈拉尔德国王的传奇:挪威的哈拉尔德·哈德拉迪/来自斯诺里·斯特鲁森的海姆斯克里格拉》), Harmondsworth, Penguin.

Manchester, W. (1996). *A World Lit Only by Fire: the Medieval Mind and the Renaissance*(《只有火照亮的世界:中世纪思想与文艺复兴》), London, Papermac.

Mandonnet, P. R (1948). ' *Domini Canes* ', in P. E Mandonnet, St. *Dominic and his Work*(《多米尼克和他的作品》), London, B. Herder, online version, http://www. op. org/domcentral/trad/domwork/domworka6. htm. (checked August 2005).

Mann, J. (ed. and trans.) (1987). *Ysengrimus*(《伊森格里姆》), Leiden, Brill.

Mann, J. (2000). ' The satiric fiction of the *Ysengrimus* ', in K. Varty (ed.), *Reynard the Fox*: *Social Engagement and Cultural Metamorphoses in the Beast Epic from the Middle Ages to the Present*(《狐狸雷纳德：中世纪至今野兽史诗中的社会参与与文化蜕变》), Oxford, Berghahn Books, 1 – 16.

Margeson, S. (1980). ' The Volsung legend in medieval art ', in F. G. Anderson, E. Nyholm, M. Powell, and F. T. Stubkjaer (eds.), *Medieval Iconography and Narrative*: *a Symposium*(《中世纪图像学与叙事学：研讨会纪要》), Odense, Odense University Press, 183 – 211.

Martens, 1. (1998). ' Some cultural aspects of marginal settlement and resources utilization in south Norway ', in H. Andersson, L. Ersgard and E. Svensson (eds.), *Outland Use in Preindustrial Europe*(《前工业化时期欧洲外域使用》), Stockholm, Institute of Archaeology, Lund University, 30 – 39.

Martin, J. (1986). *Treasure of the Land of Darkness*: *the Fur Trade and its Significance for Medieval Russia*(《黑暗之地的宝藏：毛皮贸易及其对中世纪俄罗斯的意义》), Cambridge, Cambridge University Press.

Martin, J. S. (1972). *Ragnarok*: *an Investigation into Old Norse Concepts of the Fate of the Gods* (《拉格纳洛克：对古挪威诸神命运观念的考察》), Melbourne Monographs in Germanic Studies Volume 3, Assert, Van Gorcum.

Marucco, F., Ricci, S. Galli, T., Manghi, L. and Boitani, L. (2001). ' Winter habitat selection of wolves in the western Alps ', in C. Sillero and M. Hoffmann (eds.). *Canid Biology and Conservation Conference*, 17 – 21 *September* 2001, *Oxford*(《2001 年 9 月 17 日至 21 日在牛津举行的犬科动物生物学和保护会议》), Oxford, Zoology Department, Wildlife Conservation Research Unit, 77.

Marwick, E. W. (1975). *The Folklore of Orkney and Shetland*(《奥克尼和设得兰的民间传说》), London, Batsford.

McCone, K. (1984), ' Aided Cheltchair MaicUthechair; hounds, heroes, and hospitallers in Early Irish Myth and Story' *Érin*(《叶林》), 35,1 – 30.

McCone, K. (1986). ' Werewolves, Cyclopes, *Diberga* and *Ftanna*: juvenile delinquency in early Ireland ', *Cambridge Medieval Celtic Studies*(《剑桥中世纪凯尔特人研究》), 12,1 – 22.

McCone, K. (1987). ' Hund, Wolf und Krieger bei den Indogermanen ', in

W. Medi（ed）*Studien zum indogermanischen Wortschaiz*（《印尼语词汇研究》），Innsbrucker Beitrage zur Sp rachwissenschaf152，Innsbruck，IBS，101 - 54.

McCone，K.（1991）．*Pagan Past and Christian Present in Early Irish Literature*（《爱尔兰早期文学中的异教徒历史与基督教现世》），Maynooth，An Sagart.

McCormick，F.（1997）．'The animal bones'，in M. F. Hurley，O. M. B. Scully with S. W. J. McCutcheon（eds.），*Late Viking Age and Medieval Waterford*：*Excavations* 1986 - 1992（《维京晚期和中世纪沃特福德：1986—1992年发掘》），Waterford，Waterford Corporation，819 - 853.

McCormick，F.（unpublished）．'The mammal bones from Ferrycarrig，Co. Wexford'．（《费里卡里的哺乳动物骨骼》）。

McGuire，B. P.（1982）．*The Cistercians in Denmark*：*their Attitudes*，*Roles*，*and Functions in Medieval Society*（《中世纪多会在丹麦社会中的作用、作用》），Kalamazoo，Cistercian Publications.

McIntyre，R.（ed.）（1995），*War Against the Wolf*：*America's Campaign io Exterminate the Wolf*（《对狼的战争：美国消灭狼的运动》），Stillwater，Voyageur Press.

McKenzie Brothers（2000 - 2002）．*McKenzie Brothers Outfitting Inc. Wolf Hunting*（《麦肯锡兄弟装备公司猎狼》），http：//www. mckenzieoutfitting. com/wolf. htm（checked August 2005）.

McKinnell，J. 2001. 'Eddie poetry in Anglo-Scandinavian northern England'，in J. Graham-Campbell，R. Hall，J. Jesch and D. N. Parsons（eds.），*Vikings and the Danelaw*，*Select Papers from the Proceedings of the Thirteenth Viking Congress*，*Nottingham and York*，21 - 30 *August* 1997（《维京人和达内劳，第十三届维京大会论文选集，诺丁汉和约克，1997 年 8 月 21 日至 30 日》），Oxford，Oxbow，327 - 344.

McLetchie，S，（1999）．*The Church Historians of England*，*William of Newburgh*，*History*（《英国教会历史学家，纽堡威廉，历史》），http：//www. fordham. edu/halsall/basis/williamofnewburgh-two. html（checked August 2005）.

McMunn，M. T.（1996）．'Animal imagery in the *Roman de la Rose*'，*Reinardns*（《〈罗马人玫瑰〉中的动物意象》），9，87 - 108.

McNeill，J. T. and Gamer，H M.（eds. and trans.）（1979）．*Medieval Handbooks of Penance*（《中世纪的忏悔手册》），New York，Octagon Books.

Meaney，A.（1981）．*Anglo-Saxon Amulets and Curing Stones*（《盎格鲁-撒克逊护身符和治疗石》），BAR 96，Oxford，Archaeopress，

Meaney，A.（2000）．'The hunted and the hunters：British mammals in Old English poetry；*Anglo-Saxon Studies in Archaeology and History*（《盎格鲁-撒克逊考古学和历史研究》），11，95 - 105.

Mech, D. L. (1970). *The Wolf: the Ecology and Behavior of an Endangered Species*(《狼:濒危物种的生态和行为》), New York, Natural History Press for the American Museum of Natural History.

Mech, D. L. (1977). 'Population trend and winter deer consumption in a Minessota wolf pack', in J. Phillips and C. Jonkel (eds.), *Proceedings of the 1975 Predator Symposium*(《1975 年捕食者研讨会论文集》), Missoula, University of Montana, 55 – 83.

Mech, D. L. and Boitani, L. (eds.) (2003a). *Wolves: Behavior, Ecology and Conservation*(《狼:行为、生态与保护》), Chicago, University of Chicago Press.

Mech, D. L. and Boitant L. (2003b). 'Wolf social ecology', in D, L. Meeh and L. Boitani (eds.) *Wolves: Behavior, Ecology and Conservation*(《狼:行为、生态与保护》), Chicago, University of Chicago Press, 1 – 34.

Mech, D. L. and Peterson, R. O. (2003). 'Wolf-prey relations', in D. L. Mech and L. Boitani (eds.), *Wolves: Behavior, Ecology and Conservation* (《狼:行为、生态与保护》), Chicago, University of Chicago Press, 131 – 160.

Mehl, D, (1968). *The Middle English Romances of the Thirteenth and Fourteenth centuries*(《十三世纪和十四世纪的中世纪英国传奇》), London, Routledge & Kegan Paul.

Meissner, R. (1921). *Die Kenningar der Skalden*(《天平的特性》). *Ein Beiirag zitr skaldischen Poetik*, Bonn, Leipzig, Kurt Schroeder.

Menache, S. (1997). 'Dogs and human beings: a story of friendships *Society and Animals*(《社会与动物》), 5,1,23 – 44.

Menendez Pidal de Navascues, F. (1995). *Sellos medievales de Navarra* (《纳瓦拉中世纪教堂》), Pamplona, Gobiemo de Navarra, Departamento de Educacidn y Cultura.

Merrifield, R. (1987). *The Archaeology of Ritual and Magic*(《仪式与魔法的考古学》), London, Batsford.

Meriggi, A. and Lovari, S. (1996). 'A review of wolf predation in southern Europe: does the wolf prefer wild prey to livestock?', *Journal of Applied Ecology* (《应用生态学杂志》), 33, 1561 – 1571.

Mikkelsen, D. K. (1999). 'Single farm or village? Reflections on the settlement structure of the Iron Age and Viking period', in C. Fabech and J. Ringtved (eds.), *Settlement and Landscape: Proceedings of a Conference in Arhus, Denmark, May 4 – 7, 1998*(《定居与景观:1998 年 5 月 4 日至 7 日在丹麦阿胡斯举行的会议记录》). Moesgard, Jutland Archaeological Society, 177 – 193.

Mikkelsen, E, (1994). *Fangstprodukter i vikingtidens og middelalderens akonmi.*(《维京时期的监狱产品和医药产品》) *Organ iseringen av massefangst av villrein i Dovre*, Oslo, Universitetets Oldsaksamling.

Milfull, I. B. (1996). *The Hymns of the Anglo-Saxon Church：a Study and Edition of lhe 'Durham Hymnal'*,(《盎格鲁-撒克逊教会的圣歌：对〈达勒姆·希里亚克〉的研究和编辑》), Cambridge, Cambridge University Press.

Milne, F. A. (trans.) (1904). 'Arthur and Gorlagon', *Folk-Lore*(《民间传说》), 15,20 - 7.

Millward, R. and Robinson, A. (1978). *The Welsh Borders*(《威尔士边界》), London, Eyre Methuen. Mitchell, B. and Robinson, F. C. (eds.) (1998). *Beowulf：an Edition with Relevant Shorter Texts*(《贝奥武夫：一个相关的较短文本版本》), Oxford, Blackwell.

Mitchiner, M. (1986). *Medieval Pilgrim and Secular Badges*(《中世纪朝圣者和世俗徽章》), Sanderstead, Hawkins Publications.

Miyazaki, M. (1999). 'Misericord owls and medieval anti-semitisim', in D. Hassig, (ed.), *Mark of the Beast：The Medieval Bestiary in Art, Life, and Literature*(《野兽的印记：中世纪艺术生活和文学中的兽场》), New York, Garland, 23 - 49.

Mladenoff, D. J., Sickley, T. A., Haight, R. G. and Wydeven, A. P. (1995). 'A regional landscape analysis and prediction of favorable gray wolf habitat in the Northern Great Lakes Region', *Conservation Biology*(《保护生物学》), 9, 279 - 294.

Moe, D., (1996). 'The utilisation of un-cultivated rural land in southern Norway during the last 2500 years-from the coastal areas to the arctic-alpine zone：a pollen analytical survey', in M. Colardelle (ed.), *Proceedings Ve Contrès international d'archeologie Medievale (Grenoble)* 1993(《1993 年〈国际中世纪德尔乔学论文集〉(格勒诺布尔)》), Paris, Editions Errance, 122 - 128.

Moe, D., Irtdrelid, S. and Fasteland, A. (1988). 'The Halne area, Hardangervidda, Use of a high mountain area during 5000 years-an interdisciplinary case study', in H. H. Birks *et al* (eds.), *The Cultural Landscape, Past, Present and Future*(《文化景观,过去、现在和未来》), Cambridge, Cambridge University Press, 429 - 444.

Moe, D., Vorren, K-D., Alm, T., Fimreite, S., Morkved, 6., Nilssen, E. 'Paus, A., Ramfjord, H., Selvik, S. F, and Sorensen, R, (1996). 'Norway', in B, E. Berglund, H. J. B. Birks, M. RaIska-Jasiewiczowa and H. E. Wright (eds.), *Palaeoecological Events During the Last* 15000 *Years. Regional Synthesis of Palaeoecological Studies of Lakes and Mires in Europe*(《过去 15000 年的古生态事件 欧洲湖泊和沼泽古生态研究的区域综合》), Chichester, John Wiley & Sons, 153 - 213.

Mogren, M. (1997). 'Expansion strategies and peripheral dynamics. Of power and resistance in Halsingland[7], in H. Andersson, P, Carelli and L. Ersgard (eds.), *Visions of the Past*(《对过去的憧憬》). *Trends and Traditions in Swedish Medieval Archaeoiogy*(《瑞典中世纪考古学的趋势和传统》), Lund, 199 – 238.

Mogren, M. (1998). 'The village, the forest and the archaeology of Angersjo', in H. Andersson, L, Ersgard and E. Svensson (eds.), *Outland Use in Preindustrial Europe*(《前工业化时期欧洲的外域使用》), Stockholm, Institute of Archaeology, Lund University, 219 – 236.

Mogren, M. (2002). 'Medieval state expansion and the outpost model-the case of the Swedish north', in G. Helmig, B. Scholkmann and M. Untermann (eds.), *Centre, Region, Periphery: Medieval Europe, Basel* 2002, Vol 1(《中心，区域，边缘:中世纪欧洲，巴塞尔 2002,第一卷》), Basel, Archaologische Boden f o rschung Basel-Staft, 515 – 521.

Mogren, M. and Svensson, K. (1992). 'The landscape of power in a medieval marginal area', in L. ErsgArd, m. Holmstrom and K. Lamm (eds.), *Rescue and Research: Reflections of Society in Sweden* 700 – 1700 *A. D.*(《救援与研究:公元 700—1700 年瑞典社会的反思》), Uppsala, Almqvist & Wiksell 334 –352.

Monter, E. W. (1976). *Witchcraft in France and Switzerland*(《法国和瑞士的巫术》), London, Cornell University Press.

Moreland, J. (2000). 'Ethnicity, power and the English', in W, O · Frazer and A. Tyrrell (eds,). *Social Identity in Early Medieval Britain*(《中世纪早期英国的社会认同》), London, Leicester University Press, 23 – 51.

Morenzoni, F. (1993). *Sermones-Thomas de Chobham*(《布道-托马斯·德乔布姆》), Turnhout, Brepols.

Morgan, H. E. (1984). "*William of Palerne* and *Alaflekks Saga*"(《帕勒恩的威廉和阿拉弗莱克斯的传奇》), *Flonlegium* 6,137 – 158.

Morris, J. (ed.) (1980). *Nennius: British History and The Welsh Annals*(《尼纽斯:英国历史与威尔士编年史》), London, Rowman & Littlefield.

Morris, J. (2005). 'Red deer's role in social expression on the Isles of Scotland'(《马鹿在苏格兰群岛社会表达中的作用》), in A. G. Pluskowski (ed.), *Just Skin and Bones? New Perspectives on Human-Animal Relations in the Historic Past*(《只是皮和骨头? 历史上人与动物关系的新视角》), BAR, International Series 1410, Oxford, Archeopress, 9 – 18.

Morris, K. (1991). *Sorceress or Witch? The intake of Gender in Medieval Iceland and Northern Europe*(《女术士还是女巫? 中世纪冰岛和北欧对性别的吸收》), London, University Press of America.

Morris, R. (1967). *The Blickling Homilies*, London, Oxford University Press, Motz, L. (1994). 'The magician and his craft'. *Collegium Medievale*, 1,

5 – 31. Mugurvis,. (2002). Torest animals and hunting in medieval Livonia', in G. Helmig, B. Scholkmann and M. Untermann (eds.), *Centre*, *Region*, *Periphery*: *Medieval Europe*, *Basel* 2002, Vol 1(《中心,区域,边缘:中世纪欧洲,巴塞尔 2002,第一卷》), Base, Archaologische Bodenforschung Basel-Staft, 177 – 181.

Muir, L. R. (1985). *Literature and Society in Medieval France*: *the Mirror and the Image* 1100 – 1500(《中世纪法国的文学与社会:镜子与意象 1100—1500》), London, Macmillan.

Muir, R. (1999), *Approaches to Landscape* (《景观设计方法》), Basingstoke, MacMillan.

Mulk, I-M and Bayliss-Smith, T. (1999). The representation of Sami culultral identity in the cultural landscapes of northern Sweden: the use and misuse of archaeological knowledge in P. J. Ucko. And R. layton(eds). *The Archaeology and Anthropology of Landscape*: *Shaping Your Landscape*(《景观考古学与人类学:塑造你的景观》), London, Routledge, 358 – 396.

Muller, G. (1970), *Studier zu den theriophoren Personennamen der Gerntanen* (《更动类动物冠名研究》), Koln, Bohlau.

Muratova, X. (1989). 'Workshop methods in English late-twelfth century illumination and the production of luxury bestiaries', in W. B, Clark and M. McMunn (eds.), *Beasts and Birds of the Middle Ages*. (《中世纪的禽兽》) *The Bestiary and its* Legacy (《兽场及其遗产》), Philadelphia, University of Pennsylvania Press, 53 – 68.

Murphy, P. (1994). 'The Anglo-Saxon landscape and rural economy: some results from sites in East Anglia and Essex', in J. Rackham (ed.), *Environment and Economy in Anglo-Saxon England*(《英国环境与盎格鲁-撒克逊经济》), York, CBA, 23 – 39.

Mynors, R. A. B., Thomson, R. M. and Winterbottom, M. (eds. and trans.) (1998). *Gesta Return Anglorum*: *Vol. 1*: *History qf the English Kings/William of Malmesbury*(《盖斯塔归来盎格鲁姆:第一卷:英国国王的历史/马姆斯伯里镇的威廉》), Oxford, Clarendon Press.

Myrdal, J. (1999). *Det svenska jordbrukets historia*(《瑞典农业史》). *Band* 2. (《第二乐团》)*Jorhruket under feodalismen*: 1000 – 1700(《封建制度下的乔鲁克》), Stockholm, Natur och kultur/LT i samarbete med Nordiska museet och Stift

Nagy, J. F. (1999). 'The paradoxes of Robin Hood', in S. Knight (ed.), *Robin Hood*: *an Anthology of Scholarship and Criticism*(《罗宾汉:学术与批评选集》), Cambridge, D. S. Brewer, 411 – 425.

Nash, R. (1967). *Wilderness and the American Mind*(《荒野与美国心灵》), New Haven, Yale University Press.

Nasmart, U. (1991). 'Mammen 1871. Ettvikingatida depåfynd med beslag till selbAgskron och annatskrot', in M. Iversen (ed.), *Mammen: grav, kunst og samfiind i vikingetid*(《曼门:北欧海盗时代的坟墓、艺术与社会》), Hojbjerg, Jysk arkaeologisk selskab, 163 – 180.

Nasstrom, B-M. (2000). 'Healing hands and magic spells', in G. Barnes and M. C, Ross (eds.), *Old Norse Myths, Literature and Society. Proceedings of the llth international saga conference, 2 – 7 July 2000, University of Sydney*(《古挪威神话、文学和社会,2000 年 7 月 2 日至 7 日,悉尼大学第 11 届国际传奇会议记录》), Sydney, Centre for Medieval Studies, University of Sydney, 356 – 362.

Newton, S. (1993). *The Origins of Beowulf and the Pre-Viking Kingdom of East Anglia*(《贝奥武夫和前维京王国东安格利亚的起源》), Cambridge, D. S. Brewer.

Nicoll, E. H. (ed.) (1995). *A Pictish Panorama: the Story of the Picts and a Pictish Bibliography*(《皮克特全景:皮克特人的故事和象形文献目录》), Balgavies, Pinkfoot Press.

Nielsen, K. H. (1999). 'Ulvekrigeren. Dyresymbolfk på våbenudstyr fra 6 – 7 Srhundrede', in O. Heiris, H. J. Madsen, T. Madsen and J. Veliev (eds.), *Menneskelivets manfoldighed* (《人类多样性》). *Arkxologisk og antropologisk forskning på Moesgård*(《莫斯加德的考古和人类学研究》), Moesgard, Udgivet af Aarhus Universitet og Moesgard Museum, 327 – 334.

Nielsen, K. H. (2002). 'Ulv, best og drage. Ikonografisk analyse af dyrene i stil II-III', *Hikuin*(《希奎因》), 29,137 – 218.

Nielssen, A. R. (1977). 'Ødetida på Vestvågoya'(《奥黛特和维斯特瓦戈亚》). Bosettingshistorien 1300 – 1600. Thesis, University of Tromsø.

Niermeyer, J. F. (1976), *Mediae Latinitatis Lexicon Minus*(《拉丁媒体词汇减号》), Leiden, Brill.

Niermeyer, J, F. and van de Kieft C. (1976). *Lexique latin médiéval-Français/Anglais*(《拉丁语中世纪法语/英语词汇》), Leiden, Brill.

Nilsson, B. (ed.) (1992). *Kontinuitet i kult och tro frdn vikingatid till medeltid*(《从北欧海盗到中世纪的宗教信仰的延续》), Uppsala, Lunne böcker.

Nerbach, L. C. (1999). 'Organising iron production and settlment in northwestern Europe during the Iron Age', in C. Fabech and J. Ringtved (eds.), *Settlement and Landscape: Proceedings of a Conference in Arhus, Denmark, May 4 -7, 1998*(《定居与景观:1998 年 5 月 4 日至 7 日在丹麦阿胡斯举行的会议记录》), Moesgard, Jutland Archaeological Society, 237 – 248.

Norr, S. (1998). *To Rede and to Rowe. Expressions of Early Scandinavian Kingship in Written Sources*(《早期斯堪的纳维亚王权的书面表达》), Uppsala,

Department of Archaeology and Ancient History.

Nordmark, M. (2001). *Big Four of Scandinavia Centre*(《斯堪的纳维亚中心四大特色》), http://www. bigfour-scandinavia. com/ (checked August 2005).

Norlund, P. (1948). *Nordiske fortidsminder. IV. bind. 1. hefte*：*Trelleborg* (《北欧历史学家 第四卷 1 树篱：特雷尔堡》), Kobenhavn, I Kommission hos Gyldendalske Boghandel, Nordisk Forlag.

Norton, Common, M. Mackey, B. and Moore, I. (1991). *Report to the department of arts, sport, the environment, tourism, and territories concerning the conservation, recreation and tourism values of Australian forests as relevant io the forest and timber enquiry of the resource assessment commission*(《向艺术、体育、环境、旅游和领土部报告与资源评估委员会森林和木材调查相关的澳大利亚森林保护、娱乐和旅游价值》), unpublished manuscript, Centre for Resource and Environmental Studies, ANU, Canberra.

Noske, B, (1989). *Humans and Other Animals*：*Beyond the Boundaries of Anthropology*(《人类与其他动物：超越人类学的界限》), London, Pluto Press.

Nowak, R, M. (2003), 'Wolf evolution and taxonomy' in D. L. Meeh and L. Boitani (eds.) (2003). *Wolves*：*Behavior, Ecology and Conservation*(《狼：行为、生态与保护》), Chicago, University of Chicago Press, 239 - 258.

Nowak, S. and Mysłajek, R. W. (2001). 'Problems of wolf protection in Poland', in C. Si Hero and H. Hoffmann (eds.), *Canid Biology and Conservation Conference Abstracts, Oxford* 17 - 21 *September* 2001(《2001 年 9 月 17 日至 21 日,牛津,犬科动物生物学与保护会议摘要》), Oxford, IUCN/SSC Canid Specialist Group, The Wildlife Conservation Research Unit of Oxford University, 87.

Nylén, E. and Peder, L. J. (1988). *Stones, Ships and Symbols*：*the Picture Stones of Gotland from the Viking Age and Before*(《石头、船和符号：北欧海盗时代及以前哥德兰的画像石》), Stockholm, Gidlunds.

O'Connor, T. P. (1983). 'Feeding Lincoln in the 11th century - a speculation', in M. K. Jones (ed.), *Integrating the Subsistence Economy*(《整合自给经济》), BAR 181, Oxford, British Archaeological Reports, 327 - 330.

O'Connor, T. P. (1994). 'A horse skeleton from Sutton Hoo, Suffolk, UK：*Archaeozoologia*(《古动物学》), 8,29 - 37,

O'Reilly, J. (1988), *Studies in Iconography of the Virtues and Vices in the Middle Ages*(《中世纪善恶形象学研究》), New York, Garland.

O'Sullivan, D. M. (1984). Tre-conquest settlement patterns in Cumbria。in M. L. Faul (ed.), *Studies in Late Anglo-Saxon Settlement*(《盎格鲁-撒克逊晚期聚落研究》), Oxford, Oxford University Department for External Studies, 143 - 154.

O'Sullivan, D. (2001), 'Space, silence and shortage on Lindisfarne. The archaeology of asceticism', in H. Hamerow and A. MacGregor (eds.), *Image and Power in the Archaeology of Early Medieval Britain*, *Essays in honour of Rosemary Cramp*(《中世纪早期英国考古学中的形象与权力,纪念迷迭香痉挛的随笔》), Oxford, Oxbow Books, 33 – 52.

Odgaard, B. V. (1988). 'Heathland history in western Jutland, Denmark', in H. H. Birks *et al.* (eds.), *The Cultural Landscape*, *Past*, *Present and Future* (《文化景观,过去、现在和未来》), Cambridge, Cambridge University Press, 311 – 319.

Odstedt, E. (1943). *Varulven i svensk folkiradilion*:Mit *deutscher Zusammenfassung*(《德语摘要》), Uppsala, Lundequistska bokhandeln.

Oggins, R. S. (1993). 'Falconry and medieval views of nature', in J. E. Salisbury (ed.),The Medieval World of Nature:a Book of Essays(《中世纪的自然世界:散文集》), New York, Garland, 47 – 60.

Ogier, D. (1998). 'Night revels and werewolfery in Calvinist Guernsey', *Folklore*(《民俗学》), 109, 53 – 62.

Ohler, N. (1989). *The Medieval Traveller* (《中世纪的旅行者》), Woodbridge, Boydell.

Öhman, I. (1983). 'The Merovingian dogs from the boat-graves at Vendel', in J. P. Lamm and H-Å., Nordström (eds.), *Vendel Period Studies*: *Transactions of the Boatgrave Symposium in Stockholm*, *February* 2 – 3, 1981(《文德尔时期的研究:1981 年 2 月 2 日至 3 日在斯德哥尔摩举行的博阿特格雷夫研讨会论文集》). The Museum of National Antiquities, Stockholm, Studies 2, 167 – 181.

Ohrt, F. (1935 – 6). 'Gondols ondu', *Acta Philologica Scandinavica*(《斯堪的纳维亚文献学法案》), 10,199 – 207.

Okarma, H. (1996). 'Man and wolf in Poland-a delicate balance' *An thropozologica*(《喉道学》), 22, 69 – 75.

Okarma, H. and Jdrzejewski, W. (1996). 'Wilk *Canis lupus* w Puszczy Biaxowieskiejekologia i problemy ochrony', *Chromy Przyrod Ojczyst* (《保护祖国》), 52,4,16 – 30.

Okarma, H. and Jdrzejewski, W. (1997). 'Livetrapping wolves with nets'. *Wildlife Society Bulletin*(《野生动物协会公报》). 25,1,78 – 82.

Okarma, H., Jdrzejewski, W., Schmidt K., nieko, S., Bunevich, A. N. and Jdrzejewska, B. (1998). 'Home ranges of wolves in Biaiowiea primeval forest, Poland, compared with other Eurasian populations', *Journal of Mammalogy* (《哺乳动物学杂志》), 79, 3, 842 – 852.

Olsson, A. (1992). *Kulturmiljovard i skogen*: *att kanan och bevara vara kulturminnen*(《森林中的文化百万富翁：保存和保存文化记忆》)，Trelleborg，Skogs Boktryckeri AB.

Olsson，E. G. （1989）. ‘Odlingslandskapet i Ystadsområdet under medeltiden. Rekonstruktion av landskapstyper och vegetation kring tidigt 1300 − tal’，in H. Andersson and M. Anglert（eds.），*By, huvudgard och kyrka. Studier i Ystadsomradets medeltid*(《村庄，主篱笆和教堂 中世纪的研究》)，Lund Studies in Medieval Archaeology 5，Stockholm，Almqvist & Wiksell，51 − 55.

Olwig，K.（1984）. *Nature's Ideological Language, a Literary and Geographic Perspective on its Development and Preservation on Denmark's Jutland Heathy*(《自然的意识形态语言，从文学和地理的角度看丹麦日德兰群岛的发展和保护》) London，Allen & Unwin.

Onions，C. E（ed.）（1966）. *The Oxford Dictionariy of English Etymology* (《牛津英语词源词典》)，Oxford，Clarendon Press.

Orchard，A.（1995）. *Pride and Prodigies: Studies in the Monsters of the Beowulf-Manuscript*(《骄傲与神童：贝奥武夫怪兽研究—手稿》)，Cambridge，Brewer.

Orchard，A.（1998）. *Dictionary of Norse Myth and Legend*(《挪威神话传说词典》)，London，Cassell.

Orrman，E.（2003）. ‘Rural conditions’，in K Helle（ed.），*The Cambridge History of Scandinavia: Volume* 1，*Prehistory to* 1520(《剑桥斯堪的纳维亚历史：第一卷，史前到 1520 年》)，Cambridge，Cambridge University Press，250 − 311.

Otten，C，F.（1986）. ‘Introduction’，in C. F. Otten（ed.），*A Lycanthropy Reader: Werewolves in Western Culture*(《狼人读本：西方文化中的狼人》)，New York，Syracuse University Press，1 − 17.

Owen，A，（ed. and trans.）（1841）. *Ancient Laivs and Institutes of Wales* (《威尔士古代的巢穴和研究所》)，London，The Commissioners on the Public Records of the Kingdom.

Owen，D. D. R.（ed, and trans.）（1994）. *The Romance of Reynard the Fox*(《狐狸雷纳德的传奇》)，Oxford，Oxford University Press.

Owen，D. H.（1989）. ‘The Middle *Ages*’ in D. H，Owen（ed.），*Settlement and Society in Wales*(《威尔士的定居与社会》)，Cardiff，University of Wales Press，119 − 223.

Oxenstierna，E，（1956）. *Die Goldhorner von Gallehus*(《加莱胡斯的金角》)，Lidingo，Im Selbstverlag E. Oxenstiema.

Packham，J. R.，Harding，D. J. L，Hilton，G. M. and Stuttard，R. A. （1992）. *Functional Ecology of Woodlands and Forests*(《林地和森林的功能生态学》)，London，Chapman & Halt.

Page，S.（2002）. ‘Animals in Medieval Magic and Medicine’(《中世纪魔

法和医学中的动物》), unpublished Ph. D thesis. University of Cambridge.

Palsson, H. and Edwards, P, (trans.) (1976). *Egil's Saga*(《埃及传奇》), Harmondsworth, Penguin.

Panzer, F, (1906). 'Der romanische Bilderfries am slid lichen Choreingang des Freiburger Miinsters und seine Deutung. *Freiburger Münsterblatter*(《弗里堡小火车站》), 2.

Parks, W. W, (1993). Trey tell: how heroes perceive monsters in *Beowulf*, *Journal of English and Germanic Philology*(《英日文文献学杂志》), 92, 1, 1 – 16.

Pastoureau, M, (1982). *L'hermine et le sinople: etudes d'héraldique médiévale*(《中世纪先驱报研究》), Paris, Ldopard d'or.

Pastoureau, M. (1993). *Traite d'heraldique*(《先驱贩运》), Paris, Picard.

Pearsall, D. and Salter, E. (1973). *Landscapes and Seasons of the Medieval World*(《中世纪世界的风景和季节》), London, Elek.

Pedersen, A. (1999/2001). 'Rovfugle eller duer fugleformede fibler fra den tidlige middelalder', *Aarbøger for nordisk Oldkyndighed og Historie*(《北欧古代权威和历史的考古遗址》), 19 – 66,

Pedersen, H. C, Liberg, O., Sand, H. and Wabakken, P. (2001). 'The Scandinavian wolf research project (SKANDULV)', in C, Sillero and H. Hoffmann (eds.). *Canid Biology and Conservation Conference Abstracts*, *Oxford 17 –21 September* 2001(《2001 年 9 月 17 日至 21 日,牛津,犬科动物生物学与保护会议摘要》), Oxford, IUCN/SSC Canid Specialist Group, The Wildlife Conservation Research Unit of Oxford University, 91.

Peters, R. (1978). 'Communication, cognitive mapping, and strategy in wolves and hominids', in R. L Hall and H. S. Sharp (eds.). *Wolf and Man: Evolution in Parallel*(《狼与人:并行进化》) New York, Academic Press, 95 – 107.

Peters, R. (1979), 'Mental maps in wolf territoriality', in E. Klinghammer (ed.), *The Behavior and Ecology of Wolves*(《狼的行为与生态》), New York, Garland, 119 – 52.

Petersen, H. and Thiset, A. (1977). *Danske adelige sigiller fra det* 13. *til* 17. *århundrede*(《13 日起到 17 日丹麦贵族封印 干旱》), Kebenhavn, Dansk Historisk Handbogsforlag.

Petersen, P. (1995). 'Attitudes and folk belief about wolves in Swedish tradition', in M, Koiva and K. Vassiljeva (eds.), *Folk Belief Today*(《今天的民间信仰》), Tartu, Estonian Academy of Sciences, Institute of the Estonian Language and Estonian Museum of Literature, 359 – 362.

Peterson, R. O. and Ciucci, P. (2003). 'The wolf as a carnivore', in D.

L. Meeh and L. Boitani (eds.), *Wolves*：*Behavior*，*Ecology and Conseruation* (《狼：行为、生态与消费》)，Chicago, University of Chicago Press, 104 – 130.

Petre, B. (1980). 'Bjomfallen i begravningsritualen-statusobjekt speglande regional skinnhandel?', *Fornvånnen*(《处理》), 75,5 – 13.

Phelps lead, C. (ed.) and Kunin (trans.) (2001). *A History of Norway*, *and The Passion and Miracles of Blessed Olafr*(《挪威的历史,奥拉夫的激情和奇迹》), London, Viking Society for Northern Research.

Philo, C. and Wilbert, C. (2000). 'Animal spaces, beastly places：an introduction', in C. Philo and C. Wilbert (eds.). *Animal Spaces*, *Beastly Places*：*New Geographies of Human-Animal Relations*(《动物空间,兽性场所：人与动物关系的新地理》), London, Routledge, 1 – 34.

Pigram, J. J. (1993). "Human-Nature relationships：Leisure environments and natural settings", in T. Garling and R. G. Golledge (eds.). *Behavior and Environment*：*Psychological and Geographical Approaches*(《行为与环境：心理学与地理学研究》), Amsterdam, Elsevier, 400 – 426.

Plummer, C. (ed.) (1896). *Venerabilis Baedae Opera Historica*, 2 vols (《贝德歌剧史,2 卷》), Oxford, Oxford University Press.

Plummer, C. (1968). *Bethada naem nErenn*, *Lives of Irish Saints*, 2 vols (《贝塔达·纳姆·内伦,爱尔兰圣徒的生活,2 卷》), London, Oxford University Press.

Pluskowski, A. G. (2001). 'Children of the night：the gothic wolf in contemporary western culture', *3rd Stone*(《第三块石头》), 41,22 – 29.

Pluskowski, A. G. (2002a). 'Hares with crossbows and rabbit bones. Integrating physical and conceptual studies of medieval fauna', *Archaeological Review from Cambridge*(《剑桥考古回顾》), 18,153 – 182.

Pluskowski, A. G. (2002b) 'The neo-medieval forest in the western imagination', *3rd Stone*(《第三块石头》). 44,22 – 27.

Pluskowski, A. G. (2003), 'Apocalyptic monsters：animal inspirations for the iconography of medieval north European devourers', in R. Mills and B. Bildhauer (eds.), *The Monstrous Middle Ages* (《可怕的中世纪》), Cardiff, University of Wales Press, 155 – 77.

Pluskowski. A. G. (2005a). 'The tyranny of the gingerbread house：contextualising the fear of wolves in medieval northern Europe through material culture, ecology and folklore', *Current Swedish Archaeology*(《瑞典当代考古学》), 13,141 – 160.

Pluskowski, A. G. (2005b). Wolves and sheep in medieval semiotics, iconology and ecology：a case study of multi-and inter-disciplinary approaches to humananimal relations in the historical past', in G. Jaritz and A. Choyke (eds.), *Animal Diversities*(《动物多样性》), Krems, Medium Aevum Quotidianum, 9 – 22.

Pluskowski, A. G. (2006). 'Communicating through skin and bone: the appropriation of animal bodies in medieval western seigneurial culture', in A. G, Pluskowski (ed.), *Breaking and Shaping Beastly Bodies: Animals as Material Culture in the Middle Ages*(《兽体的破碎与塑造:中世纪的动物作为物质文化》), Oxford, Oxbow (in press).

Pluskowski, A, G. (forthcoming). 'Holy and exalted prey: eco-cosmological relationships between hunters and deer in high medieval seigneurial culture', in I. Sidera (ed.), *La Chasse Pratiques, Sociales et Symboliques*(《实用、社会和象征性的狩猎》), Colloques de la Maison Ren – Ginouves.

Pluskowski, A. G. (in press). 'Where are the wolves? Investigating the scarcity of European grey wolf (*Cams lupus lupus*) remains in medieval archaeological contexts and its implications', *IniernationaJ Journal of Osteoarckaeology*(《国际骨科杂志》).

Pollard, J. (1991). *Wolves and Werewolves*(《狼和狼人》), London, Hale.

Pollock, F. and Maitland, F. W. (1895). *The History of the English Law Before the Time of Edward*, 2 vols(《爱德华时代之前的英国法律史,第二卷》), Cambridge, Cambridge University Press.

Pormose, E. (1988). 'Middelalder o. WOO – 1536', in C. Bjorn (ed.), *Det danske landbrugs hisiorie I*(《丹麦农业高等教育1》), Oldtid og middelalder Odense, Landbohistorisk Selskab, 205 – 417.

Potter, K. R. (ed. and trans.) (1976). *Gesta Stephani*(《盖斯塔·斯蒂芬妮》), Oxford, Clarendon Press.

Poulsen, E. J. H. W. (1995). Vargur og revur i Feroyum, *Svenska landsmal och svenskt folkliv*(《瑞典语与瑞典民间传说》), 118,265 – 269.

Preest, D. (trans.) (2002). *The Deeds of the Bishops of England* (*Gesta Pontificum Anglorum*)/ *William of Malmesbury*(《英格兰主教的事迹(英国牧师)/马尔梅斯伯里的威廉》), Woodbridge, Boydell.

Prescott, C (1999). "Long-term patterns of non-agrarian exploitation in southern Norwegian highlands", in G Fabech and J. Ringtved (eds.), *Settlement and Landscape: Proceedings of a Conference in Arhus*, Denmark, May 4 – 7, 1998 (《定居与景观:1998年5月4日至7日在丹麦阿胡斯举行的会议记录》), Moesgard, Jutland Archaeological Society, 213 – 223.

Price, N. S. (2000). 'The Scandinavian landscape: the people and environment', in W · W, Fitzhugh and E. I. Ward (eds). *Vikings. The North Atlantic Saga*(《北大西洋传奇》), London, Smithsonian Institution Press, 31 – 40.

Price, N. (2002). *The Viking* Way: *Religion and Ware in Late Iron Age Scandinavia*(《北欧海盗之路:北欧铁时代晚期的宗教和陶器》). Uppsala, Department of Archaeology and Ancient History.

Pritchard, V. (1967). *English Medieval Graffiti*(《英国中世纪涂鸦》), Cambridge, Cambridge University Press.

Prøsch-Danielsen, L. and Simonsen, A. (2000). Talaeoecological investigations towards the reconstruction of the history of forest clearances and coastal heathlands in south-western Norway', *Vegetation History and Archaeobotany*(《植被史与古植物学》), 9,189 – 204.

Prost, B. (1902 – 4). *Inventaires mobiliers et extraits des comptes des dues de Bourgogne de la maison de Valois* (1363 – 1477)(《家具库存清单和瓦卢瓦宫勃艮第应付账款的摘录(1363—1477)》), Paris, E. Leroux.

Przyluski, J. (1940). 'Les confréries de loups-garous dans les sociétés indo, européennes', *Revue de L'Histoire des Religions*(《宗教历史杂志》), 121, 128 – 45.

Pulsiano, P. (ed) (1993). *Medieval Scandinavia: an Encyclopedia*(《中世纪斯堪的纳维亚半岛:百科全书》), New York, Garland.

Pulsiano, P. and Wolf, K. (1991). 'The "Hwelp" in Wulf and Eadwacer', *English Language Notes*(《英语笔记》), 28,3,1 – 10.

Rackham, H. (trans.) (1983). *Natural History*, Pliny, Vol 3: *Libri VIII – XI*(《自然史,普林尼,第 3 卷:利伯里八世至第十一世》), London, Heinemann.

Rackham, J. (1994). 'Economy and environment in Saxon London', in J. Rackham (ed.), *Environment and Economy in Anglo-Saxon England*(《盎格鲁-撒克逊英格兰的环境与经济》), York, CBA, 126 – 135.

Rackham, O. (1980), *Ancient Woodland: its History*, *Vegetation and Uses in England*(《英国古代林地的历史、植被和用途》), London, Edward Arnold.

Rackham, O. (1988). 'Trees and woodland in a crowded landscape-the cultural landscape of the British Isles', in H. H. Birks *et al.* (eds.), *The Cultural Landscape*, *Past*, *Present and Future*(《文化景观,过去、现在和未来》), Cambridge, Cambridge University Press, 53 – 77.

Rackham, O. (1990). *Trees and Woodland in the British Landscape*, *the Complete History of Britain's Trees*, *Woods and Hedgerows*(《在英国的树木和林地景观中,完整地记录了英国的树木、树林和树篱》), London, Phoenix.

Rackham, O. (1994a). 'Trees and woodland in Anglo-Saxon England: the documentary evidence', in J. Rackham (ed.). *Environment and Economy in Anglo-Saxon England*(《盎格鲁-撒克逊英格兰的环境与经济》), York, CBA, 7 – 11.

Rackham, O. (1994b). *The Illustrated History of the Countryside*(《乡村历史画册》), London, Weidenfeld and Nicholson.

Rackham, O, (1998). *The History of the Countryside* (《乡村历史》), London, Phoenix.

Radice, B. (ed.) and Thorpe, L. (trans) (1966). *Geoffrey of Monmouth: the History of the Kings of Britain*(《蒙茅斯的杰弗里：英国国王的历史》), London, Penguin.

Raffel, B. (trans.) (1997). *Erec and Enide/Chretien de Troyes*(《埃雷克和埃尼德/克雷蒂安德特洛伊》), London, Yale University Press.

Rakusan, J. (2003). 'Wild Beasts of phraseological lexicons, Slavonic and Germanic similes', *Reinardus*(《雷纳德》), 16,165 - 182.

Ramsay, S. and Dickson, J. H. (1992). 'Vegetationai history of Central Scotland', *Botanical Journal of Scotland*(《苏格兰植物学杂志》), 49,2, 141 - 150.

Randall, L. M. C. (1989). 'An elephant in the litany: further thoughts on an English book of hours in the Walter art Gallery (W. 102)', in W, B. Clark and M. T. McMunn (eds.), *Beasts and Birds of the Middle Ages*(《中世纪的禽兽》). *The Bestiary and its* Legacy(《兽场及其遗产》), Philadelphia, University of Pennsylvania Press, 106 - 133.

Randsborg, K. (1980). *The Viking Age in Denmark*(《丹麦的海盗时代》), New York, St. Martin's Press. Raneke, J. (1982). *Svenska medeltidsvapen*(《瑞典中期武器》), 3 volumes, Bodafors, Doxa.

Ratcliffe, P. R. (1992), 'The interaction of deer and vegetation in coppice woods', in G. P. Buckley, (ed.), *Ecology and Management of Coppice Woodlands*(《矮林地的生态与管理》), London, Chapman & Hall, 233 - 245.

Rawcliffe, C. (1999), *Medicine and Society in Later Medieval England*(《中世纪晚期英国的医学与社会》), London, Sandpiper.

Reed, R. (1972). *Ancient Skins, Parchments and Leathers*(《古代的皮、羊皮纸和皮革》), London, Seminar Press.

Regnéll, J and Olsson, M. (1998). 'The land-use history of summer farms (*sätrar*) in northern Värmland, Sweden, A pilot study using palaeoecological methods', in H. Andersson, L. Ersgird and E. Svensson (eds.), *Outland Use in Preindusirial Europe*(《前工业时代欧洲的外域使用》), Stockholm, Institute of Archaeology, Lund University, 63 - 71.

Reichstein, H. (1991). *Berichte iiber die Ausgrabungen in Haithabu Bericht* 30 (《海塔布挖掘报告 30》). *Die wildlebenden Satigetiere von Haithabu* (*Ausgrabungen* 1966 - 1969 *und* 1979 - 1980)(《海塔布野生哺乳动物(1966—1969 和 1979—1980 挖掘)》), Neumunster, Karl Wachholtz Verlag.

Reinton, L. (1955). 'Sæterbryjet i Noreg, III'. *Institutt forSnmmenlignende Kulturforskning*, Serie B, *Skrifler*, XLVIIL, Oslo.

Reinton,L. (1961), 'Saterbryjef i Noreg, III'. *Institutt forSammenlignende Kulturfbrskning*, Serie B, *Skrifter*(《比较研究所文化研究，B 辑，脚本》), XLVIII. Oslo,

Reitz, E. J. and Wing, S. E. (1999). *Zooarchaeology*, Cambridge, Cambridge University Press.

Reynolds, A. J. (1998). 'Anglo-Saxon Law in the Landscape; an Archaeological Study of the Old English Judicial System'(《风景中的盎格鲁-撒克逊法；英国古代司法制度的考古研究》), unpublished Ph. D. thesis. University College London.

Reynolds, A. J. (1999). *Later Anglo-Saxon England: Life and Landscape*(《后盎格鲁-撒克逊英格兰:生活与景观》), Stroud, Tempus.

Rheinheimer, M. (1995). 'The belief in werewolves and the extermination of real wolves in Schleswig-Holstein', *Scandinavian journal of History*(《斯堪的纳维亚历史杂志》), 20,281 – 294.

Richardson, H. G. and Sayles, G. O. (eds. and trans.) (1955). *Fleta*(《英格兰法律摘要》), vol. 2, London, Selden Society Publications.

Richardson, M. (2005). *The Medieval Forest, Park and Palace of Clarendon, Wiltshire C. 1200 – C. 1650: Reconstructing an Actual, Conceptual & Documented Wiltshire Landscape*(《威尔特郡克莱伦登中世纪森林、公园和宫殿，约 1200—1650 年:重建威尔特郡真实、概念和记录的景观》), BAR 387, Oxford, Archaeopress.

Riley, H. T. (ed.) (1867). *Gesta Abbatum Monasterii Sancti Albani*(《圣阿尔巴尼亚盖斯塔修道院》), London, Longmans, Green.

Rippon, S, (1997), 'Wetland reclamation on the Gwent Levels: dissecting a historic landscape', in N. Edwards (ed.). *Landscape and Settlement in Medieval Wales*(《中世纪威尔士的景观与聚落》), Oxford, Oxbow, 13 – 30.

Risden, E. L. (1994). *Beasts of Time: Apocalyptic Beowulf*(《时间野兽:启示录贝奥武夫》), New York, Peter Lang.

Ritchie, A. (1992). 'Was Pictland part of medieval Europe?', in J. R. F. Burt, E. O. Bowman and N. M. R. Robertson (eds.), *Stones, Symbols and Stories: Aspects of Pictish Studies. Proceedings from the Conference of the Pictish Art Society*(《石头、符号和故事:象皮克特研究的几个方面 皮克特艺术学会会议记录》), Edinburgh, Pictish Arts Society, 20 – 31.

Ritchie, A. and Ritchie, G, (1981). *Scotland: Archaeology and Early History*(《苏格兰:考古学与早期历史》), London, Thames and Hudson.

Roberts, B. K. (1968). 'A study of medieval colonization in the Forest of

Arden, Warwickshire'. *Agricultural History Review*(《农业历史回顾》), 16, 101－113.

Robertson, J. (ed.) (1875－1885). *Materials for the History of Thomas Becket, Archbishop of Canterbury*(《坎特伯雷大主教托马斯·贝克特的历史资料》), London, Longman.

Robinson, D, (1994). 'Plants and Vikings: everday life in Viking Age Denmark', *Botanical Journal of Scotland*(《苏格兰植物学杂志》), 46,4,42－551.

Roelvnik, H. (1998). *Franciscans in Sweden: Medieval Remnants of Franciscan Activities*(《瑞典的共济会:共济会活动的中世纪残余》),Assen, Van Gorcum.

Roesdahl, E. (1983). 'Fra vikingegrav til Valhal', *Andet tvxrfaglige vikingesympositum*(《其他跨物种北欧海盗研讨会》), 39－49.

Roesdahb E.(1992). *The Vikings*(《维京人》), London, Penguin.

Rooney, A.(1993). *Hunting in Middle English Lileraiure*(《中世纪英国利勒劳尔的狩猎》), Cambridge, D. S. Brewer.

Rose, P. (1994). 'The historic landscape', in N. Johnson and P. Rose (eds.), *Bodmin Moor: an Archaeological Survey. Volume 1: the Human Landscape to c.*1800(《博德明摩尔:考古调查 第一卷:人类景观约 1800 年》), London, English Heritage, 77－115.

Rosener, W. (1997). *Jagd und höfische Kultur im Mittelalter*(《中世纪的狩猎与农耕文化》), Veröff des Max-Planck-Instituts für Geschichte 135, Göttingen, Vandenhoeck & Ruprecht.

Rowland, B. (1989). 'The art of memory and the bestiary', in W. B. Clark and M. T. McMunn (eds.). *Beasts and Birds of the Middle Ages*(《中世纪的禽兽》). *The Bestiary and its Legacy*(《兽场及其遗产》), Philadelphia, University of Pennsylvania Press, 12－25.

Rowlands, R. (1979). *A Restitution of Decayed Intelligence: in Antiquilies*(《腐朽智慧的恢复:在古董中》), Amsterdam, Theatrum Orbis Terrarum, Facsimile of R. Bruney, Antwerp, 1605.

Russell, J. B. (1984), *Lucifer: the Devil in the Middle Ages*(《中世纪的恶魔路西法》), London, Cornell University Press.

Russell, W. M. S. and Russell, C. (1978). 'The social biology of werewolves', in J. R. Porter and W. M. S. Russell (eds,). *Animals in Folklore*(《民间传说中的动物》), Cambridge, Cambridge University Press, 143－182.

Ryder, M. L. (1981), 'Livestock', in J. Thirsk (ed.), *The Agrarian History of England and Wales. 2.1: Prehistory*(《英格兰和威尔士的农业史 2.1:史前史》), Cambridge, Cambridge University Press, 301－410.

Rye，W. B.（1865）. *England as Seen by Foreigners in the Days of Elizabeth and James I*(《伊丽莎白和詹姆斯一世时期外国人眼中的英国》)，London，John Russell Smith.

Rygh，O.（1897 - 1924），*Norske gaardnavne*（《挪威烹饪名称》)，Kristiania，W. C. Fabritius & senners bogtrikkeri，

Ryken，L. and Wilhoit，J. C.（eds.）（1998）. *Dictionary of Biblical Imagery*(《圣经意象词典》)，Leicester，Inter-Varsity Press.

Salisbury，J. E.（1994）. *The Beast Within：Animals in the Middle Ages*(《内心的野兽：中世纪的动物》)，London，Routledge.

Salvatori，V.，Boitani，L and Corsi，F.（2001）. 'Distribution of conservation areas for wolf in the Carpathian Mountains'，in C. Sillero and H. Hoffmann（eds.），*Canid Biology and Conservation Conference Abstracts，Oxford 17 - 21 September* 2001(《2001 年 9 月 17 日至 21 日，牛津，犬科动物生物学与保护会议摘要》)，Oxford：IUCN/SSC Canid Specialist Group，The Wildlife Conservation Research Unit of Oxford University，100.

Sampson，J.（2001）. "Catalogue of the cathedral spandrels"，in W. Rodwell（ed.），*Wells Cathedral：Excavations and Structural Studies*，1978 - 93 (《大教堂挖掘和结构研究，1978—93》)，London，English Heritage，423 - 430.

Sandberg，A.（1998）. 'Environmental backlash and the irreversibility of modernization'，*IASCP Conference Paper*(《国际会计准则理事会会议文件》)，http://www. indiana. edu/ ~ iascp/ Final/sandber0. pdf（checked August 2005）.

Sandred，K. I.（ed.）（1971），*A Middle English Version of the Gesta Romanorum*(《罗马人传奇英文版本》)，Uppsala，Almqvist & Wiksells.

Saunders，C.（1993）. *The Forest of Medieval Romance：Avernus，Broceliande Arden*(《中世纪浪漫之林：阿维努斯，布罗西兰德夫·阿登》)，Cambridge，D. S. Brewer.

Savage，A. and Ward，N.（trans，and eds.）（1991）. *Anchoritic Spirituality：*Ancrene Wisse *and Associated Works*(《非主旨精神：安克雷内·威斯及其相关作品》)，New York，Paulist Press.

Sawyer，B. and Sawyer，P.（1993）. *Medieval Scandinavia：From Conversion to Reformation Circa* 800 - 1500(《中世纪斯堪的纳维亚半岛：大约 800—1500 年从皈依到宗教改革》)，London，University of Minnesota Press.

Sawyer，P，H.（1968）. *Anglo Saxon Charters*(《盎格鲁-撒克逊宪章》) London，Royal Historical Society.

Sax，K.（1997）. 'What is a "Jewish Dog"？Konrad Z. Lorenz and the cult of wildness'，*Society and Animals*(《社会与动物》)，5，1，3 - 21.

Scanlan，J. J.（trans.）（1987）. *Man and the Beasts（De Animalibus，Books 22 - 26)/Albert the Great*(《人与野兽（动物学，第 22—26 册）/阿尔伯特大

帝》), Binghamton Center for Medieval and Early Renaissance Studies.

Schaff, P. and Wace, H. (1892). *Athanasius: Select Works and Letters*(《阿塔那修斯 选择作品和字母》), Volume 4 of Nicene and Post-Nicene Fathers, Series IL Oxford, James Parker and Company.

Schama, S. (1995). *Landscape and Memory*(《景观与记忆》), London, Fontana.

Schia, E. (1991). *Oslo innerst i Viken: liv og virke i middelalderbyen*(《奥斯陆深陷北欧海盗:生活和工作在中部城镇》), Oslo, Aschehoug.

Schia. E. (1994). 'Urban Oslo and its relation to rural production in the hinterland-an archaeological view', in A. R. Hall and H. K. Kenward (eds.), *Urban-Rural Connexions; Perspectives From Environmental Archaeology*(《城乡联系;环境考古学视角》), Oxford, Oxbow.

Schlag, W. (1998). *The Hunting Book of Gaston Phebus: maniiscrit frangais 616, Paris, Bibliothecfue nationals*(《加斯顿·菲布斯的狩猎书:玛尼斯克里特·弗兰盖斯616,巴黎,国民图书馆》), London, Harvey Miller.

Schmidt, G. D, (1995). *The Iconography of the Mouth of Hell: Eighth century Britain to the Fifteenth Century*(《地狱之口的肖像:8世纪英国到15世纪》), London, Associated University Presses.

Schmitt, J. C. (1983), *The Holy Greyhound: Guinefort, Healer of Children Since the Thirteenth Century*(《神圣的灰狗:吉尼福,13世纪以来的儿童治疗师》), Cambridge, Cambridge University Press.

Schmitt, J.-C. (1994). *Ghosts in the Middle Ages: the Living and the Dead in Medieval Society*(《中世纪的鬼魂:中世纪社会的活人与死人》), London, University of Chicago Press.

Schmitt, J.-C. (1998). 'Religion, folklore, and society in the medieval West in L K. Little and B. H. Rosenwein (eds.), *Debating the Middle Ages: Issues and Readings*(《中世纪辩论:议题与解读》), Oxford, Blackwell, 376 – 87.

Schoon, R (1999). 'Burg Plesse, Gem, Bovenden, Ldkr. Gottingen. Untersuchungen an mi ttelal ter lichen bis fruhneuzei tlichen Tierknochenfunden', *Plesse-Archiv*(《普莱斯档案馆》), 32, 1998, 7 – 180.

Schutz, H. (2001). *Tools, Weapons and Ornaments: Germanic Material Culture in PreCarolingian Central Europe*, 400 – 750(《工具、武器和装饰品:前加洛林王朝中欧的日耳曼物质文化,400—750年》), Boston, Brill.

Seal, G. (1996). *The Outlaw Legend: a Cultural Tradition in Britain, America and Australia*(《亡命之徒传说:英、美、澳的文化传统》), Cambridge, Cambridge University Press.

Segerström, U. (1990). *The Post-glacuil History of Vegetation and*

Agriculture in the Lulealv River Valley(《卢埃洛夫河谷植被与农业的后绿色历史》), UmeA, Department of Archaeology, University of UmeA.

Segerstrom, U. (1997). 'Long-term dynamics of vegetation and disturbance of a south boreal spruce swamp forest', *Journal of Vegetation Science*(《植物科学杂志》), 8,295 – 306.

Segerstrom, U. and Emanuelsson, M. (2001). 'Extensive forest grazing, and haymaking on mires—vegetation changes in the boreal forest due to land use since the medieval times', in M. Emanuelsson, *Settlement and Land-Use History in the Central Swedish Forest Region: the Use of Pollen Analysis in Interdisciplinary Studies*(《瑞典中部森林地区的定居和土地利用历史:花粉分析在跨学科研究中的应用》), Acta Universitatis Agricultural Sueciae, Silvestria 223, Umeå, Department of Forest Vegetation Ecology, Swedish University of Agricultural Sciences, Appendix III.

Segerstrom, U., Homberg, G. and Bradshaw, R. (1996). 'The 9000-year history of vegetation development and disturbance patterns of a swamp-forest in Dalama, northern Sweden', *The Holocene* (《全新世》)6,1,37 – 48.

Semple, S. (1998). 'A fear of the past: the place of the prehistoric burial mound in the ideology of middle and later Anglo-Saxon England', *World Archaeology* (《世界考古学》)30, 102 – 26.

Senn, H. A. (1982). *Were-wolf and Vampire in Romania*, Boulder, Colorado, East European Monographs.

Serafin, D. (1998). 'O wilku na Mazurach', *Znad Pisy*(《圣经知识》), 7,143 – 157.

Short, J. R. (1991). *Imagined Country: Environment, Culture and Society* (《想象国家:环境、文化与社会》), London, Routledge.

Siddons, M. P. (1991 – 1993). *The Development of Welsh Heraldry*(《威尔士纹章学的发展》), three vols, Aberystwyth, National Library of Wales.

Siefker, P. (1997), *Santa Claus, Last of the Wild Men: the Origins and Evolution of Saint Nicholas, Spanning 50,000 Years*(《圣诞老人,最后的野人:圣尼古拉斯的起源和进化,跨越 50000 年》), London, McFarland & Company.

Simmons, I. G. (1993). *Environmental History: a Concise Introduction*(《环境史简介》), Oxford, Blackwell.

Singer, P, (1991). *Animal Liberation* (《动物解放组织》), New York, London, Thorsons (2nd edition).

Skeat, W. W. (1966). *Aelfric's Lives of Saints: being a Set of Sermons on Saints' Days Formerly Observed by the English Church*(《艾尔弗里克的圣徒生活:英国教会以前在圣徒时期的布道集》), London, for the Early English Text Society by Oxford University Press.

Slupecki, L. P. (1994). *Wojownicy i Wilkolaki*(《战士和狼人》), Warsaw, Wydawnictwo Alfa.

Smedstad, I. (1996). 'Middelalderens veier og pilegrimenes vandringer', in A. Beverfjord (ed.), *Natur, kultur og tro I middelalderen, En artikkelsantling* (《中世纪的自然、文化与信仰》), Oslo, Riksantikvaren & Direktoratet for naturforvaltning, 23 – 34.

Smith, A. H. H. (1997). 'A history of two border woodlands', in T. C. Smout (ed.), *Scottish Woodland History*(《苏格兰林地历史》), Edinburgh, Scottish Cultural Press, 147 – 161.

Smith, C. (1998). 'Dogs, cats and horses in the Scottish medieval town', *Proceedings of the Society of Antiquaries of Scotland*(《苏格兰古物学会会刊》), 128,859 – 885.

Smout, T. C. and Watson E (1996). "Scottish woods and sustainable use", in Cavaciocchi, S. (ed.), *Uttomo e la foresta: secc. XIH-XVIH: atti della "Ventisettesima settimana di studi"*, 8 – 13 *maggio* 1995(《乌托莫在森林安全中心。XIH – XVIH:1995 年 5 月 8 日至 13 日第 21 周研究法案》), Firenze, Le Monnier, 989 – 1001.

Smout, T. C. (1997). 'Highland land-use before 1800: misconceptions, evidence and realities', in T. C. Smout (ed.), *Scottish Woodland History*(《苏格兰林地历史》), Edinburgh, Scottish Cultural Press, 5 – 23.

Sobol, P. G. (1993). 'The shadow of reason: explanations of intelligent animal behaviour in the thirteenth century', in J. E. Salisbury (ed.), *The Medieval World of Nature: a Book of Essays*(《中世纪的自然世界:散文集》), New York, Garland, 109 – 128.

Söderberg, B, (2002). 'Elite rulership in southeast Scandinavia c. 350 – 100 A. D. -a case study', in G. Helmig, B. Scholkmarm, M, Untermann (eds.), *Centre, Region. Periphery: Medieval Europe, Basel* 2002, Vol 1(《中心、区域、周边:中世纪欧洲,巴塞尔 2002,第一卷》), Basel Archaeologlsche Bodenforschung Basel-Staft, 566 – 572.

Söderström, P. (2001). *Dagbladet*(《每日杂志报》), Thursday, 18 Januaiy, Oslo.

Solomon, H. (1912). *Anglo-Saxon Leechcraft: an Historical Sketch of Early English Medicine*(《盎格鲁-撒克逊-利奇克拉夫特:早期英国医学的历史素描》), lecture memoranda, Liverpool, British Medical Association.

Sølvberg, I. Ø, (1976). *Driftsformer i vestnorsk jordbruk ca. 600 – 1350* (《西部土壤中的漂移形式,约 600—1350 年》), Universitetsforlaget, Oslo.

Speake, G. (1980). *Anglo-Saxon Animal Art and its Germanic Background* (《盎格鲁-撒克逊动物艺术及其日耳曼背景》), Oxford, Oxford University

Press.

　　Spencer, B. (1998). *Pilgrim Souvenirs and Secular Badges*(《朝圣者纪念品和世俗徽章》), London, Stationery Office.

　　Spiegel, H. (ed. and trans.) (1994). *Fables/Marie de France*(《寓言/玛丽亚·德·弗朗斯》), Toronto, University of Toronto Press.

　　Sporrong, U. (1985). *Malarbygd. Agrar bebyggelse och odling ur ett historisk-geografiskt perspektiv*(《历史地理视角下的农业建设与耕作》), Meddelanden fran Kulturgeografiska Institutionen vid Sockholms universitet Nr B 61.

　　Sporrong, U. (2003). 'The Scandinavian landscape and its resources', in K. Helle (ed.), *The Cambridge History of Scandinavia*: *Volume* 1 *Prehistory to* 1520(《剑桥斯堪的纳维亚历史:第一卷史前史到 1520 年》), Cambridge Cambridge University Press, 15 - 42.

　　Spurgeon, C. (1987). 'Mottes and castle-ringworks in Wales', in J. R. Kenyon and R, Avent (eds.), *Castles in Wales and the Marches*: Essays *in Honour of D. J. Cathcart King*(《威尔士城堡与游行:纪念 D. J. 卡斯卡特国王的随笔》), Cardiff, University of Wales Press, 23 - 51.

　　Squires, A. (ed.) (1988). *The Old English Physiologus*(《古英国生理学》), Durham, Durham Medieval Texts.

　　Staecker, J, (1999) 'Thor's hammer-symbol of Christianization and political delusion', *Lund Archaeologies Review*(《隆德考古学评论》) 5, 89 - 104.

　　Stamper, R (1988). 'Woods and parks', in G. As till and A, Grant (eds.), *The Countryside of Medieval England*(《中世纪英格兰的乡村》), Oxford, Basil Blackwell, 128 - 48.

　　Stanley, E. G. (1992). 'My wolf, my wolf, in J. H. Hill, N. Doane and D. Ringler (eds.), *Old English and New*: *Studies in Language and Linguistics in Honour of Frederic G. Cassidy*(《古英语与新英语:纪念弗雷德里克·G.卡西迪的语言与语言学研究》), London: 42 - 62.

　　Steane, J. (1985). *The Archaeology of Medieval England and Wales*(《中世纪英格兰和威尔士的考古学》), London, Croom Helm.

　　Steele, J. H. and Fernandez, P. J. (1991). 'History of rabies and global aspects', in G. M. Baer (ed.), *The Natural History of Rabies*(《狂犬病的自然史》), Boca Raton, CRC Press, 1 - 24 (2nd edition).

　　Sten, S. and Vretemark, M. (1988). 'Storgravsprojektet-osteologiska analyser av yngre jamglderns benrika brandgravar', *Fornvannen*(《处理》), 83, 145 - 156.

　　Stenholm, L, (1986). *Ränderna gdr aidrig ur*: *en bebyggelsehistorisk studie av Blekinges dansktid*(《莱茵兰和帕拉蒂纳:布莱金时期历史的历史研究》),

Lund, Lund University.

Stennard, J. (1978). 'Natural history in D. C. Lindberg (ed.) *Science in the Middle Ages*(《中世纪的科学》), London, University of Chicago Press, 429 – 460.

Stenton, F. (1971). *Anglo-Saxon England*(《盎格鲁－撒克逊英格兰》), Oxford, Oxford University Press.

Stephanius, J. S. (1978). *Notae uberioores in Historiam Danicam Saxonis Grammatici*(《丹麦撒克逊语法史上的生日笔记》), facsimile, Danish Humanist Texts and Studies, Copenhagen, Royal Library.

Stephens, T. (1876). *The Literaiure of the Kymry*(《凯尔里的文学作品》), London.

Steven, H. M. and Carlisle, A, (1959). *The Native Pineiuoods of Scotland* (《苏格兰本地的松树》), Edinburgh, Oliver & Boyd.

Stevenson, C. (2001). 'Of wolf prints and legends', *Wolfprint*(《狼纹》), 10, Spring 2001,14 – 16.

Stevenson, R. B. K. (1958 – 9). 'The Inchyra stone and some other unpublished early Christian monuments', *Proceedings of the Society of Antiquaries of Scotland*(《苏格兰古物学会会刊》), XCVII, 33 – 55.

Steward C. T. (1909). *The Origin of the Werewolf Superstition*(《狼人迷信的起源》), University of Missouri Studies, Social Sciences Series 23 (April).

Stoker, B. (1993). *Dracula*(《吸血鬼德古拉(恐怖电影角色)》), Harmondsworth, Penguin.

Stone, A. (1994). 'Hellhounds, werewolves and the Germanic underworld', *Mercian Mysteries*(《仁慈之谜》), 20, http://www.indigogroup.co.uk/edge/hellhnds,htm (checked August 2005).

Storli, I. (1993). 'Sami Viking Age society or "the fur trade paradigm" reconsidered', *Norwegian Archaeological Review*(《挪威考古评论》), 26,1,1 – 20.

Storms, G. (1948). *Anglo-Saxon Magic*(《盎格鲁－撒克逊魔法》), The Hague, M. Nijhoff.

Storms, G. (1978). 'The Sutton Hoo ship burial: an interpretation', *Proceedings of the State Service for Archaeological Investigations in the Netherlands* (《荷兰国家考古调查局会议录》), 28,309 – 345.

Strickland, D. H. (2003). *Saracens, Demons and Jews: Making Monsters in Medieval Art*(《撒拉逊人、恶魔和犹太人：中世纪艺术中的怪物制造》), Princeton, Princeton University Press.

Stuart, J. and Burnett, G. (eds.) (1878). *The Exchequer Rolls of Scotland* (《苏格兰财政部》), vol 1, Edinburgh, General Register House.

Subrenat, J. (2000). 'Rape and adultery: reflected facets of feudal justice in the *Roman de Renarf*, in K, Varty (ed.), *Reynard the Fox: Social Engagement and Cultural Metamorphoses in the Beast Epic from the Middle Ages to the Present* (《从中世纪的狐狸到现在的社会野兽与文化接触》), Oxford, Berghahn Books, 17 – 36.

Sundkvist, A. (2001). *Hastarnas land*(《马匹之乡》). *Aristokratisk hasMllning och ridkonst I Svealands yngre jarnalder*(《瑞典年轻时期的贵族骑马和骑马》), Uppsala, Department of Archaeology and Ancient History.

Surawicz, F. G. and Banta, R, (1975). Tycanthropy revisited', *Canadian Psychiatric Association Journal*(《加拿大精神病学协会杂志》), 20, 7, 537 – 42.

Sutherland, E. (1997). *A Guide to the Pictish Stones*(《象形石指南》), Edinburgh, Birlinn.

Suttor, T. (ed.) (1970), *Thomas Aquinas; Sttmma Theologiae*(《托马斯·阿奎那:神学》), London, Eyre & Spottiswoode-McGraw-Hill.

Svanberg, F. (2003). *Death Rituals in South-East Scandinavia AD 800 – 1000*(《公元 800—1000 年斯堪的纳维亚东南部的死亡仪式》), Stockholm, Almqvist & Wiksell International.

Svensson, E. (1997). Torest peasants: their production and exchange in H. Andersson, P. Carelli and L. Ersgård (eds.). *Visions of the Past*(《对过去的憧憬》). *Trends and Traditions in Swedish Medieval Archaeology*(《瑞典中世纪考古学的趋势和传统》) Lund, 539 – 556.

Svensson, E. (1998a). *Manniskor i utmark*(《郊区的男性》), Stockholm, Almqvist & Wiksell International.

Svensson, E. (1998b). 'Outland use in northern Varmland. Landscape, local society and households', in H. Andersson, L. Ersgård and E. Svensson (eds.), *Outland Use in Preindustrial Europe*(《前工业化时期欧洲外域使用》), Stockholm, Institute of Archaeology, Lund University, 95 – 110.

Svensson, E. (2002). 'Power, europeanisation — daily life at the castle and the farmstead in Sweden', in G. Helmig, B. Scholkmann, M, Untermann (eds.), *Centre, Region, Periphery: Medieval Europe, Basel* 2002, Vol 1(《中心、区域、边缘:中世纪欧洲, 巴塞尔 2002 第一卷》), Basel, Archaologische Bodenforschung Basel-Staft, 586 – 593.

Sveinsson, E. O. and Pórðarson, M. P. (1957). *Eyrbyggja saga, Brands páttr Orva, Eiríks saga Rauda, Groenlendinga saga, Groenlendinga páttr*(《野生动物的故事、火之山雀、艾里克的传奇、格陵兰传奇、格陵兰山雀》), Reykjavik, Hid Islenzka Fomritafelag.

Swanton, M. (ed, and trans.) (1975). *Anglo-Saxon Prose*(《盎格鲁-撒克逊散文》), London, Dent.

Swanton, M. (1998). 'The deeds of Hereward: in T. H. Ohlgren (ed.), *Medieval Outlaws: Ten Tales in Modern English*(《中世纪亡命之徒:现代英语的十个故事》), Stroud, Sutton, 10 – 60.

Sykes, N. J. (2001). 'The Norman Conquest: A Zooarchaeological Perspective'(《诺曼征服:动物考古学的视角》), unpublished Ph. D. thesis. University of Southampton.

Sykes, N. J. (2004). 'The introduction of fallow deer into Britain: a zooarchaeological perspective' *Environmental Archaeology*(《环境考古》), 9/1, 75 –83.

Sylvester, D. (1969). *The Rural Landscape of the Welsh Borderland: a Study in Historical Geography* (《威尔士边疆乡村景观:历史地理学研究》) London, Macmillan.

Syme, A. (1999), 'Taboos and the holy in Bodley 764', in D. Hassig (ed.), *The Mark of the Beast: the Medieval Bestiary in Art, Life, and Literature* (《野兽的印记:中世纪艺术、生活和文学中的兽类》), London, Garland, 163 – 185.

Taavitsainen, J-P. (1998). 'Exploitation of wilderness resources and Lapp settlement in central and eastern Finland', in H. Andersson, L. Ersgård and E. Svensson (eds.), *Outland Use in Preindustrial Europe*(《前工业化时期欧洲外域使用》), Stockholm, Institute of Archaeology, Lund University, 134 – 155.

Talve, I. (1997). *Finnish Folk Culture*(《芬兰民间文化》), Helsinki, Finnish Literature Society.

Taylor, P. (1996). 'Return of the animal spirits', *Reforesting Scotland* (《苏格兰植树造林》), 15, Autumn, 1996, 12 – 15.

Thiebaux. M. (1974). *The Stag of Love: the Chase in Medieval Literature* (《爱情的雄鹿:中世纪文学中的追逐》), Ithaca, London, Cornell University Press.

Thiel, R. P. (1985). 'Relationship between road densities and wolf habitat suitability in Wisconsin', *The American Midland Naturalist*(《美国中部地区博物学家》) 113,2, 404 – 407.

Thiel, R. P. and Wydeven, A. P. (2002a). 'Timber Wolf, Canis Lupus', *Wsconsin Department of Natural Resources*(《华盛顿自然资源部》) http://www. dnnstate. wLus/org/land/er/fect sheets/mammals/wolf. htm (checked August 2005).

Thiel R. P. and Wydeven, A. P. (2002b), 'Eastern Timber Wolf (Canis *lupus lycaon*)'(《东方森林狼》), Wisconsin Dept, of Natural Resources-Bureau of Endangered Resources-PUBL-ER-500 93REV http://www. timberwolf information. org/info/t-wolf. htm (checked August 2005).

Thomas, L G, (1974). "The Cult of Saints Relics in Medieval England" (《中世纪英国对圣人遗物的崇拜》), unpublished Ph. D thesis' University of London.

Thomas, R. M. (2005). "Perceptions versus reality: changing attitudes towards pets in medieval and post-medieval England", in Pluskowski, A. G. (ed.), *Just Skin and Bones? New Perspectives on Human Animal Relations in the Historic Past*(《只是皮和骨头? 历史上人与动物关系的新视角》), BAR, International Series 1410, Oxford, Archeopress, 95 – 104.

Thomas, R. M, (forthcoming). "They were what they ate: maintaining social boundaries through the consumption of food in medieval England', in K. Twiss (ed.). *We Are What We Eat: Archaeology, Food and Identity*(《我们就是我们吃的东西:考古学,食物和身份》), Carbondale, Center for Archaeological Investigations Occasional Publication no, 31.

Thompson, F. (1978). *A Scottish Bestiary: the Lore and Literature of Scottish Beasts*(《苏格兰兽场:关于苏格兰野兽的传说和文学》), Glasgow, Molendinar Press.

Thorpe, B. (ed.) (1840). *Ancient Laws and Institutes of England*(《英国古代法律制度》), London, G. Eyre and A. Spottiswoode.

Thorpe, L. (ed. and trans.) (1978). *Description of Wales/Giraldus Cambrensis*(《威尔士的描述/寒武锦葵》), Harmondsworth, Penguin.

Thundy, Z. P. (2000). *Beowulf, Apocalypse and Iconography*(《贝奥武夫、启示录和图像学》), http://orb. rhodes. edu/textbooks/anthology/oldenglish/thundybeowulf. html (checked August 2005).

Tisdall, M. W. (1998). *God's Beasts: Identify and Understand Animals in Church Carvings*(《上帝的野兽:识别和理解教堂雕刻中的动物》), Plymouth, Charlesfort Press,

Tolkien, C. (ed. and trans.) (1960), *The Saga of King Heidrek the Wise*(《海德瑞克国王的传奇故事》), London, Thomas Nelson and Sons Ltd.

Tolkien, J. R. R. (1954). *The Lord of the Rings*(《魔戒三部曲》), London, Allen & Unwin.

Tolkien, J. R. R. (1983). 'On fairy stories', in C. Tolkien (ed.), *Tolkien J. R. R. The Monster and the Critics and Other Essays*(《怪兽与批评家等杂文》), London, George Allen and Unwin, 109 – 161.

Totterman, R. (2000). 'Introduction in R. Donner (trans-and ed.), *King Magnus Eriksson's Law of the Realm: a Medieval Swedish Code*(《国王马格努斯·埃里克森的王国法则:一部中世纪的瑞典法典》), Helsinki, lus Gentium Association, I – XXVI.

Trehame, E. (2000). *Old and Middle English: an Anthology*(《古英语和中

古英语文集》），Oxford，Blackwell.

Treneman，A.（2001）.'Wolves to the slaughter'，*The Times*（《泰晤士报》），Monday，February 12 th，2 – 3.

Treves，*A.*，Wydeven，A. P. and Naughton-Treves，L. G（2001）.'Wolves and livestock：problem packs and vulnerable farms'，in C. Sillero and H. Hoffmann（eds.），*Canid Biology and Conservation Conference Abstracts，Oxford 17 –21 September* 2001（《2001 年 9 月 17 日至 21 日，牛津，犬科动物生物学与保护会议摘要》），Oxford：IUCN/SSC Canid Specialist Group，The Wildlife Conservation Research Unit of Oxford University，106.

Tristram. E. W，（1950）. *English Medieval Wall Painting：the Thirteenth Century*，2 vols（《英国中世纪壁画：十三世纪，2 卷》），London，H. Milford，Oxford University Press.

Trubshaw，B.（1994）.'Black Dogs：Guardians of the Corpse Ways'，*Mercian Mysteries*（《仁慈之谜》），20，August，27.

Tschan，F，J.（1959）. *History of the Archbishops of Hamburg-Bremen*（《汉堡不来梅大主教史》），by *Adam of Bremen*. New York，Columbia University Press.

Tuan，Y-R（1977）. *Space and Place：the Perspective of Experience*（《空间与场所：体验的视角》），Minneapolis，University of Minnesota Press.

Turner，V.（1994）.'The Mail stone：an incised Pictish figure from Mail，Cunningsburgh，Shetland'，*Proceedings of the Society of Antiquaries of Scotland*（《苏格兰古物学会会刊》），124，314 – 25.

Tumock，D，（1995）. *The Making of the Scottish Rural Landscape*（《苏格兰乡村景观的形成》），Aidershot，Scolar Press.

Turville-Petre，E. O. G.（1976）. *Scaldic Poetry*（《吟唱诗》），Oxford，Clarendon Press.

Tyson，R.（2000）. *Medieval Glass Vessels Found in England，c AD* 1200 – 1500（《英国发现的中世纪玻璃器皿，约公元 1200—1500 年》），York，Council for British Archaeology.

Ulrich，R.，Simons，R.，Tosito，B.，Fiorito，E.，Miles，M. and Zelson，M.（1991）.'Stress recovery during exposure to natural and urban environments'，*Journal of Environmental Psychology*（《环境心理学杂志》），3，201 – 230.

Urbaczyk，P.（1992）. *Medieval Arctic Norway*（《中世纪北极挪威》），Warszawa，Semper.

Urquhart，R. M，（1973）. *Scottish Burh and County Heraldry*（《苏格兰伯尔郡纹章》），London，Heraldry Today.

Vale，M，（2001）. *The Princely Court：Medieval Courts and Culture in North-west Europe*，1270 – 1380（《王宫：西北欧中世纪的宫廷和文化，1270—1380

年》），Oxford，Oxford University Press.

Varty，K.（1967）. *Reynard the Fox: a Study of the Fox in Medieval English Art*（《狐狸雷纳德：中世纪英国艺术中的狐狸研究》），Leicester，Leicester University Press.

Varty，K.（1999）. *Reynard, Renart, Reinart: and Other Foxes in Medieval England: the Iconographic Evidence*，Amsterdam，Amsterdam University Press.

Varty，K.（2000），'Introduction'，in K. Varty（ed.），*Reynard the Fox: Social Engagement and Cultural Metamorphoses in the Beast Epic from the Middle Ages to the Present*（《从中世纪的狐狸到现在的社会野兽与文化接触》），Oxford，Berghahn Books，xiii - xxi.

Vegvar，C. N. de（1999）. 'The travelling twins: Romulus and Remus in Anglo-Saxon England'，in J. Hawkes and S. Mills（eds.）*Northumbria's Golden Age*（《诺森布里亚的黄金时代》），Stroud，Sutton，256 - 267.

Verdon，J.（2002）. *Night in the Middle Ages*（《中世纪的夜晚》），Notre Dame，Ind｡University of Notre Dame Press.

Vilà，C.，Savolainen，P.，Maldonado，J，E.，Amorim，I. R.，Rig J. E.，Honeycutt，R. L.，Crandall，K，A.，Lundeberg，J. and Wayne，R. K.（1997）. 'Multiple and ancient origins of the domestic dog'，*Science*（《自然科学》），276,13th June 1997，1687 - 1689,

VitterseJ. and Kaltenbom，B. P,（2000），'Locus of control and attitudes toward large carnivores'. *Psychological Reports*（《心理报告》），86,37 - 46,

Von Repgow，E.（1999）. *The Saxon Mirror: a Sachsenspiegel of the Fourteenth Century*（《撒克逊人的镜子：十四世纪的萨奇森皮格尔》），Philadelphia，University of Pennsylvania Press.

Voskdr J.（1993）. 'The ecology of the wolf（*Canis lupus*）and its share on the formalization and stability of the Carpathain ecosystems in Slovakia'，*Ochrana prirody*（《奥恰娜·普里罗迪》），12,241 - 276.

Vretemark，M.（1989）. 'Djuroffer for en stormann-en osteologisk analyst'，*Raä-SHMm. Rapport UV*（《密切紫外线》），34 - 40.

Vretemark，M.（1990）. Medeltida kammakerier i Skara-en råvaruanalys. *Våstermanlands fornminnesforenings tidskrift*（《固定期限内存时间字体》）1989 - 1990，133 - 144.

Vretemark，*M.* and Sten，S.（1995）. 'Djurbenen från kv, Klaudia，Våsteras' *Statens historiska museum，Osteologiska enheten，rapport*（《国家历史博物馆,骨科室,报告》）1995,11.

Wabakken，P. and Maartmann，E.（1994）. 'Sluttrapport for bjarn-sau prosjektet i Hedmark 1990 - 1993. *NINA Forskningsrapport*（《尼娜研究报告》），058，1 - 49.

Wabakken, P. , Sand, H. , Liberg, O. , Pedersen, H. C. and Aronson, A. (2001). 'Wolf monitoring, research and management on the Scandinavian Peninsula', in C. Sillero and H. Hoffmann (eds.), *Canid Biology and Conservation Conference Abstracts*, *Oxford* 17 – 21 *September* 2001(《2001 年 9 月 17 日至 21 日，牛津，犬科动物生物学与保护会议摘要》), Oxford: IUCN/SSC Canid Specialist Group, The Wildlife Conservation Research Unit of Oxford University, 108.

Waddelt H. (1995). *Beasts and Saints*(《野兽与圣徒》), London, Darton, Longman and Todd.

Waites, B, (1997). *Monasteries and Landscape in North East England: the Medieval Colonisation of the North York Moors*(《英格兰东北部的修道院和景观：北约克沼地的中世纪殖民》), Rutland, Multum in Parvo Press.

Walhovd, U. B. (1984). 'Ulvestua pAIsi i Bærum', *Norsk Skogbruksm useums Arbok*(《挪威森林乌苏姆档案馆》), 10, 264 – 279.

Wallin, J-E. (1996). 'History of sedentary farming in Angerrnanland, northern Sweden, during the Iron Age and medieval period based on pollen analytical investigation', *Vegetation History and Archaeobotany*(《植被史与古植物学》) 5, 4, 301 – 312.

Ward, A. (1997). 'Transhumance and settlement on the Welsh uplands: a view from the Black Mountain', in N. Edwards (ed.), *Landscape and Settlement in Medieval Wales*(《中世纪威尔士的景观与聚落》), Oxford, Oxbow, 97 – 111.

Warner, D. A. (ed. and trans.) (2001). *Oitonian Germany*(《奥托尼亚德国》). *The Chronicon of Thietmar of Merseburg*(《梅尔塞堡希特玛的计时标志》), Manchester, Manchester University Press.

Way, T. (1997). *A Study of the Impact of Imparkment on the Social Landscape of Cambridgeshire and Huntingdonshire from c*1080 *to* 1760(《1080—1760 年剑桥郡和亨廷顿郡土地征用对社会景观影响的研究》), BAR 258 Oxford, Archaeo press.

Wayne, R. K. and vilà C. (2003). 'Molecular genetic studies of wolves', in D. L. Meeh and L. Boitani (eds.), *Wolves: Behavior, Ecology and Conservation*(《狼：行为、生态与保护》), Chicago, University of Chicago Press, 218 – 238.

Weber, B. (1985). 'Vesle Hjerkinn-a Viking Age mountain lodge? A preliminary report', in J, E. Knirk (ed.), *Proceedings of the Tenth Viking Congress, Larkollen, Norway*(《第十届北欧海盗大会会议记录，挪威拉科伦》), 1985, Oslo, Universite tets Oldsaksamling, 103 – 111.

Webster, L, (1999). 'The Monographic programme of the Franks casket', in J. Hawkes and S. Mills (eds.), *Northumbria's Golden Age*(《诺森布里亚的黄

金时代》), Stroud, Sutton, 227 – 246.

Webster, L. and Backhouse, J. (eds.) (1991). *The Making of England*: *Anglo-Saxon Art and Culture AD* 600 – 900(《英国的形成:公元 600—900 年盎格鲁-撒克逊艺术和文化》), London and Toronto, Exhibition catalogue.

Welinder, S. (2002). 'Deserted farms in outlying land in Mid Sweden', in G, Helmig, B. Scholkmann and M. Untermann (eds.), *Centre*, *Region*, *Periphery*; *Medieval Europe*, *Basel* 2002(《中心,区域或周边地区;中世纪欧洲,巴塞尔,2002 年》), Vol 3, Basel, Archaologische Bodenforschung Basel-Staft, 109 – 113.

Wenzel, S, (ed. and trans.) (1989). *Fasciculus M. orum*: *a Fourteenth-century Preacher's Handbook*(《手册集:十四世纪传教士手册》), London, Pennsylvania State University Press.

Westbaum, W. (1829). *Förslag till Rofdjurs Jagt och Fångande*(《关于狩猎和诱捕农场动物的建议》), Stockholm.

Whalley, D. (2000). 'Myth and religion in the poetry of a reluctant convert', in G. Bames and M. C. Ross (eds.), *Old Norse Myths*, *Literature and Society*, *Proceedings of the llih International Saga Conference*, 2 – 7 July 2000, *University of Sydney*(《古挪威神话、文学与社会,《llih 国际传奇会议论文集》, 2000 年 2 月 7 日,悉尼大学》), Sydney, Centre for Medieval Studies, University of Sydney, 556 – 571.

White, D. G. (1991). *Myths of the Dog-Man*(《狗人神话》), London, University of Chicago Press.

White, H. (1978). *Tropics of Discourse*: *Essays in Cultural Criticism*(《话语的热带:文化批评中的散文》), London, John Hopkins University Press.

Whitelock, D. (ed.) (1979). *English Historical Documents*(《英国历史文献》), 1: *c.* 500 – 1042, London, E. Methuen.

Whittington, G. (1980), 'Prehistoric activity and its effect on the Scottish landscape', in M. L. Parry and T. R. Slater (eds.), *The Making of the Scottish Countryside*(《苏格兰乡村的形成》), London, Croom Helm, 23 – 44.

Wicker, N. L. (2003). 'The Scandinavian animal styles in response to Mediterranean and Christian narrative art', in M. Carver (ed.), *The Cross Goes North*: *Processes of Conversion in Northern Europe*, *AD* 300 – 1300(《十字架向北:北欧的转变过程,公元 300—1300 年》), York, York Medieval Press, 530 – 550.

Wickham, C. (1990). 'European forests in the early Middle Ages: landscape and land clearance', *Settimane di studio del Centro Ualiano di Studi sul'Alto Mediocvo*, (Spoleto)(《塞蒂曼迪工作室(斯波莱托)》), 37,479 – 545.

Widgren, M. (1983). *Settlements and Farming Systems in the Early Iron Age*

(《铁器时代早期的定居点和农业系统》). *A Study of Fossil Agrarian Landscapes in Östergotland*, *Sweden*(《瑞典奥斯特戈特兰的农业景观化石研究》), Stockholm Studies in Human-Geography 3, Stockholm.

Wigh, B (1998). 'Animal bones from the Viking town of Birka, Sweden', in E. Cameron (ed.), *Leather and Fur*: *Aspects of Early Medieval Trade and Technology*(《皮革和毛皮:中世纪早期贸易和技术的几个方面》), London, Archetype Publications, 81 – 90.

Wigh, B. (2001). *Animal Husbandry in the Viking Age Town of Birka and its Hinterland*(《维京人时代的比尔卡镇及其腹地的畜牧业》), Stockholm, Birka Project Riksantikvarieambetet,

Williams, D. (1999). *Deformed Discottrse*: *the Function of the Monster in Mediaeval Thought and Literature*(《畸形的分裂:怪物在中世纪思想和文学中的作用》), Exeter, University of Exeter Press.

Williams, D. H. (1984), *The Welsh Cistercians*(《威尔士西多会》), Caldey Island, Cyhoeddiadau Sis tersiaidd.

Williams, D, H. (1993). *Catalogue of Seals in the National Museum of Wales*(《威尔士国家博物馆印章目录》), Cardiff, National Museum of Wales.

Williams, M. (2000). 'Dark ages and dark areas: global deforestation in the deep past', *journal of Historical Geography*(《历史地理学杂志》), 26,1,28 – 46.

Williams, T. E. (ed.) (1807). *A Journey into England in the Year* 1598 (《1598 年进入英的旅行》). Reading.

Wilson, A. M. (1977). 'The Sinister Significance of Certain Birds and Beasts in Medieval English Literature and Art', (《某些禽兽在中世纪英国文艺中的险恶意义》), unpublished M. Litt. dissertation, University of Cambridge.

Wilson, D. (2004), 'Multi-use management of the medieval Anglo-Norman forest', *journal of the Oxford University History Society*(《牛津大学历史学会杂志》), 1,1 – 16.

Wilson, D. M. (1985). *The Bayeux Tapestry*: *the Complete Tapestry in Colour*(《巴约挂毯:完整的彩色挂毯》), London, Thames and Hudson.

Wilson, E. O. (1984). *Biophilia*(《自然定律》), Cambridge, Mass., Harvard University Press.

Winchester, A. J. L. (1987). *Landscape and Society in Medieval Cumbria* (《中世纪坎布里亚的景观与社会》), Edinburgh, John Donald Publishers.

Wing, E. S. (1993). 'The realm between wild and domestic', in A. Clason, S, Payne and H. -P. Uerpmann (eds.), *Skeletons in her Cupboard*: *Festschrift*: *for Juliet Clutton-Brock*(《她柜子里的骷髅:给朱丽叶·克吕顿-布洛克的纪念文集》), Oxford, Oxbow, 239 – 250.

Witney, K. P. (1976). *The Jutish Forest: a Study of the Weald of Kent from 450 to 1380 AD*(《朱蒂什森林:对公元 450 年至 1380 年肯特郡森林的研究》), London, Athlone Press.

Wolch. J. and Emel, J. (eds.) (1998). *Animal Geographies: Place, Politics and Identity in the Naiure-Culiure Borderlands*(《动物地理:纳乌尔烹饪边界地区的地方、政治和身份》), London, Verso.

Wolsan, M., Bieniek, M. and Buchalczyk, T, (1992). 'The history and distributional and numerical changes of the wolf *Canis lupus L.* in Poland', in K. Bobek, K, Perzanowski and W. L. Regel in (eds.) *Global Trends in Wildlife Management*, 18th *IUGB Congress, Krakow* 1987(《全球野生动物管理趋势,第 18 届 IUGB 大会,克拉科夫,1987 年》), Krak6w, Swiat Press, 2: 33A340.

Wood, J. B. (1999). *Wooden Images; Misericords and Medieval England* (《木制图像;米塞里科语和中世纪英国》), Madison, Fairleigh Dickinson University Press.

Woodcock, T. and Robinson, J. M. (1988). *The Oxford Guide to Heraldry* (《牛津纹章学指南》), Oxford, Oxford University Press.

Woods, B. A. (1959). *The Devil in Dog Form: a Partial Type-Index of Devil Legends*(《狗形魔鬼:魔鬼传说的部分类型索引》), Berkeley, University of California Press.

Woodward, I. (1979). *The Werewolf Delusion*(《狼人错觉》), London, Paddington Press.

Woodward, J. (1896). *A Treatise on Heraldry British and Foreign*, vol. 1 (《英国与外国纹章学论文,第一卷》), London, W. & A. K. Johnston.

Yalden, D. W. (1993). 'The problems of reintroducing carnivores', in N, Duns tone and N. L. Gorman, (eds.). *Mammals as Predators.* (《作为捕食者的哺乳动物》) *Symposia of the Zoological Society of London* (《伦敦动物学会专题讨论会》)65, Oxford, Clarendon Press, 289 – 304.

Yalden, D. W. (1999). *The History of British Mammals*(《英国哺乳动物史》), London, T. & A. D. Poyser.

Young, C. R. (1979). *The Royal Foresis of Medieval England*(《中世纪英国皇室》), Leicester, Leicester University Press.

Youngs, D. and Harris, S. (2003). 'Demonizing the night in medieval Europe: a temporal monstrosity?', in R. Mills and B. Bildhauer (eds.), *The Monstrous Middle Ages*(《可怕的中世纪》) Cardiff, University of Wales Press, 134 – 154.

Zachrisson, I, (1976). *Early Norrland 10: Lapps and Scandinavians: Archaeological Finds from Northern Sweden*(《早期诺尔兰 10:拉普人和斯堪的纳维亚人:瑞典北部的考古发现》), Stockholm, Almqvist & Wiksell.

Zachrisson, L (1991), 'The south Saami culture: in archaeological find and west Nordic written sources from AD 800－1300', in R. Samson (ed.). *Social Approaches to Viking studies*(《北欧海盗研究的社会方法》), Glasgow, Cruithne Press, 191－199.

Zamecki, G. (1992). *Further Studies in Romanesque Sculpture*(《罗马式雕塑的进一步研究》), London, Pindar Press.

Zarnecki, G., Holt, J. and Holland, T. (1984). *English Romanesque Art*, 1066－1200(《英国罗马式艺术, 1066—1200 年》), London, Arts Council of Great Britain in association with Weidenfeld & Nicolson.

Zehman, A. and Schriewec K. (2000). *Der Wald-Ein Deutscher* Mythos? (《森林-德国神话?》), Bonn, Reimer.

Zemmour, C. (1998). 'Animalité renardienne et utopie féodale: signifiants et signifies d'un nouveau code chevaleresque', *Reinardtts*(《莱纳德》), 11, 215－230.

Ziolkowskt J. M. (1993). *Talking Animals: Medieval Latin Beast Poetry* (《会说话的动物:中世纪拉丁野兽诗》), 750－1150, Philadelphia, University of Pennsylvania Press.

Ziolkowski, J. M. (1997). 'Literary genre and animal symbolism', in L. A. J. R. Houwen (ed.), *Animals and the Symbolic in Mediaeval Art and Literature*(《动物与中世纪文艺中的象征》), Groningen, Egbert Forsten, 1－23.

Zimen, E, (1978), *Der wolf: mythos und verhalten*(《狼:神话与行为》), Wien, Meyster.

Zimen, E. (1981), *The wolf: A Species in Danger* (《狼:濒危物种》), Delacourt, New York.

Zimen, E, and Boitani, L, (1979). 'Status of the wolf in Europe and the possibilities of conservation and reintroduction', in E. Klinghammer (ed.), *The Behavior and Ecology of Wolves*(《狼的行为与生态》), Garland STPM Press, New York, 43－84.

Zipes, J. (1988). *The Brothers Grimm: From Enchanted Forests to the Modern World*(《格林兄弟:从魔法森林到现代世界》), London, Routledge.

"同一颗星球"丛书书目